植物栄養学

식물 영양학

제2판

間藤　徹・馬　建鋒・藤原　徹　編 편저

대표역자
김선형(서울시립대학교 자연과학대학 환경원예학과 교수)

공역자
구현회(한경대학교 식물자원조경학부 교수)
김권래(경상국립대학교 스마트농산업학과 교수)
김수정(농촌진흥청 국립식량과학원 바이오에너지작물연구소 박사)
김영남(경상국립대학교 환경생명화학과 박사)
박경철(강원대학교 농업생명과학대학 미래농업융합학부 교수)

월드사이언스
worldscience.co.kr

植物栄養学

植物栄養学 第2版
間藤 徹. 馬 健鋒. 藤原 徹

식물 영양학 제2판

인 쇄 | 2021년 04월 10일
발 행 | 2021년 04월 20일

저 자 | 間藤 徹 • 馬 建鋒 • 藤原 徹 編
역 자 | 김선형 · 구현회 · 김권래 · 김수정 · 김영남 · 박경철
발행인 | 신정숙
발행처 | 도서출판 월드사이언스

주 소 | 서울특별시 서초구 도구로 115(방배동, 월드빌딩 1층)
등록일자 | 1988년 2월 12일
등록번호 | 제16-1601호
대표전화 | (02) 581-5811~3
팩스 | (02) 521-6418
E-mail | worldscience@hanmail.net
URL | http://www.worldscience.co.kr

정가 | 23,000원
ISBN | 978-89-5881-303-3

저자 서문

식물은 태양 에너지를 이용하여 대기와 토양에서 무기 원소를 흡수한 다음, 유기물 – 설탕, 아미노산, 지질, 비타민을 합성한다. 유기물을 영양원으로 하는 인간과 동물, 많은 미생물은 식물의 무기물을 유기물로 변환하는 능력에 그 생명을 의존하고 있다. 인간은 스스로 식물을 작물로 재배함에 따라 번성하여 오늘날의 세계 인구는 70억 명에 육박하고 있다.

인류는 한정된 공간, 한정된 노동력으로 가능한 많은 식량을 생산하기 위해 시행 착오를 겪는 가운데, 작물의 잔류물과 가축 배설물, 뼈, 잡어 등을 시비하면 수확량이 증가한다는 것을 알게 되었다. 오랜 세월 동안, 이러한 유기물을 시비하는 것만이 수확량 증가의 유일한 수단이었다. 17세기부터 18세기에 걸쳐 물질이 원자로 구성되어 있다는 개념이 확립되면서 무기물이 식물의 성장을 촉진하는 인자로서 겨우 주목받게 되었다. 불과 160년 전의 일이다. 이 지식에 의해 공중에서 암모니아, 인광석에서 인산 비료를 생산하는 비료 산업이 번성하였고, 이에 따른 식량의 증가는 인구 증가를 지원했다(제1장).

식물은 광합성을 통해 태양광 에너지를 포착하고, 물에서 수소 이온과 전자를 얻는다. 식물은 수소 이온과 전자를 NADPH와 ATP로 모습을 바꾸고, 잎의 이산화탄소에서 설탕의 합성, 뿌리에서 수분과 양분의 흡수와 전류, 그리고 동화 반응에서 무기 원소를 이용함으로써 성장한다(제2장).

이때 뿌리에서 흡수되는 14개의 무기 원소(질소, 인, 칼륨, 유황, 칼슘, 마그네슘, 철, 망간, 구리, 아연, 몰리브덴, 붕소, 염소, 니켈) 가운데 하나라도 없으면, 식물은 성장할 수 없다. 본서에서는 각각의 원소에 대한 토양에서의 존재 형태와 대사, 식물의 흡수 메커니즘, 식물 세포의 생리 작용에 대한 최신 정보를 상세하게 기술하였다(제3장). 또한, 2개의 유용 원소인 규소와 나트륨에 대해서도 그 기능과 흡수 메커니즘을 상세히 설명했다.

다음은 산성 토양, 염류 집적 토양, 중금속 집적 토양 등의 특수한 토양에서 작물이 재배될 때의 장애 메커니즘과 이러한 토양 스트레스에 내성을 가진 식물의 내성 메커니즘에 대해 밝혔다(제4장). 앞으로 식물 영양학이 세계의 경지에서 연구를 전개하는 데 필요한 지식이다.

마지막 제5장에서는 지력 – 토양의 작물을 기르는 힘과 비료에 대해 설명하였고, 벼농사의 경우에는 실증 실험 결과를 바탕으로 서술하였다. 또한, 시판되고 있는 비료와 유기질 비료에 대한 제조법과 특징을 말했다. 유기성 폐기물에서 유래한 토양 개량 자재에 대해서는 품질 평가 방법과 문제점을 총괄하였다.

각 장에는 주제와 관련된 화제를 칼럼으로 나타냈다.

현대의 인류에게는 음식뿐만 아니라 에너지도 빼놓을 수 없는 자원이다. 남용과 고갈이 우려되는 석탄과 석유 등 화석 연료는 태고의 식물과 동물의 사체에서 유래하는 고분자 탄소 화합물로, 오랜 시간에 걸쳐 지층에서 축적된 태양 에너지이다. 이러한 화석 연료의 가격 상승과 대기의 이산화탄소 농도 상승을 억제하기 위해서, 바이오 에탄올과 바이오 디젤이라 불리는 식물 바이오 매스로부터의 탄화수소의 제조, 이동 가능한 연료화가 시도할 수 있게 되었다. 이제 식물은 인류의 식량 공급과 에너지 공급의 모두에서 기대되고 있다. 즉, 문명의 존속은 인류가 식물을 매개자로 하여 태양 에너지를 어떻게 현명하게 이용하느냐에 달려 있다. 환경에 미치는 영향을 최소화하면서 작물 생산량을 확대하기 위한 주요 과학은 식물 영양학·비료학이다. 본서가 농학, 식물 영양학에 관심을 가진 모든 학생, 연구자에게 좋은 참고가 되길 바란다.

2010년 3월

편집자 대표 "間藤　徹"

역자 서문

인류는 식물의 영양에 대한 연구를 시작하면서 재배환경의 개선과 식물의 효율적 이용을 통해 식량 문제를 해결하는 데 노력하여 왔다.

그 동안 식물 영양학에 대한 체계적인 교과서의 요구가 많았으나, 현대 식물 영양학의 발전에 발 맞추어 식물 영양의 원리를 생리학적, 생화학적, 분자생물학적 관점에서 설명한 교과서는 찾기 힘들었다. 이에 여기 식물 영양학은 정말 반가운 저서이다. 본 저서는 제1장 식물 영양학에 대한 지식은 어떻게 형성되어 왔는가?, 제2장 식물 영양학의 이해, 제3장 식물의 필수원소와 영양원소, 제4장 불량 토양에서의 식물의 반응, 제5장 비료로 구성되어 있으며, 현재 한국에 출판되어 있는 다른 식물 영양학 교재와는 다르게 기본적 지식을 바탕으로 최신 식물 영양학에 대한 연구 결과를 수록하여 설명함으로써 기존의 식물 영양학 교과서보다 한 단계 앞서나가 있다고 할 수 있다.

번역은 직역을 원칙으로 하였으나, 원래의 의미를 훼손하지 않는 범위에서 약간의 의역을 하였고, 일본 기관 및 법령 설명을 한국의 예로 바꾸었다.

본 번역서가 식물 영양학을 전공하는 학부생과 대학원생에게 좋은 길잡이가 되어줄 것을 희망한다.

2021년 역자 대표

김 선 형

집필자 일람

편집자

間藤　徹	교토대학교 명예교수
馬　建鋒	오카야마대학교 자원식물과학연구소
藤原　徹	도쿄대학대학원 농학생명과학연구과

집필자

東江(野村)美加	카가와대학교 농학부
岩崎貢三	코치대학교 농림해양과학부
落合久美子	교토대학대학원 농학연구과
且原真木	오카야마대학교 자원식물과학연구소
小林　優	교토대학대학원 농학연구과
小山博之	기후대학교 응용생물과학부
末吉　邦	니가타대학교 농학부
杉本敏男	고베대학교 명예교수
関本　均	우츠노미야대학교 농학부
田島茂行	카가와대학교 명예교수
俵谷圭太郎	야마가타대학교 농학부
中西友子	도쿄대학대학원 농학생명과학연구과
中西啓仁	도쿄대학대학원 농학생명과학연구과
長谷川　功	일본대학교 명예교수
樋口恭子	동경농업대학교 응용생물과학부
藤原　徹	도쿄대학대학원 농학생명과학연구과
馬　建鋒	오카야마대학교 자원식물과학연구소
牧野　周	토호쿠대학대학원 농학연구과
間藤　徹	교토대학교 명예교수
水谷正治	고베대학대학원 농학연구과
水野隆文	미에대학대학원 생물자원학연구과

三 宅 親 弘 고베대학대학원 농학연구과
矢 崎 一 史 교토대학교 생존권 연구소
山 田 　 智 돗토리대학교 농학부
山 谷 知 行 토호쿠대학교 명예교수
和 崎 　 淳 히로시마대학대학원 생물권과학연구과

목차

1 식물 영양학에 대한 지식은 어떻게 형성되어 왔는가?[1)]

영양소란 생물이 스스로를 형성하고 증식하는 데 필요한 물질을 말한다. 식물 영양학은 식물이 무엇을 어떻게 흡수하여 대사하고, 자신의 세포를 조성하여 유지하고 있는지를 밝히고자 하는 학문이다. 식물 영양학이 쌓아 온 지식의 체계는 식물에 관한 모든 연구에서 필수적인 정보이다.

식물 영양학은 작물의 영양 연구에 이와 연관된 비료학도 포함하고 있다. 하지만 발전 속도는 비료학에 비해 많이 뒤쳐져 있으며, 비료학과 더불어 식물의 영양 흡수에 대한 대사과정을 이해하기 위해서는 식물 영양학의 발전도 필수적일 것이다.

지중해 지역에서는 로마시대부터 적은 강수량으로 인해 경작이 가능한 밀의 겨울 경작과 휴한을 반복하는 방법으로 식량을 생산하였다. 북유럽 지역에서는 기후와 지력 보호를 위하여 "밀 → 보리 → 휴경"을 반복하는 경작법을 사용하였지만, 이러한 농법에서는 사료가 부족하게 되어 가축 일부의 월동 사료를 공급하지 못하고 폐사되기도 하였다. 이에 따라, 17세기 후반 영국의 Norfolk 지방에서는 순무, 클로버를 사료 작물로 도입하여 "순무 → 보리 → 클로버 → 밀"과 같은 윤작에 의한 복합 경작농법을 도입하였다. 사료가 증가하면 가축이 늘어나고, 가축이 증가하면 가축 배설물이 많아지는데, 가축 배설물이 늘어나면서 이를 거름으로 이용하게 됨으로써 곡물 생산량이 증가하게 되었다. 가축은 당시에 거름을 조달하는 주요원이었기에, 가축 배설물을 비료로 이용하여 곡물 생산을 이어갔다. 그 배경이 된 것은 "퇴비 유기물은 토양 미생물에 의해 무기화되어 작물에 흡수된다"는 오늘날의 개념이 아니라, 영국인 J. Tull가 저서 「중경 농업」(1731년)에서 기술한 작물의 뿌리는 식물이 토양의 미립자를 물과 함께 흡수하고, 식물의 잎을 통해 호흡과 수분의 배출이 일어난다는 이론이었다. 이 이론은 식물의 영양물은 흙이고, 따라서 식물이 흙을 섭취하기 쉽도록 뿌리와 흙의 접촉면을 늘리기 위해 토양을 세분화하는 것이 중요하다고 말한 「흙 입자설」이었다. 가축 배설물은 토양 입자와 함께 흡수되어 작물의 영양이 된다고 추측하였다.

흙 입자의 정체가 부식질(humus)이라고 주장한 것은 '근대 농업의 아버지'로 불리우는 독일인

---

1) 間藤　徹

A. Thaer로, 1812년 「합리적인 농업의 원리」를 저술했다. 여기에 사용되는 humus는 과학적으로 정의된 오늘날의 부식질이 아니라, 토양 유기물과 토양 미네랄을 합한 물질들의 개념적 호칭이었다. J. Tull의 토양 입자설과 A. Thaer 부식설은 식물의 몸을 구성하는 탄소조차 부식에서 유래한다고 하여, 동물이 식물을 음식으로 섭취하면, 그 배설물은 식물 뿌리에 의해 흡수되고, 식물 뿌리에서 흡수된 유기물이 식물체를 형성한다고 생각했다. 또한, 식물체에 항상 검출되는 칼륨과 칼슘, 마그네슘 등이 humus의 흡수를 촉진시킨다고 생각하였다. 이러한 가설을 바탕으로 제대로 이해하기 위해서는 물질은 원자로 이루어져 있다는 개념(원자설)이 확립될 필요가 있었다.

17세기 후반에, J. Priestley는 식물이 산소를 발생시킨다는 것을 발견하였고, J. Ingen-Hausz은 산소 발생에는 빛이 필요함을 밝혀냈다. 그러나 당시에는 물질의 연소가 물질에서 "플로지스톤"이 이탈해서 일어난다는 플로지스톤설(phlogiston theory)이 널리 퍼져 있었고, 프랑스의 화학자 A. Lavoisier가 주장한 '연소와 산화이다'라는 개념이 널리 인정되기 전까지 식물로부터의 산소 발생을 모르고 있었다. 스위스의 de Saussure는 식물이 밝은 곳에서 이산화탄소를 흡수하고 산소를 방출한다는 것을 정량적 연구에 의해 증명하였다(1804년). 그러나 식물의 몸을 구성하는 탄소원이 광합성에 의해 생산되지 않고, 토양으로부터 흡수된 유기물에 의해 구성된다고 생각하였다. 1834년, 알자스의 J. B. Boussingault는 de Saussure의 정량 분석 방법을 도입한 포장 시험을 수행하여, 사용 퇴비와 수확물의 구성 원소를 모두 분석한 후, 영양 원소의 유입과 배출에 대한 결과를 발표하였다. J. B. Boussingault는 방대한 데이터를 분석함으로써, 식물체를 구성하는 유기물은 토양 부식질이 아닌 광합성에 의해 고정된 이산화탄소와의 반응에 의해 생성된다는 이론을 정립하였고, 콩과 작물의 경우 대기의 질소를 이용할 수 있다는 학설을 제시함으로써, 현대 농업, 비료학의 토대를 구축하게 되었다. 또한 윤작을 통해 비옥한 토양이 유지된다는 부식설을 제시하여 현대 농업 비료학의 토대를 구축하였다. 동시대의 C. Sprengel은 식물이 토양의 모든 무기 원소를 스펀지처

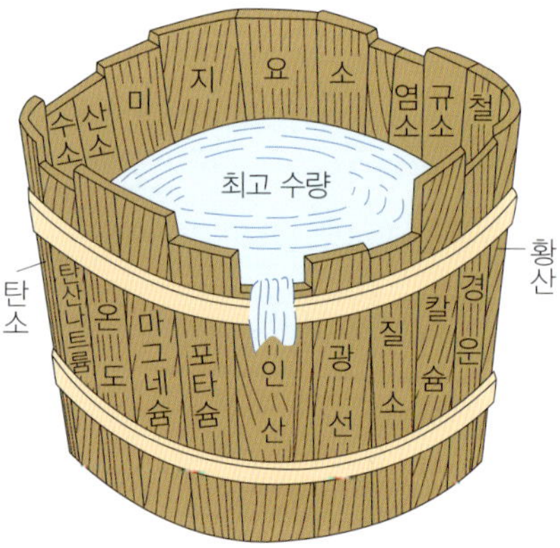

그림 1-1 최소 양분율

최소 양분율(Law of minimum)을 나타내는 나무통. 생육에 관계하는 인자는 측판을 나타내고, 인자의 많고 적음을 측판의 길고 짧음으로 나타내었다. 이 통에 수용할 수 있는 물의 양을 수량이라고 가정할 때 인산이 수량의 제한인자라고 할 수 있다. (奥田 東: 肥科学概論, 養賢堂 1956)

럼 흡수하는 것이 아니라 필요한 원소를 선택해서 흡수하며, 작물의 생육은 가장 부족한 필수영양원소의 흡수량에 의해 결정된다는 "최소 양분율"을 제안했다.

그림 1-2 리비히 (J. von Liebig) (1803~1873)의 조각상 (리비히 박물관) (사진 제공: 馬　建鋒)

1840년, 독일의 화학자 J. von Liebig는 "농업과 생리학에 대한 화학의 응용"에서 식물의 영양은 토양에서 흡수하는 무기 원소라고 주장했다. 19세기 초부터 J. B. Boussingault, de Saussure, C. Sprengel 등의 활약에 의한 "부식설"에 대하여 "무기 영양설"이 우세해질 때, J. von Liebig가 저서에서 식물 무기 영양설을 전면에 내세웠고, 이에 따라 J. von Liebig는 식물 영양학의 창시자로 불리게 되었다(그림 1-2). 그러나 J. von Liebig는 이 저서에서 "질소는 공중에서 암모니아 형태로 공급되기 때문에 작물에 시비할 필요는 없다"고 주장함으로써, 가축 분뇨로부터 생성되는 질산 이온이 질소 영양소라고 주장하는 JR Glauber의 생각에 대해서도 의문을 제기했다. 무기 영양설에 대한 J. von Liebig의 기여를 폄하하는것은 아니지만, 그것은 그의 큰 오류였다. 반면에, 밀 생육은 질소 비료의 공급과 연관되어 있다고 믿었던 영국인 JB Lawes는 JH Gilbert와 함께 J. von Liebig가 주장한 질소의 공기로부터의 공급 가능에 대한 이론을 반박하기 위해 재배 실험을 하였고, 그 실험 결과를 근거로 "질소 비료야 말로 곡물 수확을 규정한다"고 주장했다. 양자의 논쟁은 10년에 걸쳐 대립하였는데, JB Lawes가 이때 시작한 재배 시험이 현재까지도 영국의 로담스테드(Rothamsted)에서 이루어지고 있다. 원래 이 포장 시험은 이 당시에 막 사용되기 시작한 과인산염과 칠레 초석 등의 화학 비료가 당시 주류였던 가축 분뇨 퇴비에 비해 뒤쳐지지 않는 성능을 가졌다는 것을 증명하고자 시작되었다. 이 시험은 식량 생산이 화학 비료 및 농업 기계에 의해 유럽 전통의 유축농업(有畜農業)에서 탈피해 나가는 것에 대한 불안감을 불식시키기 위해 실시한 재배 시험이었다. 화학 비료의 효용성을 증명하기 위해 현재까지 밀의 생산성을 검증하고 있다(그림 1-3).

J. von Liebig의 무기 영양설을 계기로 두 가지 중요한 분야가 발전하게 되었다. 하나는 JB Lawes와 JH Gilbert에 의한 과인산염의 제조, 즉 인조 비료의 시작인데, F. Haber와 C. Bosch에 의해 암모니아 합성이 성공적으로 이뤄짐으로써, 오늘날의 화학 비료 산업이 발전하게 되었다. 다른 하나는 J. von Sacks와 W. Knop 등에 의한 수경재배의 시작이다. 17세기, van Helmont는 버드

그림 1-3 로담스테드 시험장
(紹介冊子 제공)

나무를 화분에 심은 후 5년 간 재배하였을 때, 외부에서 제공된 것은 빗물뿐이었으므로 성장한 버드나무의 영양분은 물이라고 생각했다. 그 후, J. Woodward는 템즈강의 물에 비해 런던의 하수로부터 재배된 박하의 성장이 더 좋다는 것을 알게 되었고, 이를 바탕으로 토양 속에 포함된 식물 성장에 도움을 주는 성분이 하수에도 포함되어 있으며, 따라서 하수가 식물 성장에 도움을 준다고 주장하였다. J. Woodward의 연구 핵심은 J. von Sacks에 의해 수경재배법으로 발전하였다. J. von Sacks는 식물 생리학의 창시자로 불리며, 수경재배법을 처음 개발했다. 또한 이를 이용하여 종자 발아와 뿌리의 형태 발달 실험을 수행하여 식물호르몬의 발견에도 공헌하였다. W. Knop도 독자적으로 식물의 수경 재배법 실험을 수행하여, 식물이 토양의 영양성분을 흡수하여 성장하지만, 토양 자체가 식물의 양분흡수에 반드시 필요하지 않다는 것을 알게 되었고, 이러한 결과를 바탕으로 수경재배법이 확립되게 되었다. J. von Liebig의 무기 영양설로부터 약 20년이 지난 J. von Sacks의 시대에는 탄소(C), 산소(O), 수소(H), 질소(N), 인(P), 칼륨(K), 황(S), 칼슘(Ca), 마그네슘(Mg),

철(Fe) 등 10원소가 식물의 생육에 필수적이라는 식물 필수 10원소설이 확립되었다(1860년).

L. Pasteur는 미생물의 자연 발생설을 부정하고서 미생물학의 기틀를 마련하였다(1861년). 파스퇴르의 연구에 의해, 눈에 보이지 않는 미생물이 자연계의 물질 대사에 크게 기여하며, 토양이 활발한 물질 대사의 장소임이 밝혀지기 시작했다. 토양 미생물이 퇴비에서 암모늄 이온을 생성한다는 사실을 알아냄으로써, 퇴비가 영양원으로서 이용이 가능하다는 것이 과학적으로 처음 밝혀졌다. 또한 콩과 식물의 근류에는 미생물이 공생하며, 이 미생물에 의해 질소가 고정된다는 것이 1886년 H. Hellriegel과 H. Wilfarth에 의해 밝혀졌다. 로담스테드(Rothamsted)의 연구원이었던 R. Warrigthon은 오늘날 질산화 작용으로 알려진 암모니아 산화균(아질산균), 아질산 산화 세균에 의한 산화 반응을 발견하였다. 이처럼, 대기 중의 질소와 토양에 함유된 유기물이 미생물의 작용에 의해서 암모늄 이온, 질산 이온으로 전환된 후 식물의 질소원이 된다는 것이 19세기 후반에 밝혀지게 되었고, 유기물이 식물의 영양소 공급원으로 제공되는 기작이 이론적으로 해명되었다.

현재, 식물의 뿌리가 토양으로부터 수분, 무기 이온을 흡수하고, 잎은 광합성을 수행하여 탄수화물과 산소를 만들며, 토양에서는 미생물에 의해 질소와 인산의 화학 형태가 변화한다는 것은 과학적으로 증명된 사실이다. 그러나 200년 전에는 식물이 뿌리에서 토양 입자를 취득한 후, 체내에서 생체 구성 성분을 합성하는 것으로 생각하였으며, 광합성과 미네랄 흡수, 토양 미생물과 식물의 상호작용에 대해서는 알려지지 않았다. 하지만, 이후 식물 영양학 연구는 17세기의 물 양분설, 18세기의 흙 입자설, 19세기 초반의 부식설, 1804년 광합성 발견, 1840년 J. von Liebig의 무기 영양설, 1860년 J. von Sacks의 식물 필수 10원소설로 발전되어 나갔다. 그 이후, 수경재배에 의한 원소 결핍 재배 실험, 그리고 효소와 기능성 단백질의 활성 연구, 구성 원소의 결과 분석 등을 통하여 10원소에 망간, 구리, 몰리브덴, 아연, 붕소, 나트륨(일부 식물), 염소, 니켈이 식물의 성장에 필요한 미량 필수 원소이고, 규소, 나트륨, 셀레늄, 코발트는 필수 원소가 아니지만, 식물 발달과 농업 이용에 영향을 미칠 수 있는 유용 원소임이 밝혀졌다.

한편, 대기의 질소로부터 질소 비료를 제조할 수 있게 됨에 따라, 작물의 수확량은 경지 면적과 토양 유기물의 질소 공급량에 제약받지 않게 되었고, 곡물이 대량생산되어 산업화되기 시작하였다(**그림 1-4**). 그러나 작물에 의한 화학 비료의 이용률이 겨우 50%에 머물렀기에, 작물이 흡수하지 않은 일부 질소가 토양에 잔류하거나 많은 배후지에 누출되었고, 이에 따른 부영양화가 나타남에 따라 비료를 이용한 농업 근대화의 부정적 측면이 대두되기 시작하였다. 또한 농산물의 국가간 교역이 활발해짐에 따라, 식량 생산량이 높고 자급자족이 가능한 국가에서는 화학 비료의 사용을 줄이고, F. Haber와 C. Bosch 이전의 퇴비와 유기물이 주체가 되는 시비 방법으로 되돌아가려는 움직임도 나타나기 시작하고 있다.

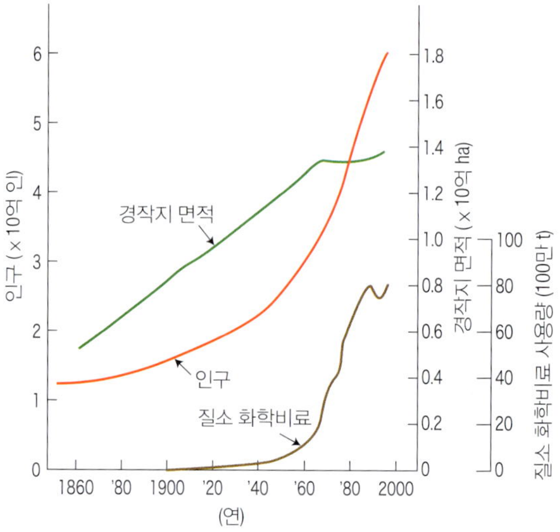

그림 1-4 질소 화학 비료의 사용량과 인구, 경작지 면적의 증가
(Jenkinson, D.S. : The impact of humans on the nitrogen cycle, with focus on temperate arable agriculture, Plant & Soil, 228, 3-15, 2001)

농업을 통하여 지구 상의 70억 인구에게 충분한 식량과 양질의 식물 유래 단백질이 공급되어야만 하며, 지구에 지속적으로 공급되는 에너지는 태양이다. 식물 영양학자인 다나카 아키리는 볏짚 퇴비 질소의 공급 능력 및 에너지원으로서의 이용 가능성을 검토한 후, 볏짚을 퇴비가 아닌 에너지원으로 사용하여야 한다고 주장함으로써(1975년), 오늘날의 식물을 이용한 바이오에탄올 생산의 가능성을 제시하였다. 현대 농업에서는 일사량, 온도, 물, 토양 등 환경 여건 하에서 외부 에너지에 대한 의존도를 최대한 줄이고, 환경 부하를 최소화하면서 작물 생산을 확대하는 것, 즉 "질서 있는 고수익"이 농업에 요구되고 있다. 또한 식물 영양학과 비료학을 기반으로 한 비료의 제조 및 시용 방법, 양분 흡수 능력이 뛰어난 작물의 육성, 불량한 환경에서의 작물 재배, 환경 보전 등의 문제가 과제로 남아 있다.

식물 영양학의 이해

2

1. 토양, 질소와 인의 순환[1)]

1) 토양

토양은 암석의 풍화물과 유기 부식물로 구성되어 있다. 많은 암석은 화성암으로 구성되어 있으며, 그 외에도 정장석($KAlSi_3O_8$), 석영(SiO_2), 휘석[$(Ca, Mg, Fe, Al, Ti)_2(Si, Al)_2O_6$], 각섬석[$Ca_2(Mg, Fe)_4(Al, Fe)(AlSi_7O_{22})(OH)_2)$], 백운모[$KAl_2(AlSi_3O_{10})_3(OH, F)_2$] 등의 1차 광물로 구성되어 있다. 1차 광물의 구성비는 암석에 따라 다르기 때문에, 각기 다른 모암에서는 서로 다른 토양이 생성된다. 예를 들어, 화강암은 마그마가 깊은 곳에서 천천히 식어서 굳어진 화산암으로, 석영, 장석, 각섬석이 풍부한데, 화강암을 모암으로 하는 토양은 석영 입자가 많은 모래로 구성되어져 있으므로 산성 토양이 된다. 현무암은 맨틀에서 분출한 용암이 급속히 냉각되어 생성된 암석으로, 규산이 적고, 휘석, 감람석, 철, 마그네슘이 등이 풍부하기 때문에 염기가 풍부한 비옥한 토양을 생성하게 된다. 또한 석회 조류, 산호 등의 사체에 포함되어 있던 탄산칼슘이 퇴적되어서 형성된 석회암은 칼슘 이온이 풍부한 토양을 생성하고, 호석회 식물이 우점종으로 군락을 이루는 독특한 식생을 형성한다. 2차 광물(점토 광물)은 1차 광물이 풍화되어 생긴 규산염과 알루미늄 이온, 칼륨 이온 등이 층상으로 재구성된 광물로서 양이온 흡착능과 보수력이 뛰어나다.

이렇게 생성된 암석의 풍화물에 미생물이나 식물이 활착함으로써, 토양이 점자적으로 형성된다. 동식물과 미생물의 사체, 배설물 등의 유기물이 토양에 가해지면, 미생물의 작용에 의해 난분해성 고분자화합물(부식)로 점차 변화하여 축적해 나간다. 토양 유기물은 토양의 보수력과 CEC (cation exchange capacity, 양이온 교환 용량)을 증가시켜서 미생물의 탄소원이나 식물의 영양소 공급원이 된다.

식물의 생육에 필요한 C, H, O 이외의 14개 원소는 토양으로부터 공급된다. 토양의 미세 입자 사이에 유지되는 토양 속의 물은 다양한 용질을 용해시키는데, 이 용액을 토양 용액이라고 한다. 토양에 포함된 식물 성장과 대사과정에 필요한 영양소도 토양 용액에 용해되어 식물에 흡수된다.

---

1) 間藤　徹

표 2-1 토양의 종류 및 용질과 농도

용질	토양의 종류, 관리 등			
	삼림 토양 표층	밭 토양 작토	수전 작토 (침수 후 10일)	비닐하우스 표층토
pH	4.20	6.21	5.73	5.60
	mmol/L			
Ca^{2+}	0.50	4.25	1.05	22.40
Mg^{2+}	0.67	1.94	0.51	11.50
K^+	0.38	0.97	0.20	13.30
Na^+	0.38	0.65	0.21	6.90
NH_4^+	0.32	미량	0.14	미량
Al^{3+}	0.25	미량	미량	미량
Fe^{3+}	미량	미량	0.22	미량
NO_3^-	3.15	13.13	0.01	42.70
SO_4^{2-}	0.40	0.19	0.78	18.50
Cl^-	0.20	0.31	0.33	8.91
$H_2PO_4^-$	미량	0.02	0.02	0.26
HCO_3^-	미량	0.35	1.85	0.27

久馬一剛, 최신토양학, 朝倉書店, 1997.

토양 용액의 주요 용질과 농도는 표에 나타나 있다(**표 2-1**). 밭, 산림 토양 중 토양 용액을 구성하는 주요 이온은 질산 이온, 칼슘 이온, 마그네슘 이온이고, 논의 주요 이온은 중탄산 이온과 칼슘 이온이다. 토양 용액의 이온 농도는 토양에 강하게 흡착되지 않는 질산 이온 농도에 따라 결정되고, 이온의 조성은 모재(*母材*, parent material)에 의해 결정된다. 특히, 이들 중에서 작물에 공급되는 질소, 인, 황은 토양의 유기물에 의존하기 때문에 토양의 유기물 함량은 토양의 비옥도를 결정하는 데 큰 영향을 미친다.

2) 질소와 인의 순환

질소는 맨틀 부위에 가장 많이 포함되어 있다. 그러나 생물권에서는 대기 중에 3.9×10^{15}t, 해양에 12×10^{11}t, 육상에 1.7×10^{11}t이 분포하고 있고, 대기 중에 가장 많이 존재한다. 육상에 존재하는 질소 중 식물에 보존되어 있는 질소는 15×10^9t 정도이고, 0.2×10^9t 정도의 양이 동물에 보존되어 있다(**표 2-2**, **그림 2-1**).

대기 중의 질소 가스는 질소고정 미생물의 질소고정효소(nitrogenase)에 의해 암모늄 이온으로 환원된다(질소고정, ①). 이 암모늄 이온은 질소고정 미생물이나 뿌리 혹에서 글루타민산의 α

표 2-2 지구상 동식물이 함유하고 있는 질소의 총량

		백만 t
대기		3.9×10^{15}
육상	식물	15×10^{9}
	동물	0.2×10^{9}
	토양유기물	150×10^{9}
해양	동식물	0.5×10^{9}
	용액, 침전물	$1,200 \times 10^{9}$
	(이 중, 질산태질소)	570×10^{9}

Jenkinson, D. S.: The impact of humans on the nitrogen cycle, with focus on temperate arable agriculture, Plant & Soil, 228, 3-15, 2001.

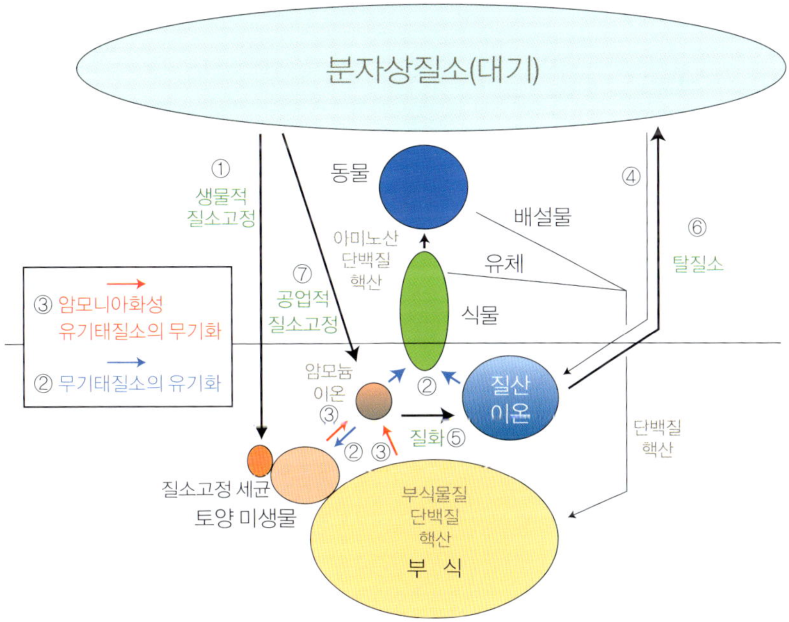

그림 2-1 지구의 생물권에서 질소의 순환 질소는 형태를 바꾸면서 대기 → 토양 → 생물상 → 토양 → 대기로 순환한다. 이 지구 생물권의 순환관계 안에 경작지 → 식료(작물, 초식동물) → 사람 → 배설물, 음식 쓰레기의 소규모 먹이사슬이 존재한다. ⑦은 공업용 질소고정으로 질소 가스를 직접 암모니아로 변환하여 비료로 사용된다. 그 양은 매년 증가하여 2000년에는 ① 생물적 질소고정량과 ⑦ 공업적 질소고정량이 매우 비슷하다. 즉, 생물권에서의 암모늄 이온의 공급량 (①+⑦)은 생물적 질소고정량 ①의 2배로 증가했다. ④는 번개에 의한 질산 이온의 생성(그림 1-4 참조).

아미노기가 된다(무기태질소의 유기화, ②). 또한 이 α 아미노기 질소는 각종 아미노산으로 변환되어서 균체와 식물체의 단백질과 핵산 등의 형성에 이용된다. 세균이나 식물이 사멸하면, 이러한 유기물은 토양 미생물에 의해 분해되어 암모늄 이온으로 방출된다(③). 이 과정을 유기태질소의 무기화라고 부른다.

대기 중의 질소 가스는 번개에 의해 산화되어 비에 녹아 질산 이온이 된 후 지상으로 내려오게 된다(④). 토양에서 유기물이 무기화되고, 생성된 암모늄 이온은 질산화균의 작용에 의해서 아질산 이온을 경유하여 질산 이온으로 산화된다. 이 과정을 질산화(⑤)라고 부른다. 질산화균은 암모늄 이온을 질산 이온으로 산화할 때의 에너지를 이용하여 생육하는 화학 합성 세균으로 유기물에서 에너지를 얻는 다른 미생물과는 다르다. 질산화균은 환경 변화에 민감하기 때문에 토양 건조 조건이나, 토양 살균 등에 의해 사멸되고, 이로 인해 질산화가 저해되어 토양에 암모늄 이온이 축적되기도 한다.

대기의 질소 가스는 이러한 과정을 거쳐서 식물이 가장 즐겨 이용하는 토양의 암모늄 이온과 질산 이온으로 전환된 후, 식물과 미생물에 흡수되어 질소고정 미생물 등에 의해 글루타민산의 α 아미노기로 변환되고 식물체의 단백질과 핵산 등의 형성에 관여하게 된다. 식물의 유기물에 포함된 질소 원자는 먹이사슬에 의해 상위 동물에 이행되어, 지구 상의 생명을 지탱하는 중요한 구성물질로 작용하게 된다. 바다에서는 육상에서 유실되거나 용탈된 무기영양성분에 의해 미세 조류가 번식하고, "동물성 플랑크톤 → 물고기와 식물"의 먹이 연쇄에 의해 양분이 순환하게 된다.

유기물 일부는 동물의 배설물이나 동식물의 사체, 사멸된 미생물 균체 등의 형태처럼 분해되기 어려운 토양 유기물(부식) 형태가 돼서 토양으로 다시 돌아오게 되고, 일부는 분해 과정을 거쳐 무기물(이산화탄소와 암모늄 이온)로 전환된다.

혐기성 조건에서 유기물이 충분하면, 미생물은 질산 이온을 전자 수용체로 하는 질산 호흡 대사 과정을 시작하게 된다. 그 결과, 질산 이온은 환원되어 질소 산화물, 질소 가스로 변환되어 대기로 돌아간다(탈질소, ⑥). 탈질소는 다양한 미생물에 의해 이루어지기 때문에, 호기성 토양의 토양 입단 내부에 존재하는 아주 미세한 혐기성 환경에서도 탈질소가 일어난다. 논의 토양은 담수 조건에서 혐기성 환경이 되고, 유입된 질산 이온은 탈질소된다. 이에 따라서 논은 질소가 풍부한 물의 정화에 기여하게 된다. 탈질소되지 않은 질산 이온은 칼슘 이온과 더불어 물과 함께 토양으로 이동(용탈)하고, 지하수와 하천수를 통해 해양으로 이동함으로써 해양의 먹이사슬에 영향을 미치게 된다. 해양의 생물상이 동화할 수 있는 용량을 초과한 질산 이온은 깊은 바다에 집적되는데, 이러한 심해는 거대한 질산 이온 집적 장소로 활용된다.

이처럼, 질소는 지구의 생물권인 대기 → 토양 → 대기(해양)로 크게 순환하며, 대기의 질소 가스, 토양의 유기물, 심해의 질산 이온 형태로 보존되어 있다. 경작지 토양에서는 질소가 "토양 유기물의 무기화(암모늄 이온의 방출, 질산화) → 식물에 의한 흡수와 유기태 질소의 형성 → 동물의 섭식, 유기물의 배설, 동식물 사체의 토양 환원(토양에 유기물 투여) → 미생물에 의한 분해(무

표 2-3 지구 상에 존재하는 인의 형태와 크기

		백만 t
육상	생물	2.6×10^3
	인 광석	19×10^3
	토양	$96\sim160 \times 10^3$
	담수	0.090×10^3
해양	생물	$0.05\sim0.12 \times 10^3$
	가용성 무기인	80×10^3
	침전물	$840{,}000 \times 10^3$

Stevenson, E. J. and Cole, M. A.: Cycles of Soil 2nd Ed., John Wiley & Sons, 1999.

기화, 암모니아 생성)와 부식 등을 통해 먹이 사슬 안에서 순환된다.

인은 질소처럼 안정적이지 못하다. 지구의 생물권에서는 $840{,}000 \times 10^9$ t이 인산 이온의 형태로 해양 침전물에 가장 많은 존재하고 있으며, 해수에는 80×10^9 t이 포함되어 있다. 해양의 인은 플랑크톤과 물고기를 통해서 바다새의 배설물로 전환되고, 해안 및 섬 지역에 구아노(guano) 형태의 퇴적물로 집적된다. 그 밖에 토양 중에는 $96\sim160 \times 10^9$ t이 존재하고, 지각에는 인광석으로 집적된 양이 19×10^9 t 있으며, 생물에서는 2.6×10^9 t이 유지되고 있다(**표 2-3**).

토양의 인산 이온은 칼슘, 알루미늄, 철과 강하게 결합하여 난용성 염을 만들고, 또한 토양 미생물에 흡수되거나 대사되어 유기물과 회합한 인산 화합물이 되어, 생물에게는 이용되기 어려운 형태로 축적된다(인 고정). 해양에 침전되어 있는 인은 지질 연대가 경과한 후, 육상에 인광석으로 전환되어 분포한다. 이러한 인이 순환되는 과정은 많은 시간이 소요되고, 토양과 인광석 안에 함유된 인은 서서히 오랜시간을 두고서 해양으로 이동하게 된다. 인산은 생물체 내에서는 환원되지 않으며, 항상 인산 양이온 형태로 생명 대사 과정에 관여한다.

2. 광합성과 호흡

1) 광합성[2)]

빛 에너지에 의해 물이 분해되면 전자와 양성자가 생성되는데, 광합성은 이를 이용하여 무기물인 이산화탄소(CO_2)에서 유기물인 당을 생산하는 과정이다. 광합성은 세포내 소기관인 엽록체(chloroplast)에서 일어나며, 틸라코이드(thylakoid)라고 불리는 막 안팎에서 진행되는 명반응과

2) 三宅親弘

스트로마(stroma)라고 불리는 엽록체 내부 구조에서 암반응이 일어난다. 진핵생물인 고등식물과 조류의 엽록체는 독립적 DNA와 단백질 합성계를 가지고 있지만, 대부분은 핵 DNA와 연결되어서 엽록체의 형성 및 대사과정을 수행하게 된다(엽록체 대사과정에 관여하는 단백질이 핵에 코딩되어 있어 번역 후 엽록체로 이동하는 과정을 거친다. 예: Rubisco 단백질).

(1) 명반응[2)]

광합성에 이용되는 광은 400~700 nm 파장의 가시광선에서 틸라코이드 막에 존재하는 엽록소와 카로티노이드에 의해 흡수된다. 고등식물은 측쇄 구조가 다른 엽록소 *a*와 *b*를 가지고 있다(☞ 그림 3-70). 카로티노이드는 엽록소가 흡수할 수 없는 500~600 nm 영역의 빛을 흡수한다. 이러한 색소 분자에 의한 빛에너지의 흡수는 분자의 공액 이중결합에 존재하는 전자가 높은 에너지 상태로 에너지 준위가 상승하여 수행된다(그림 2-2).

> **여기상태**
>
> 에너지를 흡수한 후, 전자가 바닥 상태에서 에너지가 높은 들뜬 상태로 올라오는 현상이다.

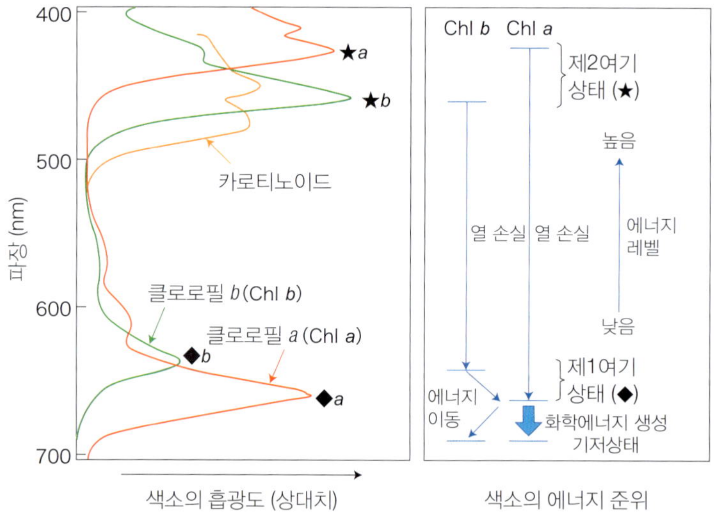

그림 2-2 고등식물 엽록체 틸라코이드 막에 존재하는 광합성 색소[클로로필 *a*(—), 클로로필 *b*(—) 및 카로티노이드(—)]의 흡수 스펙트럼의 이미지, 클로로필 *a* 및 클로로필 *b*의 여기 에너지 준위와 탈에너지 과정 흡수 피크의 파장은 색소가 잎으로부터 추출되어 용매에 의해 엇갈림이 생긴다. 클로로필 *a* 및 클로로필 *b*는 각각 큰 2개의 피크를 갖는데, 파장은 짧고 여기 에너지 순위가 높은 제2여기상태(피크★ *a*, *b*)와 파장이 길고 여기 에너지 순위가 낮은 제1여기상태 (◆*a*, *b*)가 있다. 카로티노이드는 클로로필 *a* 및 클로로필 *b*가 흡수할 수 없는 파장 영역(500nm 주변)의 빛을 흡수할 수 있다. 제2여기상태에 있는 클로로필 색소 모두는 열 손실 과정에 의해 자신의 에너지를 잃고서 제1여기상태로 이동한다. 클로로필 *b*는 자신의 에너지를 에너지 준위가 낮은 클로로필 *a*로 이동하여, 기저상태로 돌아간다. 클로로필 *a*는 자신이 흡수한 빛 에너지와 안테나 색소로서 클로로필 *b*가 흡수한 빛 에너지를 이용하여 화학에너지 화합물(NADPH 및 ATP)을 생성하는데에 에너지를 소비한 후 기저상태로 돌아간다.

2) 三宅親弘

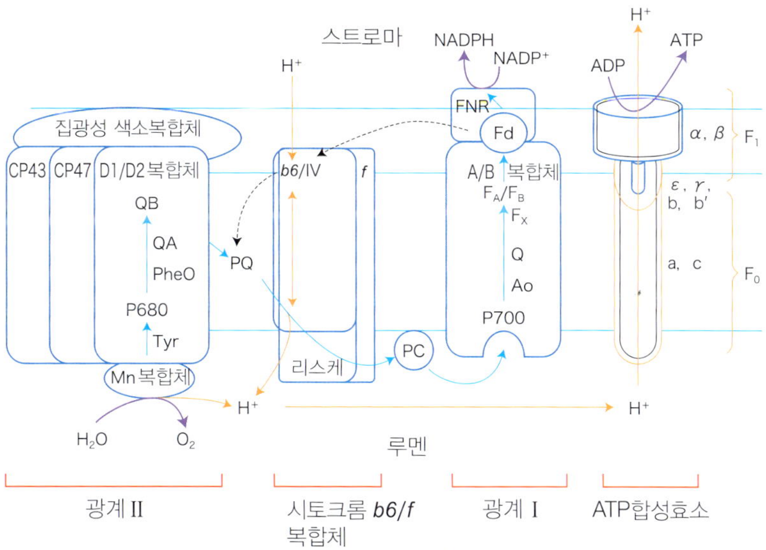

그림 2-3 고등식물 엽록체 틸라코이드막에 위치한 광합성 전자전달계 전자의 흐름은 파란색 화살표, 양성자의 이동은 주황색 화살표, 물질 변환은 보라색 화살표로 표시하였다. 상세한 것은 본문을 참조한다. 검은색 화살표는 광화학계 순환적 전자전달 반응(CEF-PS I)에서의 전자 흐름을 나타낸다. 광합성의 전자전달 반응에서, 광계 I에서는 환원된 페레독신이 시토크롬 *b6/f* 복합체를 거쳐 플라스토퀴논으로 전자를 전달하므로 인해서 양성자가 스트로마로부터 루멘으로 흐르는 CEF-PSI가 작용한다.

림 2-2).

엽록체 틸라코이드 막에는 다수의 단백질과 집광색소(엽록소와 카로티노이드)가 집합한 분자 복합체가 배열되어 있다. 각각의 복합체는 기능 단백질과 색소 단백질 복합체로 구성되어 있다. 이 복합체에는 엽록소 P680을 중심으로 하는 광계 II와 엽록소 P700을 중심으로 하는 광계 I의 2종류가 있다(그림 2-3).

a. NADPH의 생성

광계 II의 반응 중심 복합체는 엽록소 P680, 반응 중심·안테나 복합체와 물을 분해하는 망간 단백질 복합체, 플라스토퀴논에 전자를 전달하는 페오피틴 등으로 구성되어 있다(☞ 그림 3-89). 광계 I에서는 반응 중심 엽록소 P700, 반응 중심·안테나 복합체에 많은 전자전달계 단백질이 복합적인 상호작용을 통해서, 전자가 광계 I으로부터 페레독신으로 전달된다. 또한 틸라코이드 막에는 시토크롬 *b6/f* 복합체 등이 존재하여 전자 전달과 틸라코이드 막을 가로지르는 양성자의 이동에 관여하는데, 이들이 광합성 전자전달계를 구성하고 있다.

엽록체 틸라코이드 막에 빛이 닿으면, 복합체 주변부의 색소가 여기되어 그 에너지가 점차 반응 중심 엽록소로 이동하며, 그 결과 반응 중심 엽록소 P680이 여기되어 전자가 방출된다. P680에서 방출된 전자는 광계 II 반응 중심 복합체 내를 이동하여 플라스토퀴논을 환원시킨다. 전자를 방출한 P680은 망간 단백질로부터 전자를 빼앗고(산화), 산화된 망간 단백질은 물로부터 전자를 빼앗는다(산화). 이 일련의 반응(물 분자의 광산화 반응)에서는 반응 중심 P680이 4회 여기될 때 마다 물 2분자에서 4개의 전자와 1분자의 산소가 발생한다.

$$2H_2O \rightarrow O_2 + 4H^+ + 4e^-$$ (광계 II에서 물 분자의 광산화)

환원형 플라스토퀴논은 틸라코이드막 안으로 확산되고, 시토크롬 *b6/f* 복합체를 통해서 틸라코이드 막 루멘 쪽에 존재하는 플라스토시아닌(PC)을 환원한다. 이때 스트로마에서 루멘으로 2개의 양성자가 이동한다.

플라스토시아닌은 시토크롬 *b6/f* 복합체와 광계 I 사이의 전자를 이동한다. 환원형 플라스토시아닌은 틸라코이드막 루멘 부분에서 광계 I 반응을 통해, 광에 의해 여기되어 전자를 잃은 반응 중심 엽록소 P700에 전자를 전달한다. P700에서 방출된 전자는 광계 I 복합체 속을 이동하고, 철-황 클러스터(F_A/F_B, F_X 등)를 통해서 스트로마의 가용성 전자 전달 단백질 페레독신(Fd)으로 전달된다. 환원형 Fd는 Fd-NADP 환원 효소(FNR)에 의해 $NADP^+$를 환원해서 NADPH를 생성한다.

$$4Fd^- + 2NADP^+ + 2H^+ \rightarrow 4Fd + 2NADPH$$ (Fd-NADP 환원 효소의 반응)

b. ATP의 생성

물 분자의 광산화 반응으로 생성되는 양성자와 시토크롬 *b6/f* 복합체가 환원될 때, 스트로마에서 틸라코이드 막 루멘으로 이동하는 양성자는 루멘과 스트로마 간에 양성자 농도 구배를 형성한다. 이 기울기에 발생한 에너지가 ATP 합성에 사용된다. ATP 합성효소는 많은 서브 유닛으로 구성된 단백질 복합체에서 틸라코이드 막에 존재하는 F_0 유닛과 스트로마 측에 존재하는 F_1 유닛으로 구성되어 있다.

c. 강광(強光) 상해

각 잎의 광합성 속도는 빛의 강도가 강해질수록 증가한다. 그러나 광합성 속도는 태양보다 약한 빛의 강도에서 포화되기 때문에, 식물은 항상 광합성에 필요한 양 이상의 과도한 빛(강광)에 노출되어 있다(**그림 2-4**).

강한 빛은 엽록체에서 활성산소를 발생시킨다. 광합성이 광포화되면, 암반응에서 소비되는 것 이상의 NADPH가 생산되므로 광계 I에서 생산되는 전자 수용체인 $NADP^+$가 부족하게 된다. 이 결과, 광합성 전자전달계에서 전자 흐름이 정체되어, 활성산소의 생성을 유발하게 된다. 활성산소의 생성 부위는 광계 I와 II이다. 광계 I에서는 축적된 전자가 Fd에 의해 산소에 전달됨으로써, 활성산소인 슈퍼옥사이드 라디칼(superoxide radical, O_2^-)이 생성된다. 그리고 이 O_2^-는 슈퍼옥사

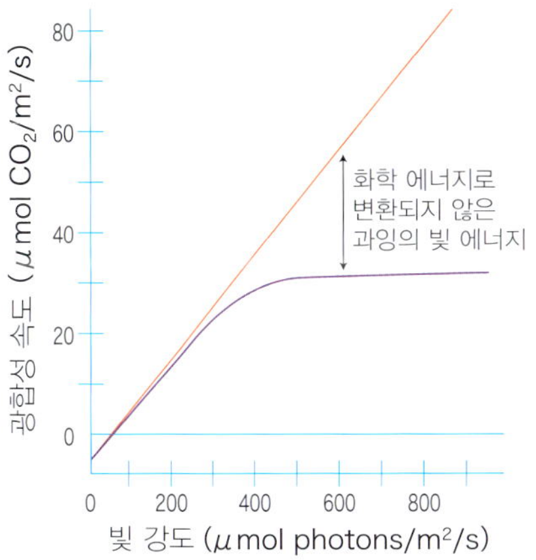

그림 2-4 광합성 속도와 빛의 강도와의 관계 광합성 속도는 빛 강도의 증대에 따라 증가한다. 그러나, 그 증가는 태양광의 강도보다도 적은 강도에서 포화하기 시작하여 최종적으로 일정하게 된다. 이 그림의 예에서는 빛 광도 500 μmol photons/m^2/s에서 광합성 속도는 포화되게 된다. 광합성 속도는 보라색 선으로 표시되어 있다. 한편, 주황색 직선은 빛 광도를 증가할 때의 초기의 산화 에너지 변환 효율로서, 광합성이 수행되는 시기의 기대되는 광합성 속도를 나타내고 있다. 따라서, 광합성이 빛 강도의 증가에 대하여 포화상태로 되면, 화학에너지로 변환되지 않는 과잉의 빛에너지에 의해 빛 저해 위험성에 노출되게 된다.

이드 디스뮤테이즈(Superoxide dismutase)에 의해 또 다른 활성산소인 과산화수소(H_2O_2)로 변환된다. 광계 II에서는 광합성 전자전달체인 플라스토퀴논이 환원되어 있기 때문에 빛을 흡수한 엽록소 P680으로부터 전자를 전달받을 수 없다. 이 결과, P680은 에너지 수준보다 높은 상태(^{3}P680)로 변환되게 된다. ^{3}P680 상태에 있는 P680은 대기 중에 20% 존재하는 산소에 에너지를 신속하게 전달하고서 원래 상태로 돌아온다. 이때 산소는 ^{3}P680에서 받은 에너지에 의해 반응성이 풍부한 활성산소인 단일 항산소($^1O_2$)로 변환된다. 이러한 활성산소가 신속하게 제거되지 않고서 축적되면, 생성 부위 근처의 단백질, 막 성분, DNA가 산화 분해되어 광합성 및 세포 기능 장애(빛 장애)가 발생하게 된다. 이것은 식물이 냉해와 건조해, 염해에 의해 고사하는 이유 중 하나이다.

식물은 강광에 의한 상해를 완화시키기 위해서, 2개의 활성산소 생성 부위에 생성 억제 및 제거 시스템을 갖고서 활성산소 축적을 억제하고 있다. 광계 II는 단일항산소의 생성 억제 시스템을 가지고 있다. 강광 조건에서 크산토필 색소인 제아크산틴을 생성하고, ^{3}P680가 가지는 에너지의 대부분을 직접 받아 안전하게 열을 소산함으로써 단일 항산소($^1O_2$)의 생성을 억제하고 있다. 이 색소 대사가 결손된 돌연변이체는 강광 장해에 감수성을 가지고 있고, 이 연구 결과를 통해 열 분산 메커니즘이 중요하다는 것이 밝혀졌다(**그림 2-5**). 한편, 광계 I에서는 활성산소인 O_2^- 및 H_2O_2 소거 시스템을 갖추고 있다. 환원형 Fd에 의해 생성된 O_2^-는 슈퍼 옥사이드 디스뮤테이즈(SOD)에 의해 H_2O_2로 변환되고, 그후 아스코르빈산 퍼옥시다아제(APX)에 의해서 H_2O_2는 물에 환원되어 제거된다. 이 반응에서 아스코르빈산은 산화되지만, 강광에 의해 축적된 Fd에 의해 환원되어 재생된다. 이 시스템을 Water-Water 반응계라 부르며, 광합성 전자전달계에 축적된 전자에 의해 생성된 활성산소를, 아스코르빈산의 재생에서 볼 수 있도록 축적된 전자를 이용하여 제거하는 정교한 구조를 가지고 있다(**그림 2-6**).

이처럼 식물은 활성산소의 축적을 억제하는 시스템을 가지고 있지만, 식물이 자연 환경에서 산

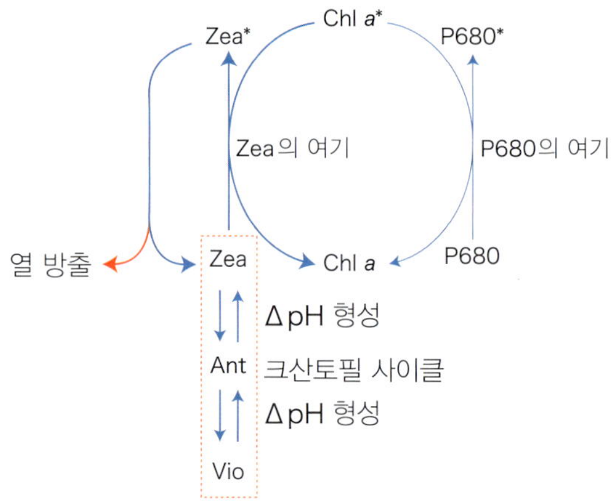

그림 2-5 크산토필 대사과정에 의한 과잉 에너지의 처리 과정 광합성에서 필요 이상의 과잉 빛 에너지는 크산토필 대사과정에 의해 열로서 안전하게 처리된다. 크산토필 대사과정에 관여하는 색소는 비올라크산틴(Vio), 안테라크산틴(Ant) 및 제아크산틴(Zea)이 있다. Vio부터 Ant를 경유하여 Zea의 생성에는 색소 비올라크산틴 디폭시게나아제(VDE)의 활성 발현에 의해 틸라코이드 막을 통한 ΔpH 형성이 필요하다. 그 사이클에서 생성된 Zea는 집광성 색소복합체에서 포획된 안테나 엽록체를 경유해서 온 빛 에너지가 Chl *a*로부터 반응중심 엽록체 P680으로 전달되기 전에 여기 Chl *a**로부터 에너지를 빼앗는다. 이후 자신은 여기된 후에 획득한 에너지를 열로 방출한 후 기저 상태로 돌아간다. 이 대사과정은 암조건에서는 필요하지 않으며, Zea는 Ant를 경유하여 Vio로 돌아간다.

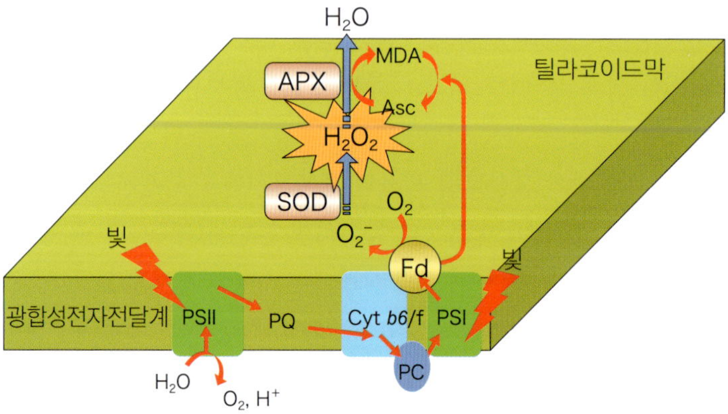

그림 2-6 Water-Water 반응계 광합성에 있어서 과잉된 빛 에너지에 의해 생성된 수퍼 옥사이드 라디칼은 수퍼 옥사이드 디스뮤테이즈(SOD)에 의해서 과산화수소로 신속하게 변환된다. H_2O_2는 비타민 C(아스코르빈산, Asc)를 전자공여체로서 이용하는 과산화효소, 아스코르빈산 과산화효소(APX)에 의해 물로 환원 소거된다. APX가 지속적으로 기능하기 위해서 아스코르빈산 재생 시스템을 이용하여 Asc를 재생한다. 아스코르빈산 재생 시스템에는 페레독신에 의해 monodehydroascorbic acid radical(DMA)에서 아스코르빈산으로의 재생 반응이 포함되어 있다. 또한 이 시스템을 이용하지 못함으로써 생성된 아스코르빈산의 산화물은 NADPH를 전자공여체로 하는 재생계가 Asc의 유지를 위해 관여하는데, monodehydroascorbic acid radical, dehydroascorbic acid reductase 및 glutathione이 Asc 유지를 위해 역할을 담당하고 있다.

화 장애로 인해 고사한다는 사실은 이 시스템에 대응할 수 없을 정도로 활성산소 축적이 발생함을 나타낸다.

(2) 암반응[3)]

a. 캘빈 · 벤슨 회로

명반응에 의해 생산되는 ATP의 에너지와 NADPH의 환원력을 이용하여 엽록체 스트로마에서 CO_2를 이용하여 유기물이 생성되는데, 이 반응을 광합성의 암반응 또는 탄소 동화 반응(carbon assimilation)이라고 한다. 1940년대의 방사성 동위원소 ^{14}C의 생산 기술 개발 및 이를 이용한 추적 기술을 이용하여, 1951년 캘빈과 벤슨은 $^{14}CO_2$를 이용하여 클로렐라를 재료로 해서 CO_2 동화 초기 산물을 식별하는 데에 성공하였다. 그 후 1954년, CO_2 수용체도 발견하여 탄소고정 경로의 대사과정을 밝혔다. 이 대사 회로는 발견한 연구자의 이름을 따서 캘빈 · 벤슨 회로(Calvin-Benson cycle)라고 명명되었으며, 이 회로는 11종의 효소에 의한 13개의 반응으로 구성되어 있다(그림 2-7). CO_2의 고정은 1분자의 CO_2가 CO_2의 수용체인 1분자의 5탄당(C5), 리보오스-1,5-비스인산

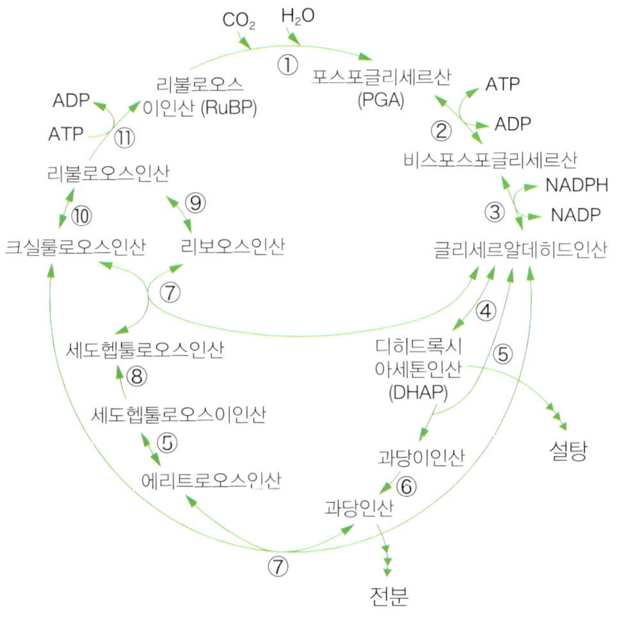

그림 2-7 캘빈 · 벤슨 회로의 반응 반응을 촉매하는 효소 ① Rubisco, ② 포스포글리세르산 키나아제, ③ NADPH 글리세르알데히드-3-인산 탈수소효소, ④ 3탄당 인산 이성화효소, ⑤ 알돌라아제, ⑥ 과당-1,6-비스포스파타아제, ⑦ 트랜스케톨라아제, ⑧ 세도헵툴로오스-1,7-비스포스파타아제, ⑨ 리보오스-5-인산 이성화효소, ⑩ 리보오스-5-에피메라아제, ⑪ 포스포리불로키나아제(리불로오스-5-인산 키나아제).

---

3) 牧野 周

(ribulose-1,5-bisphosphate, RuBP)에 첨가되어 6탄소 화합물 중간체를 거쳐 2분자의 3탄소 화합물(C3)인 3-포스포 글리세린산(3-phosphoglyceric acid, PGA)이 생산되는 반응에서 시작된다. 이 반응은 RuBP 카르복실화효소·산소화효소(RuBP carboxylase/oxygenase, Rubisco)에 의해 촉매된다. Rubisco는 52 kDa의 분자량을 가진 큰 서브유닛 8개 및 14~18 kDa의 분자량을 가진 작은 서브유닛 8개로 구성된 거대한 단백질(홀로효소로의 분자량은 530 kDa)로서, 지구 상에 가장 많이 존재하는 단백질(추정 4,000만 t 이상)이다. 고등식물의 경우, Rubisco는 잎의 전체 단백질의 25~35%를 차지하고 있다. 기질은 스트로마 내의 용존 CO_2(가스)이다. CO_2는 외부 공기로부터 스트로마까지 단순 확산 수송되며, 스트로마에는 HCO_3^-와 용존 CO_2의 평형 반응을 촉진하는 탄산무수화효소(carbonic anhydrase)가 존재하고 있다.

Rubisco는 강광도에 의해 CO_2와 Mg^{2+}이 효소와 결합함으로써 활성화되는데, 이 반응은 활성효소인 Rubisco activase에 의해 일어나게 된다. 이 Rubisco activase의 활성 제어는 스트로마 내 ATP/ADP 비율과 광계 I에서 생성하는 환원형 Fd와 스트로마에 존재하는 티오레독신을 통해서 티올기의 산화 환원 반응(Fd-티오레독신 시스템)이 관여하고 있으며, 명반응과 암반응의 활성 균형을 유지하는 데 중요한 역할을 하고 있다. 또한 콩, 벼, 담배 등의 일부 식물에서는 어두운 곳에서 Rubisco의 활성을 저해하는 카르복시 아라비니톨 1-인산(carboxyarabinitol-1-phosphate, CA1P)이 고농도로 축적되고, Rubisco activase가 ATP 에너지를 사용함으로 인해 Rubisco의 해리가 일어나게 된다.

RuBP는 PGA에서 ATP와 NADPH를 사용하여 재생된다. 이 과정에서도 일부 효소는 빛에 의한 활성 조절을 받고 있으며, 특히 프락토오스-1,6-비스포스파타아제(fructose-1,6-bisphosphatase, FBPase)와 세도헵툴로오스-1,7-비스포스파타아제의 활성 제어가 RuBP 재생 회로의 중요한 조절을 담당하고 있다. 이 효소는 모두 Fd- 티오레독신 시스템에 의해 활성이 조절된다.

b. 설탕·녹말 합성 반응

광합성의 최종 산물은 설탕과 녹말이다. 설탕은 세포질에서 합성되고, 녹말은 엽록체에서 생성된다. 설탕의 합성 경로는 디히드록시아세톤 인산(dihydroxyacetone phosphate, DHAP)을 기점으로 캘빈 회로에서 시작되고, 녹말 합성 경로는 과당인산에서 시작된다. 합성 경로에서도 당인산 중간체가 중간에 탈인산되고, 탈인산된 인산 이온은 명반응의 ATP 합성에 이용된다. 설탕·녹말 합성이 정체될 경우에 인산 이온이 순환하지 않은 채 ATP 생산을 멈추게 되므로 광합성 전체의 반응이 억제된다. 설탕 합성의 출발 물질이 되는 DHAP는 엽록체 포막에 존재하는 인산 이온 수송체에 의해, 인산 이온과의 교환으로 세포질로 수송된다. DHAP는 세포질에서 알돌라아제에 의해 과당-1,6-이인산로 변환되어, 세포질형 FBPase에 의해 과당6-인산, 또한 포도당6-인산, 포도당1-인산을 거쳐 UDP-포도당(uridine diphosphate glucose) 가인산분해효소에 의해 UDP-포도당으로 변환된다. UDP-포도당은 과당6-인산과 설탕 인산 생성효소(sucrose-phosphatesynthase, SPS)의 작용에 의해 설탕 인산이 되고, 설탕 인산 포스파타아제의 반응에 의해 설탕이 만들어진다. 이와 같은 반응을 통해 3개의 탈인산 반응이 일어나고, 이 반응에서 발생한 인산 이온이 인산 이온 수송체를 거쳐 엽록체로 돌아온다. 이 설탕 합성은 DHAP의 공급 속도와 FBPase와 SPS 활성에 의해 조절된다. 녹말 합성은 캘빈 회로의 과당6-인산이 포도당6-인산, 포도당1-인산으로 변환된 후, ADP-포도당 피로포스포릴라아제(ADP-glucose pyrophosphorylase)에 의해 ADP-포도당으로 돌아가서, 이 ADP-포도당의 포도당 부분이 녹말 사슬 말단에 있는 포도당의 비환원 말단 부분에 전이됨으로써 녹말이 합성된다.

광합성이 활발하게 일어나는 단자엽류의 잎에서는 주로 설탕이 축적되고, 쌍떡잎류의 잎에서는 녹말이 축적된다. 녹말 및 설탕 생산량의 배분은 설탕 합성으로 향하는 효소인 FBPase와 SPS 활성, 녹말 합성에 관여하는 ADP-포도당 피로포스포릴라아제(ADP-glucose pyrophosphorylase, AGPase)의 활성 정도에 의해 조절된다.

엽록체에 저장된 녹말을 탄소원으로서 이용하는 경우에, 일단 6탄당 단위로 분해될 필요가 있다. 엽록체 중의 녹말 분해 경로는 포스포릴라아제 의한 가인산 분해 경로가 아닌 글루칸-물 디키나아제(녹말을 부분적으로 가인산 분해하여 가용화시키는 효소)의 작용과 후속 β-아밀라아제와 이소아밀라아제를 주체로 한 가수분해 경로인 것으로 알려져 있다. 따라서 엽록체 중의 녹말이 호흡 기질로서 사용될 경우에는 6탄당 인산과 3탄당 인산을 사용하지 않고, 엽록체에서 세포질로 수송된 맥아당 및 포도당을 이용한다.

(3) 광호흡[3)]

Rubisco는 카르복실화 및 산소화 활성효소를 가지고 있어 CO_2과 O_2 모두를 기질로 한다. O_2 분자는 CO_2 분자와 Rubisco의 동일한 촉매 부위에 길항적으로 반응하기 때문에, 두 활성의 비율은 스트로마에서의 CO_2 분압과 O_2 분압의 비율로 결정된다. 현재의 대기 분압, CO_2 분압 39 Pa, O_2 분압 21 kPa에서 2개의 활성비는 약 4:1이다. O_2가 Rubisco에 의해 RuBP에 결합하면, 1분자의 PGA와 1분자의 포스포 글리콜산을 생산한다(그림 2-8). PGA는 캘빈 회로로 이동하게 된다. 포스포 글리콜산은 엽록체 중 인산가수분해효소에 의해 글리콜산이 되고, 퍼옥시좀으로 이동하여 아미노기가 전이되어 글리신이 된다. 이어서, 글리신은 미토콘드리아로 이동하여 글리신 탈카르복실화 효소에 의해 탈탄산 반응이 일어나고, 탈아미노기 반응을 받아서 세린으로 변환된다. 세린은 다시 퍼옥시좀으로 돌아온 후 탈아미노기 반응과 환원을 받고서 글리세린산이 된다. 글리세린산은 엽록체로 돌아온 후 인산화에 의해 PGA가 되어 캘빈 회로로 돌아온다. 미토콘드리아에서 글리신으로부터 탈탄산되어 발생한 CO_2는 Rubisco에 의해 다시 고정되어, 탈아미노기 반응으로 생긴 NH_4^+도 엽록체에 동화된다. 모든 경로를 종합하여 살펴 보면, 1분자의 O_2가 Rubisco에 의해

[3)] 牧野　周

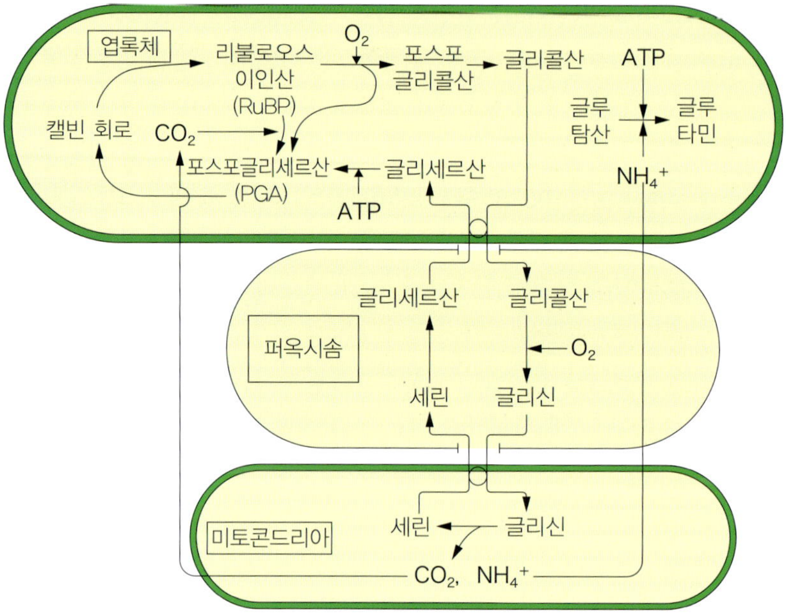

그림 2-8 광호흡 경로

받아들여지고 글리신으로부터 1분자의 CO_2가 발생해서 마치 호흡을 진행하는 것처럼 보이기 때문에, 이 경로를 광호흡(photorespiration)이라고 한다. Rubisco가 CO_2 또는 O_2를 기질로 정하는 것은 엽록체 스트로마의 CO_2 분압과 O_2 분압의 비율에 의해 결정되므로, 건조 스트레스 등의 환경 요인에 의해 기공이 폐쇄되어 CO_2가 공급되지 않는 조건에서는 상대적으로 광호흡이 촉진되고, 잎에서는 산소, ATP, NADPH를 소모하기에 과잉 환원력의 축적(강광상해)을 억제한다. 또한 광호흡에서는 CO_2가 발생하므로, 외부에서의 CO_2 공급이 전혀 없어도 잎의 CO_2 분압은 CO_2 보상점 이하로 되지 않는다.

(4) C_4 광합성과 CAM 광합성[3]

식물은 지상으로 진출한 이래 다양한 환경 스트레스에 직면하게 되었고, 이에 따라 다양한 적응 메커니즘을 획득하며 진화하였다. 여기에서는 대표적으로 건조 스트레스와 광 상해에 강한 C_4 광합성과 CAM 광합성에 대해 설명하고자 한다.

a. C_4 광합성

C_4 광합성을 하는 식물(C_4 식물)은 발달한 엽록체를 엽육세포뿐만 아니라 유관속세포에도 가

3) 牧野 周

지고 있으며, 2종류의 세포에서 광합성을 분업화하여 효율이 높은 대사과정을 진행하게 된다. C_4 식물로는 옥수수, 사탕수수 등의 작물을 포함하여 20과 8,000종 이상이 존재한다. C_4 광합성의 기본적인 대사과정을 **그림 2-9**에 나타내었다. C_4 식물에서는 엽육세포 세포질에 탄산무수화효소(carbonic anhydrase, CA)가 존재하고, 잎 내에 확산된 CO_2를 신속하게 수화시켜서 HCO_3^-로 변환시킨다. 이 HCO_3^-을 같은 세포질에 존재하는 포스포엔올피루브산(phosphoenolpyruvate, PEP) 카르복실화 효소(PEP carboxylase, PEPC)가 고정한다. 그때 HCO_3^-의 수용체는 PEP이다. 광합성 초기 산물이 4탄소 화합물의 옥살로아세트산(oxaloacetic acid)이므로, C_4 광합성이라고 명명하였다. 옥수수, 사탕수수 등의 식물에서 옥살로아세트산은 즉시 말산(malic acid)으로 환원되어 유관속초세포의 엽록체로 수송된다. 유관속초세포의 엽록체에서 말산은 NADP 말산 효소에 의해 탈탄산되어 피루브산이 된다(NADP-ME형). 이때 생성하는 NADPH는 같은 유관속초엽록체의 암반응에 사용된다. 다른 형태의 C_4 광합성 식물에서는 PEPC에 의해 생산된 옥살로아세트산이 세포질에서 아미노기 전이 반응을 받고서, 아스파르트산(aspartic acid)으로 변환되어 유관속초세포로 수송된다. 광합성 산물이 아스파르트산으로 운송되는 형태의 C_4 식물은 두 가지 유형으로 나뉘는데, 첫 번째는 기장(*Panicum miliaceum* L.) 등에서 사용하는 메커니즘으로, 유관속초

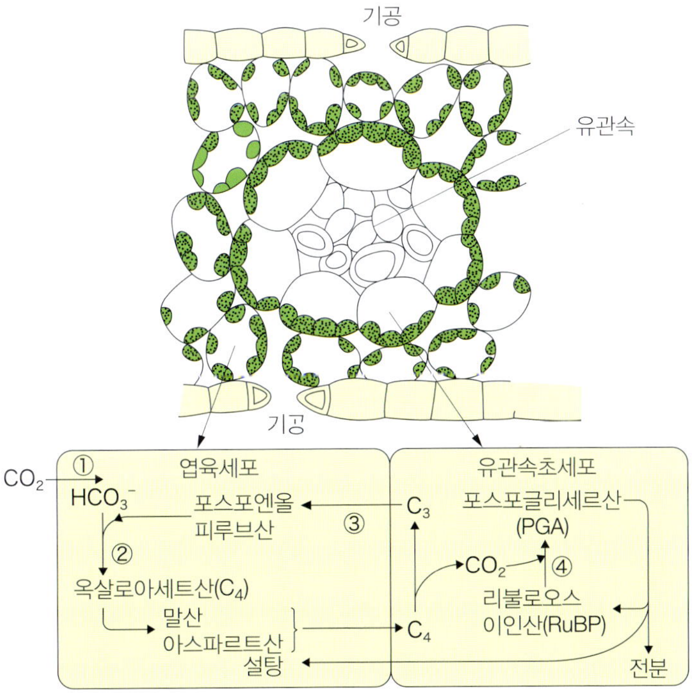

그림 2-9 **C_4 식물의 엽단면과 C_4 광합성** 반응을 촉매하는 효소 ① 탄산무수화효소(CA), ② 포스포엔올피루브산 카르복실라아제(PEPC), ③ 피루브산 인산디키나아제(PPDK), ④ Rubisco.

세포의 미토콘드리아에서 말산으로 변환된 후, NAD 말산 효소에 의해 탈탄산된다(NAD-ME 형). 두 번째는 잔디와 *Panicum maximum* 등에서 사용하는 메커니즘으로, 아스파르트산을 유관속초 세포의 세포질에서 옥살로아세트산으로 변환하는 대사계도 함께 갖고 있어, 같은 세포질에 존재하는 PEP 카르복시키나아제에 의해서 ATP를 소비하고 탈탄산하는 동시에 PEP의 재생도 할 수 있게 된다(PCK 형). 두 가지 메커니즘에 해당하는 식물들에서 공통적으로 탈탄산된 CO_2는 유관속초세포의 엽록체에 존재하는 Rubisco에 의해 다시 고정되어 C_3 식물과 같은 캘빈 회로에 합류된다. 한편, 탈탄산으로 생긴 피루브산은 엽육세포의 엽록체로 이동하여, 피루브산 인산키나아제(pyruvate phosphate dikinase, PPDK)에 의해 ATP를 소비한 후 PEP가 되어 세포질에서 다시 PEPC의 기질이 된다.

C_4 광합성의 특징은 PEPC 활성이 Rubisco 활성에 비해 현저히 높다는 것이다. 그 결과, 세포질에서 HCO_3^-가 활발하게 고정되어 Rubisco가 기능하는 유관속초세포의 엽록체 내 CO_2 분압이 매우 높다(100~500 Pa 정도로 추정). 따라서 Rubisco의 산소화효소의 활성은 거의 발현하지 않고, CO_2 보상점이나 포화점이 낮다. CO_2 보상점은 C_3 식물에서는 5 Pa 전후이지만, C_4 식물에서는 거의 0이다. 또한, CO_2 포화점이 C_3 식물은 약 90 Pa 이상이지만, C_4 식물은 30 Pa 정도이다. 따라서 C_4 식물은 대기 조건의 CO_2 분압이 광합성의 율속 요인이 되지 않기 때문에 기공의 개방이 낮다. 그 결과, 광합성 속도에 대한 증산 속도가 느려서(C_3 식물의 1/3~1/2), 광합성의 수분 이용률이 높고 건조에 강하다. 또한, C_4 식물의 Rubisco 함량은 C_3 식물보다 적은데, 전체 엽신 질소 함량의 7~10% 정도이며 효소 1몰당 비활성도 높다. 산소화 효소의 활성이 거의 발생하지 않기 때문에 광합성 속도가 매우 빠르며, 광합성의 질소 이용률이 C_3 식물보다 높다. 그러나 CO_2 농축을 수행하는 경로(PEP를 재생산하는 경로)에서는 PPDK가 ATP를 추가로 사용하기 때문에 CO_2 고정에 대한 ATP 소비율이 높고, 빛이 충분하지 않은 경우에는 C_4 광합성이 불리해진다.

b. CAM 광합성

돌나물이나 선인장과 같은 건조 조건(사막 등)에서 생존하는 사막형 식물은 매우 건조한 조건에 적합한 독특한 광합성 메커니즘을 가지고 있다. 기온이 높고 건조한 낮에는 기공을 닫아 체내의 수분을 유지하고, 야간에는 기공을 열어 세포질에 존재하는 PEPC를 이용하여 탄소를 고정한다. PEP 공급의 탄소원은 엽록체 중의 녹말이다. 생성물인 옥살로아세트산은 말산으로 변환되어 액포에 들어가고, 낮에는 그 말산이 탈탄산되어 얻어지는 CO_2를 이용하여 기공이 닫힌 채로 일반적인 C_3형의 광합성을 한다. 탈탄산 과정은 C_4 식물과 같은 대사과정을 거치게 된다. 이러한 광합성 대사 과정을 돌나물 유기산 대사(Crassulacean acid metabolism)의 머리글자를 따서 CAM 광합성이라 하고, CAM 광합성을 하는 식물을 CAM 식물이라 부른다. 현재, 파인애플과, 대극과, 난과 등 26과에 속하는 1,500여 종의 식물이 CAM 광합성 식물로 알려져 있다.

지구 상에 자생하는 식물 종의 90% 이상은 C_3 식물로, 벼, 밀, 콩, 감자 등 많은 작물이 이에 속한다. 한편, C_4 식물 종은 1~5% 정도이고, CAM은 4~6% 정도로 추정되고 있다. C_4와 CAM 식물의 광합성 경로는 유사한 점이 많지만, 분류학적 유연관계와는 상관없이 분포하기 때문에, 다양한 C_3 식물로부터 독자적으로 진화한 것으로 추측되고 있다.

2) 호흡[3)]

광합성은 빛이 있는 조건에서 식물의 엽록체에서 이루어지는 반면, 식물의 호흡 작용은 거의 모든 조직에서 밤낮으로 일어난다. 식물의 호흡은 산소를 양성자와 전자 수용체로 하는 호기성 호흡이고, 다른 진핵생물의 호흡과 거의 같지만 다른 점도 있다. 식물의 호흡 기질은 설탕 및 녹말이고, 호흡 기질이 산화 분해되는 일련의 반응을 통해 ATP가 생산된다. 호흡 반응은 세포질에서 수행되는 해당과정과 주로 색소체에서 수행되는 5탄당 인산 경로 및 미토콘드리아에서의 시트르산(트리카르복시산, TCA) 회로와 전자전달계 인산화 반응으로 나뉜다.

(1) 해당과정

식물의 해당과정(glycolysis)은 세포질에 있는 색소체에 존재하는 일련의 효소군에 의해 수행된다(**그림 2-10**). 출발 기질은 주로 설탕 및 녹말이다. 설탕은 인버타아제(invertase)에 의해 포도당과 과당으로 분해되어 해당과정에 들어간다. 식물은 설탕 합성효소(sucrose synthase)와 UDP에 의해서 설탕을 UDP-포도당과 과당으로 분해하는 경로도 갖고 있다. 이러한 단당류는 헥소키나아제에 의해 인산화된 6탄당 인산이 되고, 알돌라아제의 작용을 통해서 3탄당(三炭糖) 인산이 된다.

이 6탄당 인산과 3탄당 인산은 5탄당 인산 경로(pentose phosphate pathway)와도 연결되어 있다(그림 2-10). 이 경로의 효소군은 세포질에 존재하지만 색소체 대사 경로에도 중요하게 작용되어지며, 색소체에 저장되어 있는 녹말을 이용한 NADPH 생산에도 연관되어 있다.

해당과정에서 3탄당 인산은 미토콘드리아의 TCA 회로의 출발 물질이 되는 피루브산까지 대사되고, 그 과정에서 ATP와 NADH가 생산된다. 3탄당 인산은 엽록체의 캘빈·벤슨 회로의 대사산물인 3탄당 인산(DHAP)과도 엽록체 포막의 인산염 전이체(phosphate translocator)를 통해 연결되어 있다. 식물에서는 해당과정의 최종 단계에서 생산되는 PEP(포스포엔올피루브산, phosphoenolpyruvate)를 다른 대사에 사용 경로, 즉 PEPC(포스포엔올피루브산 카르복실화 효소, phosphoenolpyruvate carboxylase)에 의해 옥살로아세트산을 생성하고, NADH를 이용하여 말산을 생산하는 경로가 있다. 말산은 그대로 액포에 축적되거나(CAM 식물에서는 이 경로가 강화

---

3) 牧野 周

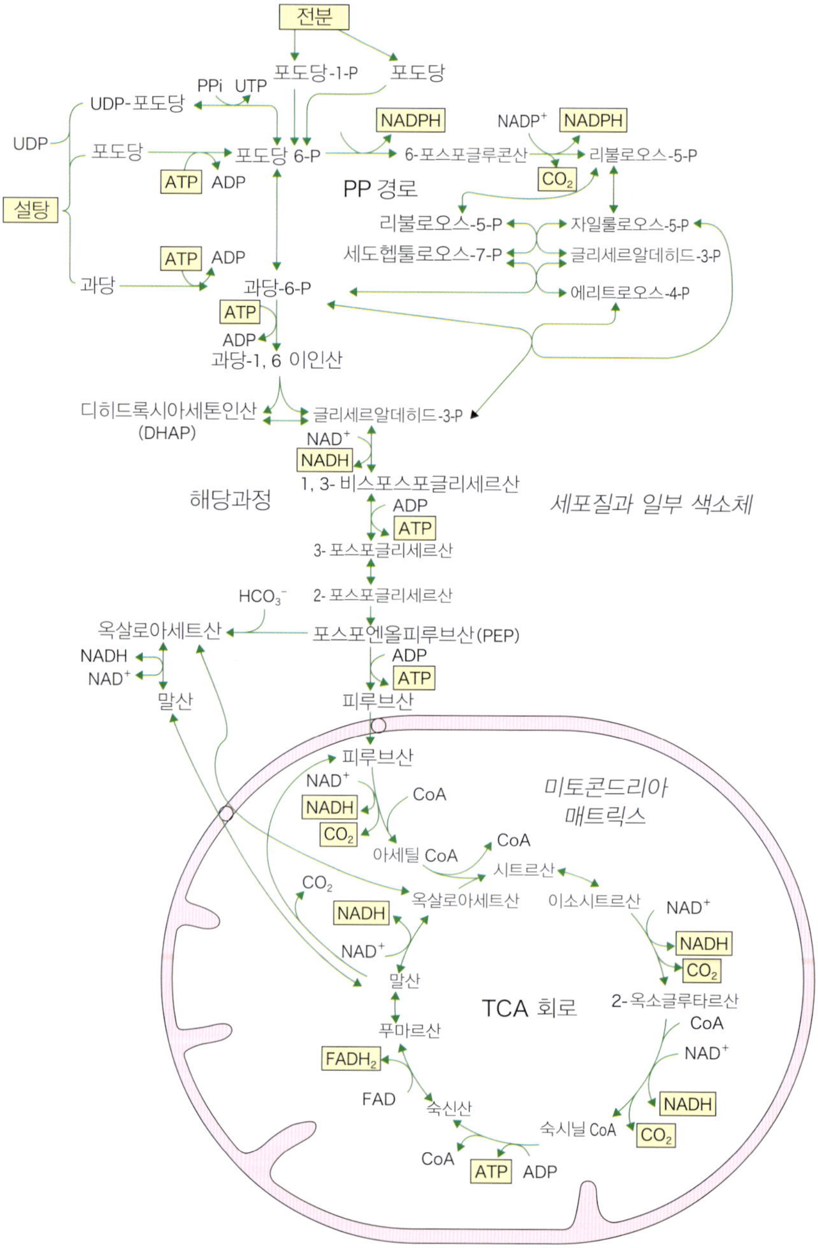

그림 2-10 해당과정과 5탄당 인산(PP) 경로 및 TCA 회로

되어 있다), 동물 미토콘드리아에는 존재하지 않는 디카르복시산 전이체(Dicarboxylic acid translocator)를 거친 후 직접 미토콘드리아로 수송되어 TCA 회로에 들어가는 경로도 있다(그림 2-10). 말산과 옥살로아세트산의 산화 환원은 말산-옥살로아세트산 셔틀(또는 말산 셔틀)라고 불리우며,

엽록체, 미토콘드리아, 퍼옥시좀 및 세포질 사이의 중요한 환원력 운반 메커니즘 중 하나이다. 이처럼, 식물에서는 말산이 특히 중요한 기능을 담당하고 있다.

(2) TCA 회로

TCA 회로의 대사과정은 그림 2-10에 설명하고 있다. TCA 회로를 담당하는 효소군은 미토콘드리아 내막의 내부 매트릭스에 존재하고, 숙신산 탈수소효소만이 내막에 결합하고 있다. TCA 회로에서는 피루브산이 단계적으로 산화된다. 1분자의 피루브산의 산화 수지는 3분자의 CO_2 방출과 4분자의 NADH와 1분자의 $FADH_2$ 그리고 1분자의 ATP가 생산된다. 또한, 숙신산 CoA 합성효소는 동물 세포에서는 GTP를 생산하지만, 식물 세포에서는 ATP를 생산한다. 식물의 미토콘드리아에는 NAD-말산효소(NAD-ME)가 존재하기 때문에, 말산을 직접 피루브산으로 만들 수 있다. 미토콘드리아에는 글루탐산 탈수소효소(GDH)도 존재하므로, 글루타민산을 α-케토글루타르산으로 변환하여 호흡 기질로서 이용할 수 있다.

(3) 전자전달계와 ATP생산

전자전달계의 최종 전자수용체는 O_2이며, O_2 1분자는 4전자로 환원되어 H_2O이 된다(**그림 2-11**). NADH로부터의 전자는 복합체 I(NADH 탈수소효소복합체)로, $FADH_2$로부터의 전자는 복합체 II(숙신산 탈수소효소복합체)로 이동한 후, 막 내에 유리 상태로 존재하는 유비퀴논(UQ)에 전달되어 UQ가 유비키놀(UQH_2)이 된다. UQH_2에 전달된 전자는 복합체 III(Cyt *bc1* 복합체)로 전달되어, 이어서 막간 공간 측에 존재하는 Cyt *c*를 거쳐서, 복합체 IV(Cyt *c* 산화효소 복합체)

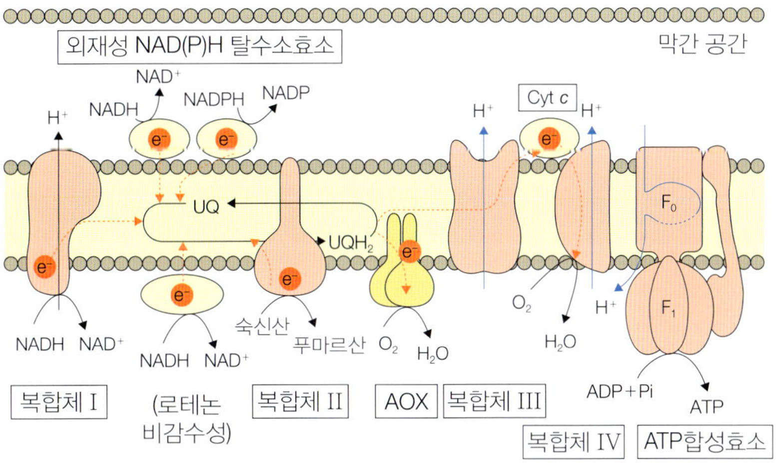

그림 2-11 호흡 전자전달계 사슬 복합체 I: NADH 탈수소효소 복합체(로테논 감수성), 복합체 II: 숙신산 탈수소효소복합체, AOX: 유비키놀 산화효소(대체 산화효소), 복합체 III: Cyt *bc1* 복합체, 복합체 IV: Cyt *c* 산화효소

에 전달된다.

복합체 IV는 O_2에 전자를 전달하여 H_2O를 생성한다. 이 4개의 복합체 중 복합체 I, III 및 IV를 통과하는 전자 전달이 양성자 수송과 결합하고, 막간 공간과 기질에 사이에 pH 구배를 형성한다. 그 전기 화학 포텐셜을 이용해서 ATP합성효소(F형 ATPase)가 ATP를 생산한다. 이 ATP합성효소의 구조와 기능은 엽록체의 CF_1CF_0와 비슷하다. 미토콘드리아는 엽록체의 틸라코이드 막과 같은 pH 구배 형성을 위한 독립적인 주머니 모양의 막간 공간을 갖고 있지 않아서 큰 pH 구배를 형성할 수 없으므로, 엽록체에서의 ATP 생산과 비교하면 생산 효율이 낮은 편이다.

(4) 수소 이온 수송에 결합하지 않는 전자전달계

식물은 양성자 수송과 연결되지 않는 독특한 전자전달계를 가지고 있다. 미토콘드리아 내막에는 복합체 I 외의 여러 종류의 NADH 탈수소효소가 존재하고, 막간 공간에는 외재성 NADH 탈수소효소와 NADPH 탈수소효소가 존재한다. 모두 세포질 유래의 NADH와 NADPH에서 직접 UQ을 환원하는 능력을 가지고 있지만, pH 구배 형성에 기여하지 않는다. 또한, 내막 매트릭스 측에도 복합체 I과는 다른 NADH 탈수소효소가 존재하여 UQ을 환원시킨다. 복합체 I이 로테논(Rotenone)에 의해 저해되는 반면, NADH 탈수소효소는 로테논에 비감수성이다. NADH 탈수소효소도 막간 공간에 양성자를 수송하지 않는다. 또한, 환원형 UQ에서 직접 산소를 4전자 환원하여 H_2O를 생성하는 UQH_2 산화효소(일명, 대체 산화효소, AOX)가 내막 매트릭스 측에 존재한다. UQH_2 산화효소가 UQH_2을 산화하면, 전자는 복합체 III과 IV를 거치지 않은 채 O_2에 전달되므로, ATP가 생산되지 않는다. 호흡 저해제인 시안화물(CN^2)은 Cyt *c* 산화효소(복합체 IV)의 전자 전달을 저해하지만 AOX를 저해하지 않기 때문에, 식물의 호흡 전자전달계 사슬은 시안화물의 존재하에서도 진행된다. 따라서 AOX를 통한 호흡을 시안화물 내성 호흡이라고 부른다.

식물이 ATP 생산에 결합하지 않는 전자전달 경로를 가지고 있는 생리적 의의에 대한 몇 가지 논의가 이루어지고 있다. 광합성 산물을 다량 축적한 경우나 환경 스트레스를 받는 경우에는 AOX 경로의 전자 전달이 높아지지만, 전자는 광합성 기능의 균형 조정과 과잉 축적된 탄수화물의 제거, 후자는 UQ의 과잉 환원에 따른 활성산소의 발생 억제를 위한 것으로 추정되고 있다. 전자의 흐름이 어떻게 배분되는지는 잘 알려져 있지 않다. 또한, AOX 경로의 대사는 발열을 수반하므로, 일부 식물에서는 수분 이전 꽃자루 조직의 보온 발열 작용에 관여하는 것으로 알려져 있다.

로테논(rotenone)

로테논은 화학식 $C_{23}H_{22}O_6$, 몰질량 394.41 g/mol, 밀도 1.27 g/cm^3, 녹는점 165°C, 끓는점 210°C인 제초제이자 살충제이다. 콩과에 속하는 식물인 데리스(*Derris elliptica*), 테프로시아(*Tephrosia purpurea*)의 뿌리에서 얻어지는 화학 성분으로 천연 제초제이다. 밭 작물, 채소류, 화훼류, 과수류 등 모든 농작물에 적용이 가능하고, 특히 진딧물, 응애류에 대해 효과가 매우 크며, 다른 유기농 제재에 비해 효과가 매우 빠른 편이다.

3) 식물의 물질 생산[3)]

광합성이 일어날 때의 호흡 속도는 야간의 호흡 속도에 비해서 3~10% 정도 밖에 되지 않는다. 잎의 호흡은 야간보다 낮에 더 억제된다. 광호흡 속도가 광합성의 30~60%이므로, 호흡 속도는 매우 낮다. 그러나 많은 식물에서 광합성으로 생산되는 유기물의 40% 이상이 호흡에 의해 소비된다. 광합성은 낮에만 일어나고, 잎을 중심으로 한 녹색 조직에서만 이루어지는 반면에, 호흡은 밤낮으로 식물체의 거의 모든 조직에서 일어난다. 실제로 광합성 조직에 대한 비광합성 조직의 비율이 높은 나무에서는 호흡에 의한 유기물의 소비가 많다. 호흡은 영양 조직의 생장점인 경정 부분과 뿌리 분열 조직 등과 같은 비녹색 조직처럼 대사 활성이 높은 부위에서 높게 나타난다. 일반적으로 조직이 성숙하면, 호흡 속도는 감소하고 결국에는 일정하게 된다. 발달이 정지된 성숙된 줄기에서는 호흡이 가장 낮게 일어난다. 또한, 식물의 생육 환경에서 보면 온도가 높은 열대지역의 식물일수록 광합성 양에 대한 호흡의 비율이 높다. 특히, 밤 온도가 높은 열대에서는 광합성에 고정된 탄소의 70% 이상이 호흡에 의해 손실되는 것으로 추정되고 있다. 따라서 광합성뿐만 아니라 호흡량도 식물의 물질 생산량을 결정하는 큰 요인이 된다.

식물의 생산력은 광합성, 호흡, 광합성이 일어나는 잎의 면적에 의해 정량적으로 분석할 수 있다. 식물 개체에서의 생산력은 단위 시간당 건조 무게 증가 속도, 상대 성장률(relative growth rate, RGR)로 평가된다. 즉,

$$\mathrm{RGR} = 1/W \times (dW/dt) = \ln(W_2) - \ln(W_1)/(t_2 - t_1) \qquad (2\text{-}1)$$

여기서, W_1, W_2는 시간 t_1과 t_2시 식물 개체의 총 건조 중량이다.

RGR은 단위 시간을 1일로 하면, g/g/day로 표시된다. RGR은 단위 엽면적당 순동화 속도(net assimilation rate, NAR)와 개체 건조 무게당 엽면적 비율(leaf area ratio, LAR)의 곱으로 표현되며,

$$\mathrm{RGR} = \mathrm{NAR} \times \mathrm{LAR} \qquad (2\text{-}2)$$

가 된다. NAR의 단위는 $g/m^2/day$, LAR은 m^2/g이다. 여기에서 NAR은 엽면적당의 건조 증기 속도, 즉 하루 낮의 광합성 양에서 개체 전체의 호흡량을 뺀 것을 의미하고, 개체 생산 속도는 이 NAR에 잎의 확대 상태의 개념 LAR를 곱해 준 것이 된다. 또한, LAR은

$$\mathrm{LAR} = L/W = (L_1/W_1 + L_2/W_2)/2 \qquad (2\text{-}3)$$

여기서, L_1, L_2는 시간 t_1과 t_2시 식물 개체의 총 잎면적이다.

즉, 식물의 개체 생산은 높은 광합성 능력과 적은 호흡 활성을 가지고 있고, 잎을 더 크게 확장하는 식물일수록 높아진다. 그러나 이것은 고립된 개체의 식물에서만 성립하는 조건이며, 식물은

[3)] 牧野　周

일반적으로 군락을 형성하기 때문에 식물의 성장을 위한 엽면적 확대는 잎의 상호 차폐 문제를 발생시킨다. 즉, 엽면적이 확대하면 상호 차폐에 의해서 광합성 증가가 아닌 호흡만을 증가시키는 요인이 된다. 따라서 작물의 생산성 평가에 있어서는 재배되는 단위 토지 면적당 개체군의 생산력을 평가해야 한다. 여기에서 토지 면적은 식물 군락에서 광합성이 가능한 단위 광조사 면적을 의미한다. 이 개체군 성장 속도(crop growth rate, CGR)는

$$CGR = 1/A \times dW/dt \tag{2-4}$$

로 평가된다. A는 토지 면적이며, CGR의 단위는 $g/m^2/day$이다. CGR은 NAR와 엽면적지수(leaf area index, LAI)의 곱인

$$CGR = NAR \times LAI \tag{2-5}$$

로 표현된다. LAI는 단위면적당 엽면적(m^2/m^2)으로, LAI가 높을수록 호흡량이 증가하고 NAR이 저하된다. 따라서 이론적으로 CGR을 최대로 하는 최적 LAI 값이 존재함을 의미한다. 그러나 실험의 예를 보면, 최적의 LAI 값이 관측되지 않는 경우도 많다. 식물은 호흡에 의해 얻을 수 있는 에너지를 사용하여 광합성의 최종 산물인 설탕과 녹말을 탄소원 또는 성장 부위에 전류시켜서, 셀룰로오스, 헤미셀룰로오스, 리그닌 등으로 변환시켜 성장하게 된다. 즉, 광합성과 호흡은 서로 영향을 미치지만, 건물 생산량 = 광합성 - 호흡이 단순한 수식으로 성립되지는 않는다.

3. 식물 영양소의 수송[4)]

식물은 토양 용액에 녹아 있는 영양소를 뿌리에서 흡수하여, 물관을 통해 지상부로 수송하고, 일부 영양소는 체관을 통해 다른 조직으로 재수송된다. 잎에서 합성된 설탕과 아미노산도 체관을 통해 뿌리와 곡물의 낟알로 수송된다. 각 조직에서 세포 간 영양소와 저장 물질이 수송되는데, 이러한 모든 과정에 많은 트랜스포터(수송체)가 관여한다.

1) 수송 경로

(1) 뿌리의 구조

뿌리의 주요 기능은 지상부 지지와 영양소 및 수분의 흡수이다. 뿌리는 직근계(주근계)와 수염뿌리계로 구성되어져 있다. 직근계는 종자에서 나온 뿌리가 바로 지하 깊이 뻗어서 주축을 형성하고, 주근으로부터는 다수의 측근 그리고 측근으로부터는 지근이 발생하여 역 원뿔형으로 퍼진다. 쌍떡잎식물은 이러한 역 원뿔형 뿌리 구조를 가지고 있다. 한편, 수염뿌리계는 줄기의 아래쪽 절에

[4)] 藤原　徹

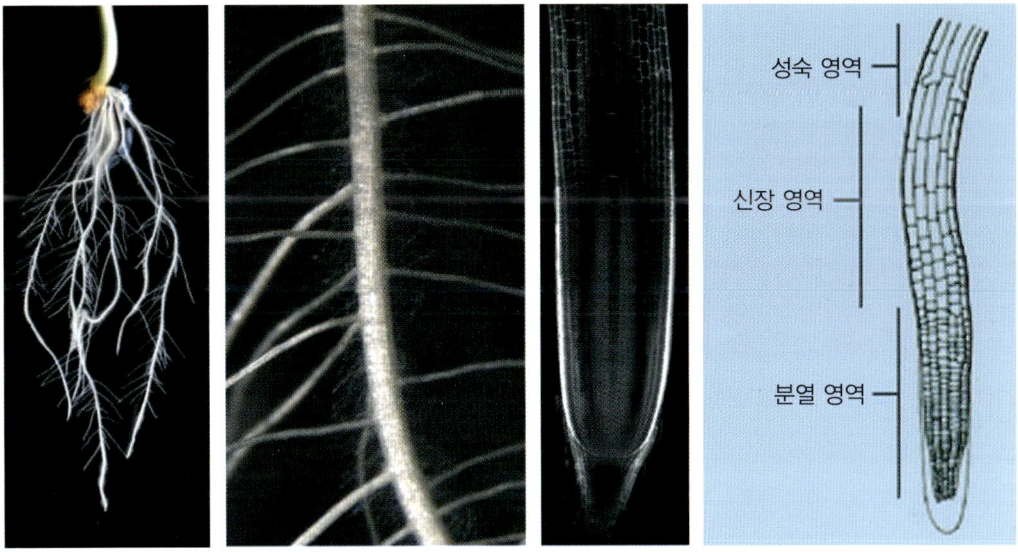

그림 2-12 보리의 뿌리(왼쪽), 측근과 뿌리털(가운데), 근단의 종단면(오른쪽) (사진 제공: 山地直樹)

서 발생하는 다수의 미세한 수염뿌리로 이루어지는데, 외떡잎식물이 이러한 형태를 가지고 있다.

모든 뿌리 시스템에서 1개의 뿌리는 주근이 되고, 측근과 뿌리털로 구성된다. 측근은 주근과 같은 기본 구조를 가지고 있으며, 주근의 내초 세포로부터 발생한다. 근단은 근관(뿌리골무, root cap), 분열 영역, 신장 영역과 성숙 영역으로 나뉜다(**그림 2-12**). 식물 영양소의 흡수 부위는 영양소에 따라 다른데, 예를 들어 인산은 선단 부위에서 흡수되지만, 규산은 기부에서 흡수된다.

뿌리의 횡단면은 식물의 종류에 따라 다르지만, 일반적으로 표피, 피층과 중심주로 구성된다(**그림 2-13**). 피층의 가장 내층에는 내피, 최외층에는 외피라는 특수한 세포층이 있다. 벼의 경우에는 외피의 내측에 후벽세포를 가진다. 성숙한 뿌리에는 내피 세포의 세포벽에 리그닌과 수베린(suberin)이 침적해서 카스파리선(casparian strip)라는 장벽이 형성된다. 근단에서는 카스파리선이 발달하지 않는다.

(2) 뿌리털

뿌리털은 표피 세포의 일부가 수평 방향으로 신장해서 형성된다. 1개의 뿌리털은 1개의 표피 세포로 구성된다. 뿌리털은 뿌리의 신장 영역 상단 부위의 표피세포가 변형되어 발달하며, 영양과 수분이 적을수록 잘 발달한다. 또한, 토양에서는 토양 입자에 접하고 있는 부분보다는 토양 간극에 형성된 공간의 뿌리 표피세포가 변형되어 뿌리털로 잘 발달하게 된다. 뿌리털은 뿌리의 표면적을 증대시켜서 영양소의 흡수 기회를 증가시킨다. 예를 들어, 뿌리털이 칼륨의 흡수에는 크게 기여하지만, 칼슘과 규산의 흡수에는 거의 관여하지 않는다. 그 원인 가운데 한 가지는 뿌리털에 칼슘과

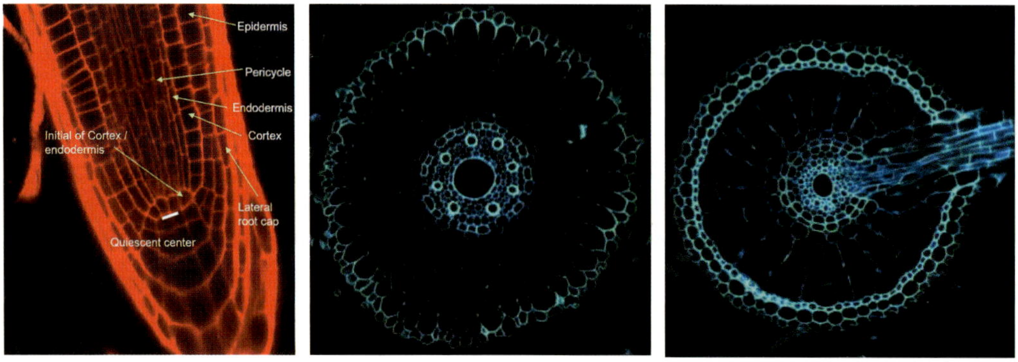

그림 2-13 보리(왼쪽)와 벼(오른쪽) 뿌리의 구조 화살표는 카스파리선을 나타낸다. (사진 제공: 山地直樹)

규산을 흡수할 수 있는 트랜스포터가 존재하지 않기 때문이다.

(3) 아포플라스트 경로와 심플라스트 경로

토양 용액에 녹아있는 영양소가 뿌리의 중심주에 도달하려면, 아포플라스트(apoplast) 경로와 심플라스트(symplast) 경로를 이용하여야 한다. 아포플라스트 경로는 세포와 세포 사이의 간격과 세포벽 사이를 통과하는 경로이다(**그림 2-14**). 그러나 성숙한 뿌리에서는 내피에 카스파리선이 있기 때문에 아포플라스트 경로로 들어오는 양분을 그대로는 중심주에 전달할 수 없으며, 일단 내피 세포

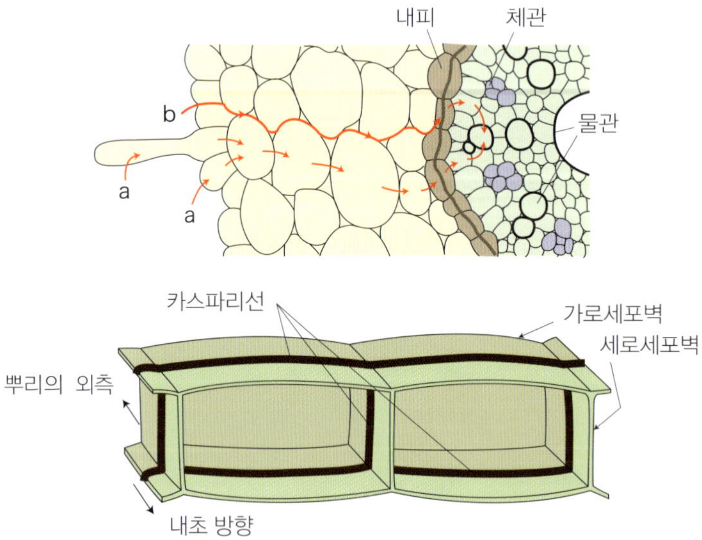

그림 2-14 내피세포와 카스파리선의 무식도 a: 심플라스트 경로, b: 아포플라스트 경로. (Esau, K. : Plant Anatomy 2nd Ed., John Wiley & Sons, New York, 1956)

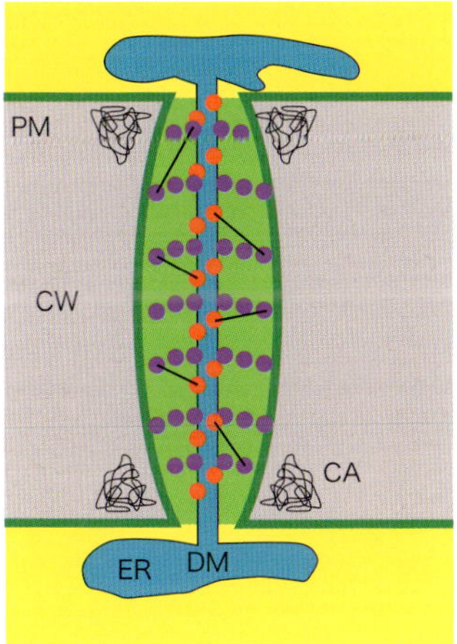

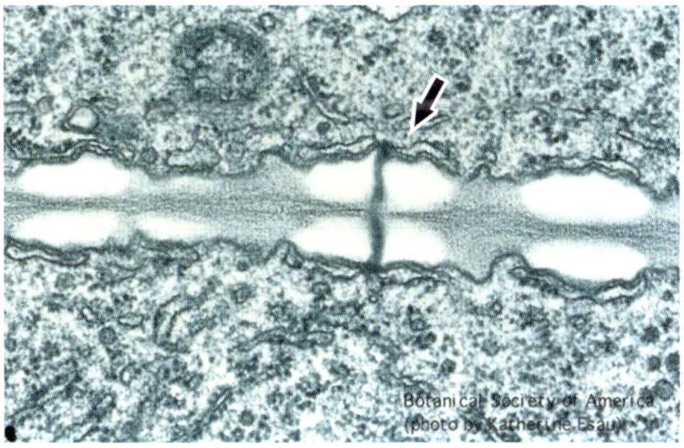

그림 2-15 원형질 연락사의 모식도(왼쪽)와 전자현미경 사진(오른쪽) 인접한 세포 사이의 세포벽에는 세포막에 원통형 통로가 있고, 내부에는 ER 유래의 데스모튜뷸(EM)이 관통하고 있다. 액틴 등의 단백질이 원형질 연락사를 구성하고 있다. CA: 목 부위, ER: 소포체, CW: 세포벽, PM: 원형질막

에 들어가야 한다. 뿌리 끝에서는 카스파리선이 발달하지 않았기 때문에 중심주까지 들어가지만, 뿌리 끝부분은 세포 분열이 계속 일어나며, 뿌리의 세포 분열과 함께 물관 형성이 연속적으로 일어나게 되므로, 뿌리 끝부분에서는 아포플라스트 경로를 통해 직접 물관부로 들어가는 식물 영양소가 매우 적어진다.

한편, 심플라스트 경로는 식물 영양소가 표피 세포 등에 흡수되어 세포 간 원형질 연락사를 통해 중심주로 이동하는 경로이다. 식물 영양소가 세포에 흡수되기 위해서는 세포막을 가로지를 필요가 있다. 원형질 연락사는 식물의 인접한 세포 사이에 존재하는 세포벽을 관통하는 관의 구조체로(**그림 2-15**), 세포막과 ER막을 관통하고 있으며, 가장 얇은 부분도 내부 지름이 30 nm 정도이다. 그러나 내부는 단백질로 막혀 있기 때문에, 원형질 연락사를 통해 운송되는 물질은 대개 분자량이 1,000달톤 이하로 한정되어 있다. 원형질 연락사는 세포 분열시 세포판이 2개의 세포를 완전히 나누지 않은 채, 원형질막의 일부를 남겨서 생기는 일차 원형질 연락사(primary plasmodesmata)와 세포 사이의 세포벽을 새롭게 분해함으로써 형성되는 이차 원형질 연락사(secondary plasmodesmata)가 있다. 식물 개체를 구성하는 세포의 원형질은 공변세포 등의 예외를 제외하고는 모든 원형질 연락사에 의해 이어지고 있다.

(4) 세포벽의 역할

식물영양소는 세포벽을 통과하여 세포막에 도달한다. 세포벽은 셀룰로오스, 헤미셀룰로오스, 펙틴 다당류와 세포벽 단백질이 복잡하게 얽혀 있고, 인접한 세포를 연결하여 식물 세포의 형태

를 결정한다. 이러한 세포들에 의해 식물 개체가 형성되지만, 그 외에 영양소 흡수에도 영향을 크게 미친다.

세포벽에는 펙틴 갈락투론산(Galacturonic acid)의 카르복실기(pK_a = 4.2)가 있어, 약산성 토양 용액 중에서는 음의 전하를 띄게 된다. 따라서 양이온은 세포벽에 이온으로 흡착되고, 중금속 이온도 이온 결합과 배위 결합에 의해 유지된다. 음이온은 음전하끼리 반발하지만, 인산 이온은 세포벽에 보존되어 있는 철이나 중금속 이온과 결합하여 침착되게 된다. 또한, 세포벽 단백질 속에는 금속 이온을 흡착하는 것도 있기 때문에 세포벽이 이러한 금속 이온의 저장고 역할을 하기도 한다. 예를 들어, 세포벽에 흡착된 철 이온은 철 결핍이 조건이 되면 식물에 의해 서서히 흡수되어 이용된다.

2) 수송의 에너지

(1) 막 수송

모든 생물은 외부로부터 물질을 흡수하여 살아가며, 바깥 세상과 물질의 상호작용 없이는 생존할 수 없다. 그러나 물질이 무제한으로 이동할 경우, 대사 활성이 유지될 수 없게 된다. 세포의 항상성을 유지하기 위해서는 중간 및 외부 경계, 세포막에 필요한 영양만을 골라서 요구량에 따라 세포 내에 흡수할 수 있어야 한다. 이러한 조절 기능은 세포막에 위치하는 단백질 수송체에 의해 조절된다(**그림 2-16**).

세포의 영양 흡수에 관여하는 단백질 수송체가 지난 20여 년 동안의 수많은 연구를 통해 동정되었으며, 일부 단백질에 대해서는 구조 결정 및 기능 해석도 이루어졌다.

세포막을 가로 지르는 수송은 수송되는 기질과 수송 방향에 따라, 단일 수송(uniport), 동방향

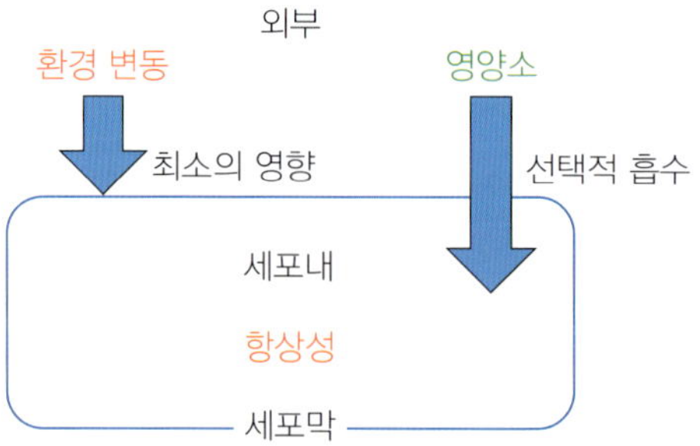

그림 2-16 세포막의 2가지 역할 생물은 모두 세포막을 가지고 있다. 세포막은 외부의 환경 변동에 대해서 세포 내부가 영향을 받지 않게 하며, 외부에 존재하는 영양소를 흡수하는 역할을 담당하고 있다. 외부의 영향을 적게 하기 위해서는 물질 교환을 하지 않는 것이 좋지만, 필요한 영양소는 흡수해야 하기 때문에, 식물을 포함한 생물은 영양을 선택적으로 흡수하는 구조를 발달시키고 있으며, 이러한 선택적 흡수에는 트랜스포터가 매우 중요한 역할을 하고 있다.

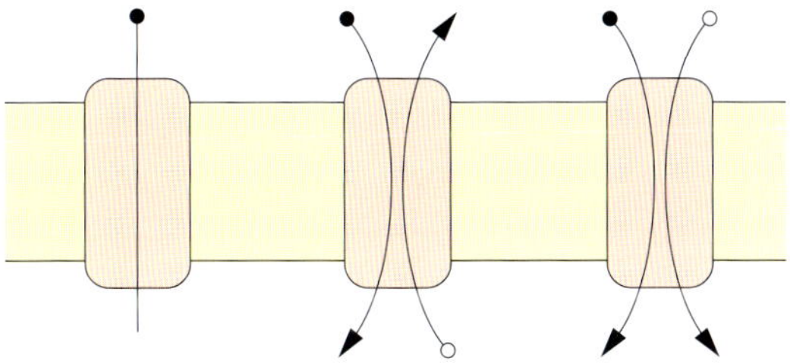

그림 2-17 막수송의 형식에 따른 분류

수송(symport), 역방향 수송(antiport)으로 나눌 수 있다(그림 2-17). 단일 수송은 단일 종의 기질이 수송되는 것이고, 동방향 수송은 2개의 기질이 동시에 같은 방향으로 수송되는 것이다. 역방향 수송은 2개의 기질이 동시에 반대 방향으로 수송되는 것이다.

(2) 능동수송과 수동수송

세포막을 가로지르는 수송에는 능동수송과 수동수송이 있다. 어떤 물질이라도 엔트로피 효과에 의해 용액의 농도가 높은 곳에서 낮은 곳으로 확산 이동된다. 수동수송은 이러한 확산에 의한 수송이다. 지질막을 통한 단순 확산과 막 단백질을 통한 촉진 확산이 이에 해당한다. 수동수송은 농도 구배에 기인하는 에너지 이외의 에너지를 필요로 하지 않는다.

이에 반해, 능동수송은 저농도 측에서 고농도 측으로 농도 구배에 역행하는 이동이다. 이 과정에는 외부로부터의 에너지 공급이 필요하다. 식물이 환경에 있는 저농도의 영양원을 농축하고 흡수하는 경우에 있어서는 이 능동수송이 중요하다. 능동수송에 사용되는 에너지는 크게 두 종류가 있다. 하나는 ATP를 가수분해하여 얻어지는 에너지 그 자체이고, 다른 하나는 세포막에 존재하는 양성자와 칼륨 이온 등의 전기화학적 포텐셜 차이에서 생기는 에너지이다. 전자를 사용하는 수송을 1차 능동수송, 후자를 사용하는 수송을 2차 능동수송이라고 부른다. 1차 능동수송은 동물의 경우에(제3장 3「칼륨과 나트륨」), 나트륨-칼륨 ATPase와 동식물 모두 가지고 있는 ABC 트랜스포터(☞ 칼럼)가 담당하고 있다.

(3) 막전위

반투과성 막으로 분리된 2개의 용액에 존재하는 이온의 농도가 다르면, 양자의 전기화학적 포텐셜이 같아지도록 두 용액의 이온 농도 차이에 따른 막전위가 나타난다. 식물의 세포막은 이온의 움직임이 평형 상태에 있을 때 세포막 내부쪽에 −100~−150 mV의 전위차를 가지게 된다. 이러한 막전위차는 주로 양성자 펌프 및 칼륨 채널의 작용에 따른 이온 수송이 균형을 잡기 위해 일어

식물의 ATP-결합 상자 단백질

COLUMN

ATP-결합 상자(ABC) 단백질은 원핵생물부터 진핵생물에 이르는 모든 생물 종에 존재하며, 매우 큰 패밀리를 형성하고 있다. ABC 단백질은 ATP-Binding Cassette의 머리글자를 따서 명명되어진 여러 막 관통 α-헬릭스 영역을 가진 큰 막 단백질이다. 세포질 측에 아미노산 서열이 잘 보존된 ATP-결합 영역을 가지고 있다. 진핵생물의 ABC 단백질은 1개의 펩티드 사슬 중에 이 ATP-결합 영역과 막 관통 영역이 연결된 형태를 띄는 경우가 많다. 한편, 박테리아의 ABC 단백질은 2개의 ATP-결합 상자가 서브 유닛으로 막관통 서브유닛과 결합하고 있는 것이 일반적이다. 원래는 생체 이물질의 배출 펌프로 발견되었고, 인간의 염색체에는 49개의 ABC 단백질 유전자가 존재한다. 또한 애기장대와 벼에는 그 2배 이상의 ABC 단백질 유전자가 존재한다. ABC 단백질은 ATP의 가수분해 에너지를 이용하여 물질의 막수송에 관여하기 때문에 ABC 트랜스포터라고도 하지만, ATP 센서와 이온 채널의 제어 단백질로서의 기능도 가지고 있다.

알루미늄이나 카드늄, 납 등과 같은 중금속에 대한 내성을 가진 식물의 ABC 단백질은 세포막에 위치하고 있으며, 최근에는 철 결핍 조건하에서 보리에서 발현이 유도되는 액포에 위치한 보리 ABC 단백질이 분리 동정되었다. 카드뮴의 글루타티온 포합체를 액포에 운반하는 트랜스포터도 ABC 단백질로 알려져 있다. 그러나 일반적인 ABC 트랜스포터의 수송 물질은 유기 화합물이 주를 이루며, 오옥신의 막수송 및 기공의 개폐에 관여하는 ABA 운송, 큐티클층의 왁스 분비에도 관여하고 있다.

앞으로 연구가 더 진전되면, 식물 영양학에서 ABC 단백질의 존재도 중요해질 것으로 생각된다. 또한, 구조상의 특징과 각 서브 그룹의 새로운 명칭에 관해서는 Varrier의 논문을 Tre. Plant Sci., 13: 151-159 (2008)과 Yazaki, K.의 Intl. Rev. Cell Mol. Biol. (Elsevier), 276 : 263-299 (2009)을 참고하기 바란다(矢崎一史).

나는 것으로 생각된다.

확산 전위는 여러 음이온과 양이온이 다른 비율로 세포막을 단순 확산할 때 발생하는 전위로, 식물의 경우에는 칼륨 이온과 염화물 이온이 중요하다. 일반적으로 음이온은 세포막을 투과하기 어렵지만, 칼륨 이온은 투과가 잘 된다. 따라서 칼륨 이온은 음이온보다 빠르게 세포 밖으로 이동하려고 한다. 이 양이온과 음이온의 세포막 투과 속도의 차이에서 음의 막전위를 형성하게 된다.

네른스트 식(Nernst equation)으로 막전위와 이온의 농도 구배에 대해 구체적으로 생각해 보자. 온도 20°C에서 1가 양이온의 경우, 네른스트 식은

$$\text{막전위} = -58 \cdot \log \mathrm{Ci/Co}(\mathrm{mV})$$

로 쓸 수 있다. 만일 1가의 양이온(칼륨 이온 등)만이 막을 통과하는 경우, 그 양이온이 세포 밖에 비해서 세포 내에 100배의 농도로 존재하면,

$$\text{막전위} = -58 \cdot \log 100/1 = -116(\mathrm{mV})$$

가 된다. 즉, 막 내외의 전위차가 −116 mV인 경우에 칼륨은 세포 내의 농도가 외부의 100배 농

도에서 평형에 도달한다. 만약 토양 용액(수경 용액)의 칼륨 농도가 1 mM인 경우, 수동적 수송만으로 체내 농도는 100 mM에 도달하게 된다. 외부의 칼륨 농도가 0.1 mM이면, 세포의 칼륨 이온 농도는 10 mM로 계산된다. 실제 세포내 칼륨 이온의 농도는 100 mM 정도이므로, 막전위는 칼륨 이온뿐만 아니라 다른 이온을 포함한 농도 차이에서 비롯된 것으로 추정된다.

질산 이온과 황 이온 등의 음이온은 그 상태로는 막을 투과하기 힘들기 때문에, 흡수를 용이하게 하기 위해서는 에너지가 필요한 능동수송을 이용해야 한다. 실제로 식물은 양성자의 공동 수송에 의해서 질산 이온, 인산 이온, 황산 이온 등을 흡수하고 있는 것으로 추정되고 있다.

(4) ATPase

동물의 세포막 나트륨/칼륨 ATPase는 세포 내에서 3분자의 나트륨 이온을 배출하고, 2분자의 칼륨 이온을 유입한다. 불균형된 나트륨과 칼륨의 수송 결과, 내부에 음의 막전위가 형성된다. 식물에서는 양성자 펌프로서 양성자 ATPase와 양성자-피로인산 가수분해효소가 많은 물질의 막수송에 관여하고 있다. 식물에는 존재 부위에 따라서, 세포막 양성자 ATPase(P형 ATPase), 엽록체와 미토콘드리아의 양성자 ATPase(F형 ATPase), 액포막 양성자 ATPase(V형 ATPase)와 같은 3종류의 양성자 ATPase가 있다. P형 ATPase는 ATP 가수분해의 에너지를 이용하여 양성자를 세포막 밖으로 수송하고, 발생된 전기화학 포텐셜 구배에 의해서 많은 미네랄 수송이 일어나게 된다. 애기장대는 P형 ATPase를 코딩하는 12종류의 유전자 군을 가지고 있다. 한편, 액포막을 가로지르는 능동적 수송은 V형 ATPase 외에 양성자-피로인산 가수분해효소도 중요한 역할을 담당하고 있다. 미토콘드리아와 엽록체의 F형 ATPase는 전자전달계에서 형성된 양성자 농도 구배에서 ATP를 합성하는 양성자 수송의 역반응이 일어나며, 위와 같은 기관들에서 ATP 합성을 담당하고 있다.

3) 수송을 수행하는 분자

(1) 영양 수송을 담당하는 막 단백질 : 트랜스포터

세포 수준에서 선택된 물질의 획득 과정은 세포막에 위치하는 단백질(막 단백질)이 중요한 역할을 담당하고 있다. 막 단백질은 세포막에 포함된 부분과 막에서 세포질과 세포 밖으로 튀어 나온 부분으로 구성된다(**그림 2-18**). 세포막에 위치한 단백질들은 소수성 아미노산이 많이

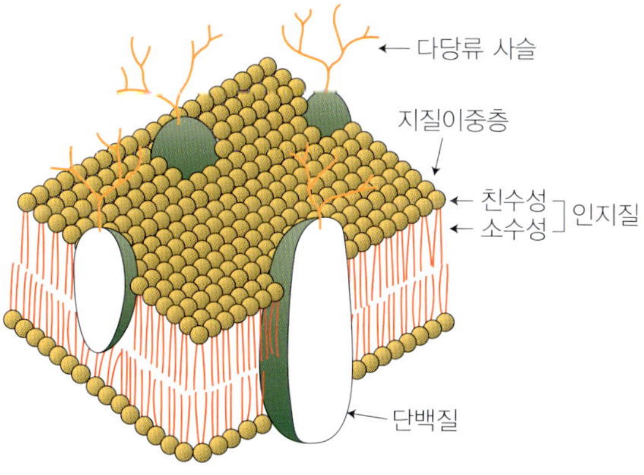

그림 2-18 세포막 구조 세포막을 구성하는 인지질의 이중층에 단백질이 삽입되어 있다.

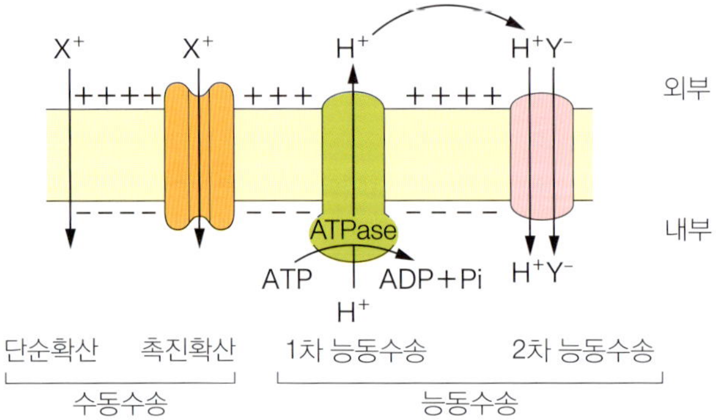

그림 2-19 전기화학적 포텐셜 구배와 막수송 세포막은 내부가 음으로 되어 있기 때문에, 전기화학적 포텐셜이 양이온에서는 내부로 향하고, 음이온에서는 외부로 향하게 된다.

포함된 α-헬릭스 형태를 띠게 된다. 막 밖으로 튀어 나온 부분은 친수성 아미노산이 많다. 이러한 구조는 수용액과 맞붙어서 위치하는 세포막에 관통한 상태로 있게 되므로 안정적인 역할을 수행하기에 유리하다.

물질 수송을 담당하는 막 단백질을 트랜스포터(수송체)라고 한다. 트랜스포터는 수송 특성에 따라 펌프, 캐리어(트랜스포터), 채널로 나뉜다. 펌프는 1차 능동수송을 담당하고, 캐리어(트랜스포터)는 2차 능동수송을 담당하며, 채널은 확산을 담당한다(**그림 2-19**).

(2) 펌프

펌프는 양성자와 칼륨, 나트륨 등의 전하를 가진 물질, 설탕 등의 전하가 없는 물질을 막 내외의 농도 구배(농도 차이)에 관계없이 수송하는 능력을 가진 단백질로, 1차 능동수송을 한다. 농도가 낮은 쪽에서 높은 쪽으로 "펌프"처럼 기질을 운반한다. 양성자 ATPase와 ABC 트랜스포터가 이에 해당한다.

(3) 캐리어 (트랜스포터)

캐리어는 이온 수송의 생리학적 연구를 통해 발견되었고, 식물 영양소의 흡수를 담당하는것으로 알려져 있다. 앱스타인은 1950년대부터 1960년대에 걸쳐서 보리의 절단 뿌리를 이용한 칼륨의 흡수 실험을 수행하여, 식물의 칼륨 흡수 속도가 외부액의 이온 농도에 의존하고, 흡수 속도와 농도의 관계는 효소 반응 속도와 기질 농도의 관계를 나타내는 미카엘리스-멘텐 방정식과 일치하는 것을 알게 되었다. 또한, 수송체 기질에 대한 고유의 결합 상수(K_m)와 최대 전송 속도(V_{max})를 가지는 것을 밝혔다(**그림 2-20**).

그 후, 칼륨 이외의 양이온과 질산 이온, 인산 이온, 황산 이온 등에 대해서도 유사한 실험 결과

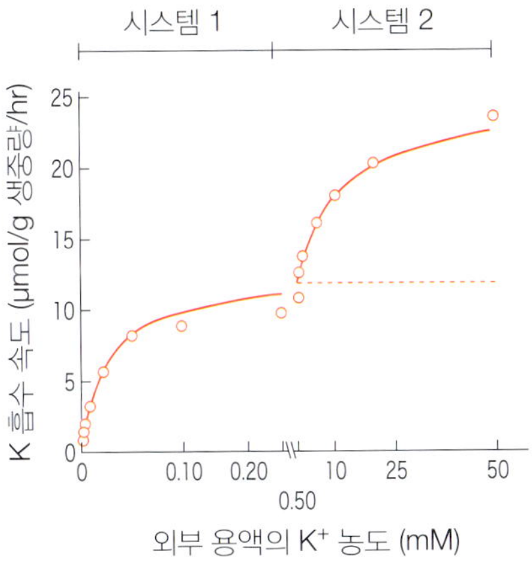

그림 2-20 보리 뿌리의 절단면에서의 K^+ 흡수 속도 변화
(Epstein, E. et al., 1963)

를 찾아냈고, 이 흡수를 담당하는 단백질을 '캐리어'라 명명하였다. 캐리어의 실체는 오랫동안 알려지지 않았으나, 분자생물학적 연구에 의해 캐리어를 코딩하는 유전자가 분리되었다. '캐리어'라는 단백질은 다음에 설명할 채널과 닮은 점도 있으며, 막의 전기화학적 포텐셜을 이용하여 기질을 수송하는 유형의 트랜스포터도 여기에 해당된다.

이처럼, 여러가지 형태의 단백질이 캐리어의 역할을 수행하고 있으며, 최근에는 캐리어라는 단어보다는 트랜스포터로 불리고 있다. 트랜스포터는 넓은 의미로는 물질 수송을 담당하는 일반 막 단백질을 가르키고(채널도 트랜스포터에 포함될 수 있다), 좁은 의미로는 용질을 막 전위, 양성자 농도 구배 및 나트륨 이온 구배를 이용하여 수송하는 유형의 수송 단백질을 말한다. 펌프로서의 기능을 가지고 있는 단백질도 캐리어에 해당된다.

(4) 채널

채널은 전기생리학적 실험에 의해 검출되는 신속한 수송을 담당하는 단백질로, 이온 통로라는 의미로 채널로 불리게 되었으며, 생리적 조건에 따라 이온을 통과시키거나 통과시키지 않는다. 채널은 이온을 전기화학적 포텐셜의 기울기에 따라 수송하지만, 능동수송은 하지 않는다. 1초에 10^6개 정도의 이온을 수송할 수 있으며, 많은 채널들은 각 채널에 해당되는 특정 이온만을 전송한다. 맥키넌(MacKinnon)이 칼륨 채널에 대한 세균 유래 채널의 결정 구조를 밝혔고, 그 후 채널이 형성하는 칼륨 통로를 구성하고 있는 아미노산 잔기와 칼륨의 통과에 따른 단백질 구조의 변화, 칼륨 이온에 대한 특이성 등의 결과가 밝혀졌다. 맥키넌은 이 업적으로 2003년에 노벨화학상을 수상하였다. 식물의 칼륨 채널을 코딩하는 유전자로는 *AKT1* 및 *KAT1*이 알려져 있는데, 그 구조는 세균 유래 단백질과 유사하며, 칼륨 채널은 막 전위에 의해 개폐 과정이 일어난다. 칼륨 채널의 6개 막 관통 도메인 중 N-말단으로부터 4번째 막 관통 부분이 전위 센서로 간주되고 있지만(**그림**

트랜스포터의 수송 활성과 측정법

COLUMN

식물에서 트랜스포터를 분리함과 동시에, 그 트랜스포터의 수송 기질과 수송 특성 등을 조사하기 위해서 수송 활성을 측정할 필요성이 생긴다. 그러나 식물은 다세포이고, 또한 트랜스포터를 다수 가지고 있기 때문에 식물을 이용한 수송 활성 측정이 쉽지 않다. 따라서 수송 활성 특정을 위해 단세포를 이용하여 실험을 수행한다. 가장 많이 사용되는 것은 아프리카발톱개구리의 난모세포와 효모이다.

개구리의 난모세포는 다른 세포에 비해 크기가 크므로 실험이 용이하다. **그림 1**과 같이, 시판 아프리카발톱개구리의 난모세포를 뽑아내고서 콜라게나제(Collagenase)로 세포를 유리시킨다. 목적 유전자로부터 합성된 cDNA를 난모세포에 주입한 후 1~수일을 배양하여 목적 단백질을 발현시킨다. 내향 수송 활성을 측정할 경우에 외부 액에 측정하고자 하는 수송 기질을 첨가하고서 난모세포에 채워진 양을 측정한다. 또한 바깥쪽의 수송 활성을 측정하는 경우에는 난모세포에 측정하고자 하는 수송 기질을 주입해서 세포 밖으로 방출되는 양과 세포에 남아있는 양을 측정한다. 방사성 핵종이 있는 기질의 경우에는 방사능 라벨을 사용하는 것이 감도가 좋다. 방사능 라벨이 없는 경우에는 원자 흡광법 등으로 정량하고서, 전류의 변화를 측정하는 방법도 있다. **그림 2**는 내향 규산 트랜스포터 Lsi1을 아프리카발톱개구리의 난모세포에서 발현시켜, 규산의 동족원소인 방사성 원소 ^{68}Ge의 획득을 측정한 예이다. 대조군으로 cRNA 대신에 물을 주입한 것에 비해서, Lsi1이 발현된 난모세포가 규산을 수송하고 있는 것을 볼 수 있다.

한편, 효모도 실험에 많이 사용된다. 효모는 유전자 파괴 돌연변이를 쉽게 만들 수 있기 때문에, 식물의 트랜스포터와 비슷한 기능을 가진 효모의 트랜스포터 유전자를 파괴한 돌연변이를 이용하여, 식물의 트랜스포터가 그것을 보완할 수 있는지 여부를 조사한다. 또한, 효모의 파괴 돌연변이와 야생형을 이용하여 유해한 기질의 수송 활동도 알아낼 수 있다. 정성적으로 수송 활동을 평가하는 경우에는 고체 배지에서 효모의 성장을 비교한다. **그림 3**은 그 일례를 나타내고 있다. 애기장대 유래의 AtHMA3는 트랜스포터 유전자를 효모에 발현시켜

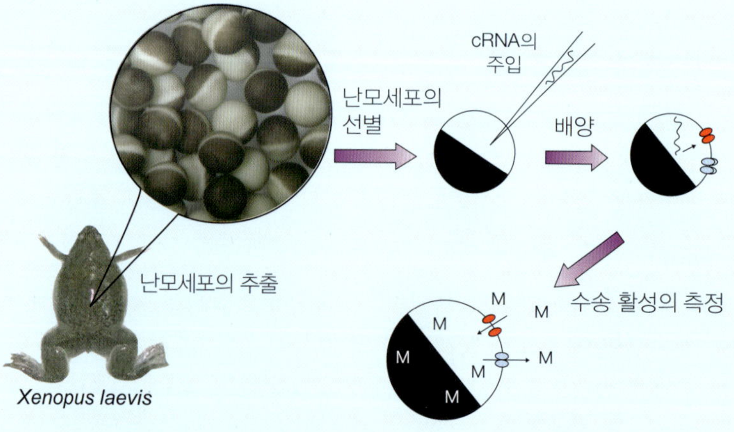

그림 1 아프리카발톱개구리의 난모세포를 이용한 트랜스포터의 수송 활성의 측정법

COLUMN

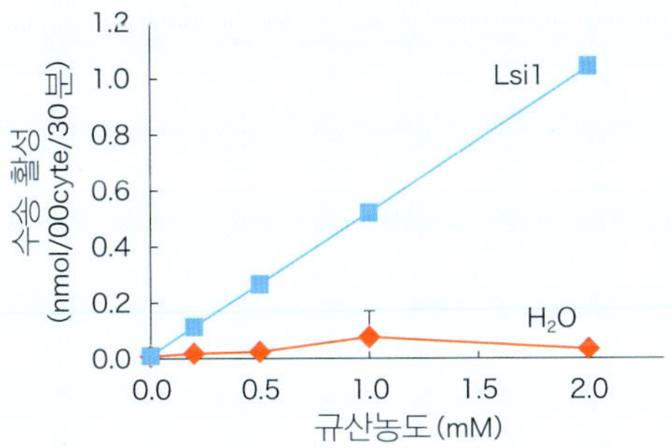

그림 2 아프리카발톱개구리의 난모세포를 이용한 내향성 규산 트랜스포터 Lsi1의 수송 활성 측정

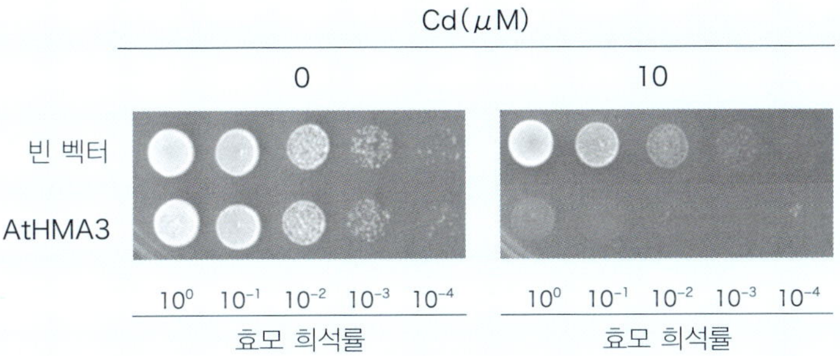

그림 3 효모 돌연변이체 Δ*ycf1*을 이용한 애기장대 유래의 AtHMA3의 카드뮴 수송 활성의 측정

서 카드뮴의 수송 활성을 조사한 것이다. 카드뮴이 없는 조건에서 AtHMA3을 발현한 효모와 발현하지 않는 효모는 같은 성장을 나타냈지만, 카드뮴이 존재할 때는 AtHMA3을 발현시킨 효모의 생육이 억제되었다. 이러한 결과를 통해, AtHMA3가 카드뮴을 수송하고 있을 가능성이 있음을 보여주고 있다. 한편, 정량적 방법은 액체 배양한 효모를 이용해서 효모에 포함된 양을 방사선 또는 원자흡광법 등으로 측정한다.

식물의 트랜스포터가 다른 생물인 아프리카발톱개구리 난모세포와 효모에서 반드시 발현되는 것은 아니다. 또한, 세포내 환경도 다르기 때문에 난모세포와 효모에서 얻은 결과가 그대로 식물에 들어맞는다고 할 수 없으므로 해석에 주의가 필요하다.

그 외에, *in vitro*계에서 트랜스포터의 수송 활성을 측정하는 방법도 있다. 이것은 식물의 트랜스포터를 대장균이나 곤충 세포 또는 무세포 단백질 발현 시스템 등으로 먼저 합성하고, 그 후에 생성된 단백질을 인공 막지질에 묻혀서 수송 활성을 측정하는 방법이다(馬 建鋒).

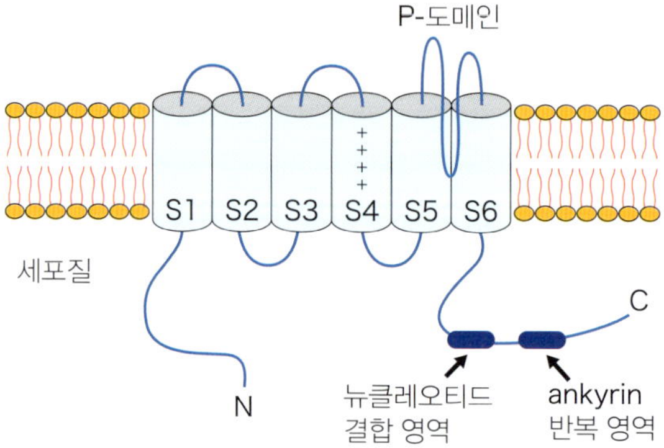

그림 2-21 식물 칼륨 트랜스포터의 구조 식물 칼륨 채널은 6개의 막 통과 영역을 갖고 있는데, 이 영역은 α 헬릭스이다. N-말단과 C-말단, 막 통과 영역을 잇는 영역은 친수성 부분이다. 또한 친수성이 높은 C-말단은 뉴클레오타이드와 결합 능력을 가지고 있다.

2-21), 이 센서가 어떻게 전위를 감지하여 채널을 개폐하고 있는지에 대해서는 현재까지도 논의가 계속되고 있다.

채널, 캐리어, 트랜스포터, 트랜스로케이터 등은 원래 생리학적 실험에 따라 명명되어 다른 특성을 가진 수송체를 나타내는 말이었다. 그러나 분자생물학적 연구 결과를 바탕으로 이러한 활동을 담당하는 단백질이 확인됨에 따라서 분자적 특성을 조사하지 않고 배열의 상동성에 따라 명명되는 경우가 많아졌다. 또한 막 수송체 중 채널로서의 역할을 가지고 있으면서, 동시에 트랜스포터의 기능을 가지고 있는 단백질이 동정됨에 따라 혼란이 가중되는 경우도 있다.

(5) 세포내 수송

세포막을 통과하여 흡수된 양분은 세포질에서 이용될 뿐만 아니라, 세포내 소기관으로도 수송된다. 세포내 소기관은 독립적인 막으로 둘러싸여 있는데, 이러한 막은 세포막과 마찬가지로 많은 용질을 통과시키지 않는다. 각각의 세포내 소기관에는 그 특성에 따라 막 수송체가 존재하고 있으며, 각 소기관이 담당하는 반응을 가능하게 하거나, 세포질에 존재하면 위해하거나 필요없는 물질을 분리시키는 역할을 하고 있다. 액포는 칼슘 농도와 내부의 pH가 세포질에 비해 높다. 영양을 필요에 따라 저장하거나 킬레이트화된 중금속을 축적시켜서 독성을 약하게 하는 기능을 가지고 있다.

(6) 트랜스포터의 합성과 분해

막 수송체는 조면소포체에서 합성되며 합성과 거의 동시에 막으로 이동하여 배치되게 된다. 수송체의 종류에 따라 아미노산 말단이 세포 안에 있거나 밖에 존재하기도 한다. 번역 후 폴리펩티드의 가공 과정에 의해 막 관통과 세포막에서의 위치가 결정된다.

소포체 막에서 합성된 수송체는 세포내 막 수송계(막 교통, membrane traffic)에 의해 세포막이나 액포막 등의 특정 막으로 옮겨지게 된다. 많은 수송체는 세포가 가진 특성 및 고유 목적에 따라 위치가 정해진다.

이렇게 합성된 트랜스포터 단백질은 세포의 외부 환경과의 반응, 내재성 인자와의 상호작용 등에 따른 역할이 끝나면 분해된다. 애기장대의 철 트랜스포터 IRT1과 붕소 트랜스포터 BOR1는 배지에 철과 붕소가 많으면, 특이적으로 인식되어서 분해된다. BOR1의 경우에는 엔도솜에 포함된 다음 액포로 옮겨져서 분해되는 것으로 알려져 있다(☞ 제3장 6.2 '붕소').

4) 장거리 수송

뿌리 세포에 흡수된 양분은 물관을 통해서 지상부로 운반된다. 한편, 오래된 잎에서 성장하는 잎과 종자 등으로의 식물 영양소 재수송은 체관을 통해서 이루어진다. 물관 및 체관에 의한 수송을 장거리 수송이라 한다.

(1) 물관을 통한 장거리 수송

물관은 뿌리에서 흡수된 물과 무기 양분이 지상부로 수송되는 주요 경로이다. 물관의 중심에는 도관 요소라는 "죽은" 세포가 존재한다. 도관 요소는 세포벽이 발달 과정 중에 두꺼워지고, 세포 내용물이 분해되어 탈락해서 생성된다. 즉, 도관 요소는 아포플라스트이다. 심플라스트를 통해서 수송되어 온 영양은 물관에 로딩(적재)될 때, 일단 세포 밖으로 나갈 필요가 있다.

칼륨과 붕소 등이 물관에 적재되기 위해서는 특이적 트랜스포터가 필요하다고 알려져 있다. 이러한 트랜스포터는 물관 주변의 세포에서 발현하여, 세포내 기질을 세포 밖으로 운반하는 역할을 수행한다. 물관에 로딩된 기질은 물과 함께 지상부로 옮겨져서 분배된다. 식물 지상부의 물관 주변 세포는 물관 내에 존재하는 영양분을 꺼내 전송하는 메커니즘을 가지고 있어야 한다. 이러한 실제 예로서, 규소의 언로딩에 관여하는 전송 담당 Lsi6 단백질이 분리되었다. Lsi6 단백질이 기능을 하지 않으면, 물관을 통해서 잎으로 이송되어 온 규소가 잎 조직으로 옮겨지지 않은 채 잎 선단의 수공으로 배출된다. 이와 같이, 물관으로 이동된 물질이 기관으로 전달되기 위해서는 특정 트랜스포터가 필요한데, 여러 실험을 통해서 수송 물질 특이적 트랜스포터들이 기능과 구조가 밝혀지고 있다.

(2) 체관을 통한 무기영양의 재전류

질소와 인 등은 오래된 잎에서 성장하는 잎과 종자로 재분배되며, 이러한 수송은 체관을 통해서 이루어진다. 체관은 체관 요소라는 특수한 세포로 이루어져 있다. 체관 요소는 분화 과정 중 세포벽이 두꺼워지면서, 골치제, 액포, 핵은 소실되지만 세포막은 유지되며, 미토콘드리아와 색소체의 일부가 남아 세포막에 붙어서 체관을 구성하게 된다. 이러한 분화에 의해 세포의 중심 부분

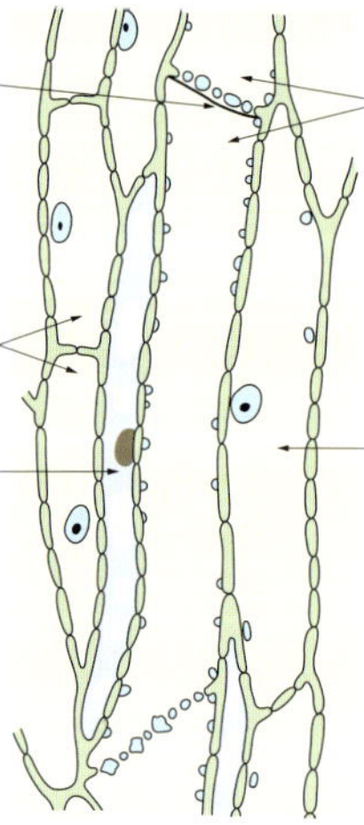

그림 2-22 체관의 모식도(종단면)

이 공간을 형성하여 체관의 본체를 구성한다. 체관 요소 사이에 존재하는 세포벽은 분화의 마지막 단계까지 남아 있지만, 원형질 연락사의 직경이 커져서 현미경으로 관찰하면 체처럼 보이는데, 체관이라는 명칭은 이러한 특징과 같이 체처럼 남겨진 체부 요소 사이의 세포벽 형태에서 유래되었다. 체관 요소는 물관 요소와는 다르게 분화의 마지막 단계에 이르러서도 세포막이 막전위를 유지하고 있어서 살아있는 세포로 간주된다.

체관 요소 주변에는 반세포라는 세포질이 풍부한 세포가 존재하고 있다. 반세포는 체관 요소와 동일 세포 유래이며, 비대칭 분열에 의해 형성된 세포이다. 원형질 연락사에 의해 체관 요소들끼리 서로 연결되어 있으며, 그 주변에는 체부 유세포라는 세포가 존재하고 있다.

체관을 흐르는 내용액(체관액)은 설탕이 대부분을 차지하는데, 벼에서는 20% 정도를 차지하고 있으며, 아미노산이나 무기이온도 많은 양이 포함되어 있다(표 2-4). 하지만, 체관으로 이동하는 용액에 무기이온이 어떻게 적재되는지는 잘 알려져 있지 않고, 이온의 물질 이동에 대해서도 불분명하다. 벼에서는 체관을 통한 물질의 수송 속도가 1시간에 50~100 cm 정도일 것으로 추정하고 있다. 체관을 통한 물의 흐름은 초록색 잎 등의 로딩 측(소스)에서 설탕의 적재에 의한 팽압 상승과 언로딩이 되는 식물의 소스 부분과의 팽압 저하에 의해 소스와 싱크 부위의 차가 생기고, 이에 따라서 용액의 흐름이 이루어지는 것으로 여겨진다.

체관은 식물 영양소뿐만 아니라, 식물의 광합성 산물이나 대사산물, 단백질과 핵산 등 유전정보를 담고 있는 고분자도 수송하며, 식물의 성장 제어에서도 중요한 역할을 하고 있다. 단백질과 핵산이 어떻게 체관에 로딩되어서 이동되는지, 수송의 방향성이 어떻게 결정되는지에 대한 연구가 활발히 진행되고 있다.

식물 영양소의 단거리 수송과 장거리 수송에 관여하는 트랜스포터가 다수 확인되었다. 트랜스포터는 식물 영양소의 종류에 따라 다르며, 같은 식물 영양소도 조직이나 세포에 따른 각기 다른 트랜스포터가 역할을 담당하고 있다. 트랜스포터의 종류도 다양한데, ABC 트랜스포터와 아쿠아포린, MATE형 등이 알려져 있다. 자세한 내용은 각 장을 참조하기 바란다. 유전체 배열의 해독이 완료된 벼와 애기장대에서, 약 30%의 유전자가 하나 이상의 막 관통 영역을 가지고 있고, 그중에서 적어도 10%가 트랜스포터를 코딩하고 있음이 밝혀졌다. 그중에서도 식물 영양소 수송을 담당하는 트랜스포터들이 기능적 연구를 통해서 밝혀지고 있다. 이러한 트랜스포터에 대한 기능 해명

표 2-4 옥수수의 물관액 및 체관액 조성(mM)

	물관액[*1]	체관액[*2]
설탕	3.8	900
과당	0.8	0
포도당	0.8	0
전 아미노산	1.8	375.2
글루타민산	0.19	59
아스파라긴산	0.24	17.3
글루타민	0.31	0
아스파라긴	0.14	7.2
세린	0.22	27.8
알라닌	0.2	5
전체 유기산	18.3	—
질산 이온	1.8	3.2
Cl^-	—	273
K^+	—	479.5

— : 측정치 없음. [*1] Canny, M.J. and McCully, M.E., 1988. [*2] Ohshima, T. et al., 1990

연구는 식물 영양학 및 발달학 측면에서 중요한 연구 과제이다.

4. 물의 흡수와 수송

물은 생명 활동의 기본 물질이면서 대사 반응에 있어서 용매와 기질이 작용하는 데 필수 요소이다. 수막을 가로 지르는 수송 시스템의 연구는 1992년 인간의 적혈구 막에서 물 분자의 투과를 담당하는 아쿠아포린(aquaporin)이라는 단백질이 동정됨에 따라 본격적인 연구가 시작되었고, 이듬해에는 식물에서도 아쿠라포린이 동정돼서 기능적 연구가 진행되었다. 아쿠아포린의 발견 이후, 물 수송계도 다른 필수 원소의 수송계와 같이 연구할 수 있게 됨에 따라, 식물이 물 흡수를 어떻게 제어하는지를 밝혀낼 수 있게 되었다.

식물은 충분한 빛과 온도, 식물 영양소가 있어도 물이 부족하면, 성장 발달하지 못하게 된다. 실제로 가뭄은 예로부터 농업에 큰 타격을 입혔다. 현대 농업은 충분한 물 공급을 통해 건조지역에서도 농경이 가능하게 되었지만, 최근 지구의 물 부족 현상은 여러 지역으로 확산되고 있고, 이를 극복하기 위하여 최근에는 절수형 농업과 물 이용 효율이 높은 작물이 개발되고 있다. 이러한 물 부족에 대한 문제를 해결하기 위해서는 먼저 작물의 물 이용 효율을 향상시켜야만 하는데, 이를 위해서는 물 수송에 대한 메커니즘을 해명하는 것이 필수적일 것이다.

1) 물을 움직이는 힘과 투과성[5)]

단위 시간당 물의 흡수량 또는 이동량(J)은 다음과 같다.

$$J = (\text{물을 움직이는 힘}, V) \times (\text{침투성}, G) \tag{2-6}$$

V는 수분 포텐셜 차이이며, 실제로 다루는 수분 포텐셜은 삼투 포텐셜(값은 삼투압에 마이너스를 붙인 것)과 압력 포텐셜(정수압, 실제 식물 세포에서는 팽압에 해당) 및 매트릭스 포텐셜(모세관 현상을 일으키는 힘)의 합으로 판단해야 한다. 침투성이 있는 세포막 사이에 수분 포텐셜의 차이가 있으면, 수분 포텐셜이 물을 높은 쪽에서 낮은 쪽으로 움직이는 힘이 작용하며, 수분 포텐셜이 동일하게 되면 물의 이동은 멈추게 된다(**그림 2-23**). 세포의 물 흡수 과정에서 보면, 세포 내외의 수분 포텐셜의 차이가 물을 흡수하는(또는 탈수를 일으키는) 힘이 된다. 건조 및 염 스트레스 환경에서는 토양의 수분 포텐셜이 저하되는데, 이러한 스트레스 조건하에서는 식물은 세포와 조직의 수분 포텐셜을 저하시켜서 V를 유지하려고 한다. 구체적으로는 세포내 이온을 사로잡거나 특정 유기 물질(베타인 또는 프롤린 등의 적합 용질이라고 함)을 축적하여 삼투압을 높히게(이때 삼투 포텐셜은 낮아게 된다) 된다.

물 투과성 G도 물 흡수를 결정하는 요소이다. 식 (2-6)에서 G는 전체적인 투과성이고, 뿌리가

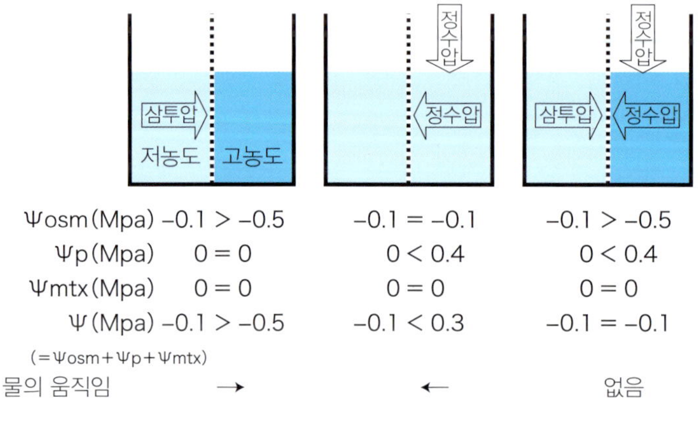

그림 2-23 수분 포텐셜과 물의 이동 반투과성 막을 통한 2개의 수용액이 접하고 있는 모델. 수분 포텐셜(ϕ)은 삼투 포텐셜(ϕ_r), 압력 포텐셜(ϕ_p), 매트릭스 포텐셜(ϕ_m)의 합이다. 물은 수분 포텐셜이 높은 곳에서 낮은 곳으로 이동한다.

5) 且原真木

토양에서 물을 흡수하면, 1개체의 뿌리에서 물 투과성 G_{total}은

$$G_{total} = (\text{뿌리의 총 표면적}, S) \times (\text{단위면적당 물 투과율}, Lp) \quad (2\text{-}7)$$

가 된다. 식 (2-7)에서 뿌리의 양과 총 표면적(S)이 증가하면, Lp는 일정한 상태에서도 G_{total}이 값이 높아지게 된다. 뿌리의 증가는 건조 조건에서 생육한 식물에서 발견되는 반응 중 하나로서, 토양의 수분 포텐셜 저하에 의해 식 (2-6)의 구동력 V가 작아졌을 때, G를 올려서 물 흡수량 J를 확보하는 전략이라고 할 수 있다. 그러나 뿌리의 증가는 시간이 걸리는 비가역적 반응이다. 신속하고 정밀한 투과성 조절은 물 채널 아쿠아포린의 수의 조절과 활성 제어에 의해 Lp를 상승시킴으로써 실현될수 있을 것이다.

2) 물 수송과 아쿠아포린, 세포, 조직과의 관계[5)]

물은 심플라스트와 아포플라스트의 경로를 통해 이동되지만, 뿌리에서는 카스파리선 때문에 아포플라스트를 통한 물 수송이 차단된다. 따라서 물은 내피 세포의 바깥에서 세포막을 투과하여 심플라스트를 통해 유입되어야 한다. 심플라스트는 원래 세포질의 연속체를 의미하는데, 이온 수송에서는 이러한 의미에서의 심플라스트 수송이 이루어지고 있다. 물의 경우에는 액포 횡단 경로도 이용되고 있지만, 넓은 의미에서 심플라스트 수송으로 인정된다(그림 2-24). 액포막의 물 투과성은 일반적으로 세포막의 물 투과성보다 높기 때문에, 세포 체적의 90% 이상을 차지하는 액포는 물 이동시 반작용이 일어나지 않으므로, 물은 세포 이동때 액포를 통과하여 이동할 수 있다.

심플라스트 경로를 통한 물의 유입에는 세포막에 존재하는 아쿠아포린이 중요한 역할을 한다. 아쿠아포린이 없을 경우, 생체막의 물 투과성은 1/10 이하로 떨어진다(그림 2-25). 세포막의 물 투과성이 낮으면, 소량의 물 밖에 수송할 수 없다. 따라서 식물 세포가 성장에 필요한 물을 흡수하기

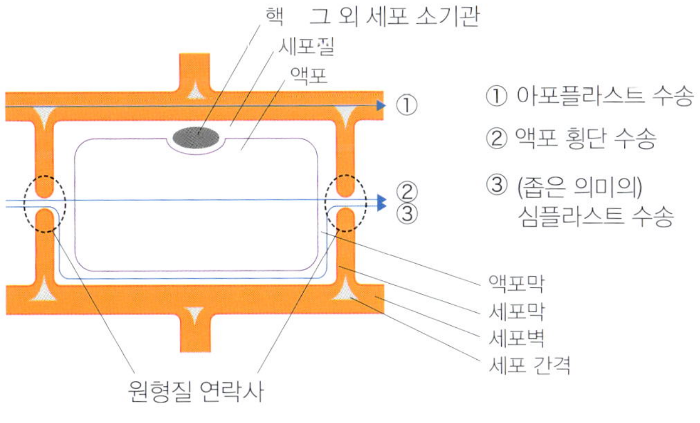

그림 2-24 식물 조직내 물의 수송 경로 물의 아포플라스트와 심플라스트 경로를 이용한 수송 과정.

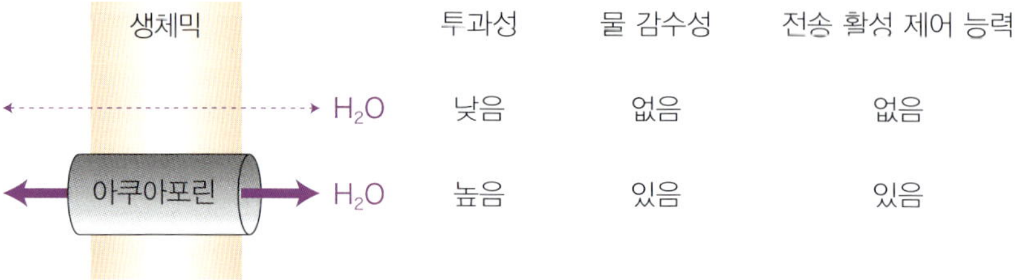

그림 2-25 생체막의 물 투과 특징 아쿠아포린의 유무에 따른 특성.

위해서는 아쿠아포린의 존재가 필수적이며, 실제로 대부분의 세포에서는 아쿠아포린에 의해 물의 수송이 이루어지고 있다. 그러나 질소와 인산이 결핍된 상태의 식물에서는 아쿠아포린의 발현과 뿌리의 물 투과성이 저하되게 되며, 식물은 특정 스트레스 조건하에서 생리 기작에 의해 아쿠아포린의 발현 및 작동 등을 조절하게 된다.

뿌리 내피 부분의 경우, 심플라스트 경로를 통해서 물이 물관으로 이동하게 된다. 물관은 아포플라스트이므로, 물은 세포막을 통해서 다시 나간다. 이때 작동하는 아쿠아포린은 심플라스트에 물이 들어갈 때 관여하는 트랜스포터와는 다른 아쿠아포린일 것으로 여겨지지만, 자세한 내용은 밝혀지지 않았다. 물관에서의 물은 주로 증발에 의한 흡인력에 의해 상승하고, 지상부로 옮겨져서 각 조직에 분배된다. 물관 내에서는 매트릭스 포텐셜(응집력라고도 함)도 물의 수송에 영향을 미치는데, 이러한 응집력 때문에 10 m 이상의 고목에서도 물관 내부의 물기둥이 끊어지지 않고서 수관까지 도달할 수 있게 되는 것이다.

3) 아쿠아포린의 특징과 제어[5)]

벼에서는 33개, 애기장대에서는 35개의 아쿠아포린 유전자가 동정되었다. 분리된 아쿠아포린은 원형질막에서 기능하고 있는 아쿠아포린(PIP), 액포막에 존재하는 아쿠아포린(TIP), 발현과 기능이 특수한 NIP, 기능이 해명되지 않은 SIP 등 4개의 서브 그룹으로 나뉘어진다(최근 제5그룹 XIP가 일부 식물종에서 동정됨). 일반적으로, TIP는 PIP보다 다량으로 발현하는데, 이는 액포의 물 투과성이 원형질막보다 높다는 것을 의미한다. 시기와 부위에 따른 적절한 물 흡수/수송을 실현하고 제어하기 위해서 각 아쿠아포린 분자는 외부 환경(건조, 염스트레스, 저온 등)과 생리·분화 상태(발아, 뿌리의 신장, 개화, 과실 비대 등), 그리고 조직(뿌리의 표피 또는 물관 주위, 잎의 엽육 또는 기공 세포 등)에 따라 발현과 기능이 제어되고 나뉘어진다.

아쿠아포린 단백질 구조를 살펴보면, 6번의 막 관통 영역을 갖고 있고, 양 말단에는 Asn-Pro-Ala의 모티브(mofit)를 각각 갖고 있는데, 이 모티브의 아스파라긴이 물 분자의 통과 구멍에 접하게

[5)] 且原真木

배치되어 있어서 물 분자를 인식하게 된다. 아쿠아포린 자체는 물을 능동적으로 움직일 수 없다. 물은 수분 포텐셜 차이에 따라 흡수 또는 탈수의 어느 방향으로도 움직일 수 있지만, 건조시의 탈수 등 세포에게 불리한 방향으로 물이 움직이는 것을 막기 위해서, 식물 세포는 아쿠아포린의 발현량을 줄이거나 아쿠아포린을 불활성화시키는 생리학적 시스템을 가지고 있다. 아쿠아포린 단백질의 루프 D라고 불리는 부분이 물 분자가 통과하는 구멍을 환경적 조건에 따라 불활성화시키는 것으로 알려져 있다. 이처럼, 아쿠아포린의 존재는 단순히 물 투과성을 증가하는 것뿐만 아니라, 환경 변화 및 필요에 따라서 물 투과성을 신속하게 제어할 수 있는 기능을 가지고 있어서, 이러한 기능 제어를 통해 식물이 각종 스트레스 조건하에서 생존하게 되는 것이다.

많은 아쿠아포린의 기능은 수은 이온에 의해 저해되기도 하고, 세포질의 pH 저하에 의해 아쿠아포린 단백질 활성이 떨어지기도 한다. 밭작물이 침수된 경우에는 토양의 산소 부족 → 뿌리 세포의 질식에 따른 세포질의 산성화 → 아쿠아포린 활성의 저하 → 흡수 저하 → 지상부에 물 공급 부족 → 고사로 이어지는 일련의 현상이 일어난다. 한편, 아쿠아포린은 특정 세린 잔기가 인산화됨으로써 활성되기도 한다. 아쿠아포린은 개화시에는 인산화되어 활성화되고, 건조시에는 탈인산화되어 불활성화된다.

아쿠아포린 단백질 중에는 물 이외의 중성 저분자의 수송을 담당하는 것도 있다. 붕산, 규산에 대응하는 아쿠아포린의 기능과 역할에 대해서는 각각 "붕소"와 "규소" 설명 부분을 참고하기 바란다. 과산화수소를 옮기는 아쿠아포린은 신호 전달과 활성산소 제거의 역할을 수행하며, 수화된 이산화탄소(탄산)를 옮기는 아쿠아포린은 광합성 기구의 일부로서 특정 기능을 가지고 있다.

4) 대두의 물 흡수[6)]

살아있는 식물을 대상으로 물이 어떻게 흡수되는지를 알아내기 위해서는 방사성 동위원소로 표지된 물을 흡수시킨 다음, 식물체의 외부에서 방사선을 측정하는 것이 최선의 방법이다. 이때 방출되는 방사선 양을 측정함으로써 방사선으로 표지된 물의 양을 알 수 있다. 물의 방사성 표지 화합물을 얻기 위해서, H(수소) 또는 O(산소)의 방사성 동위원소를 사용한다. 삼중수소(^{3}H)의 β-신에너지는 매우 낮기에 식물 조직의 외부에서 측정할 수 없지만, 산소의 방사성 동위원소 ^{15}O라면 식물의 외부에서도 물의 흐름을 정량적으로 확인할 수 있다. ^{15}O은 양전자 방출 핵종으로, 양전자는 소멸할 때 동일한 에너지의 2개 γ-선을 180° 반대 방향으로 방출한다. 따라서 γ-선 검출기를 설치해서 식물 체내를 이동하는 물의 양을 측정할 수 있다(**그림 2-26**).

이때, 양전자 방출 핵종을 이용하여 측정된 결과치를 가지고 물의 양을 기관이나 조직 특이적으로 측정하기는 어렵고, 특히 잎처럼 얇은 조직에서는 특정 조직에서 벗어나 감마선이 측정되므로 정확한 정량적 방사능 측정이 어렵다. 직경이 2~3 mm인 두꺼운 뿌리에서 상단 1 cm의 대두

6) 中西友子

그림 2-26 대두를 이용한 ^{15}O-표식 물의 흡수 실험

줄기 부분에 도달하는 수분 함량을 측정한 결과, 물관의 용적을 훨씬 초과하는 양의 물이 검출되었고, 물관으로 다시 되돌아 가는 것을 확인할 수 있었다. 즉, 물관을 통해 상승한 물이 조직으로 분배된 후 다시 물관으로 돌아가는 등과 같이, 물의 교환이 항상 이루어진다는 밝혀졌다(**그림 2-27**).

물관으로부터 줄기 조직에 침투한 물이 다시 물관으로 돌아가는 것은 ^3H- 표지 물을 이용해서도 측정할 수 있다(**그림 2-28**). ^3H- 표지 물을 5초 동안 흡수시킨 후, ^{15}O- 표지 물에서 측정한 곳과 같은 위치의 줄기를 잘라서 단면에서의 β-선을 검출하였다. 잘라낸 직후(0초)부터 20초 후에는 물관으로부터 누출된 물이 줄기 전체에 퍼졌다. 그리고 2분이 지나면 대부분의 물이 물관으로 되돌아와서 상부로 이동했다. 줄기의 조직 내에서 물관을 이동하는 물이 그대로 위쪽으로만 이동하는 것이 아니라 가로로도 활발하게 이동한다는 것을 알 수 있다.

5. 식물 호르몬[7)]

식물 호르몬은 종자 발아, 성장, 개화, 결실, 낙엽, 휴면 등 식물의 발달 과정을 조절하는 식물

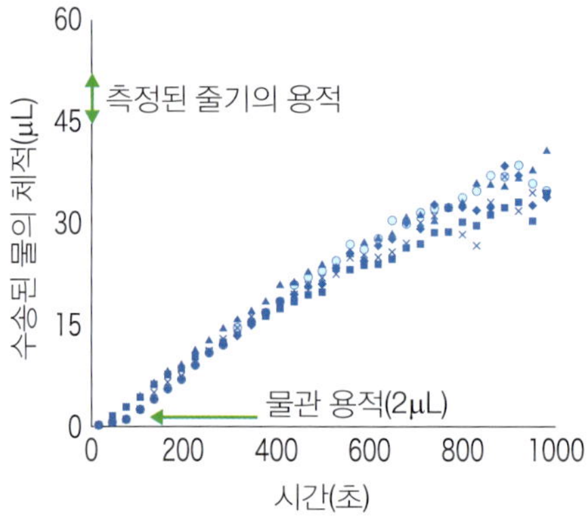

그림 2-27 ^{15}O-표식 된 물의 대두 줄기내 변화 양상 대두 상배축(자엽 위 2~3cm, 물의 용량 45~55 μL)에 유입하는 물(^{15}O-표식 물)은 1,000초 간 35 μL에 달한다. 이 부위의 물관 용적은 2 μL를 넘지 않기 때문에, 물이 물관을 통해 줄기 조직으로 확산한다.

7) 水谷正治

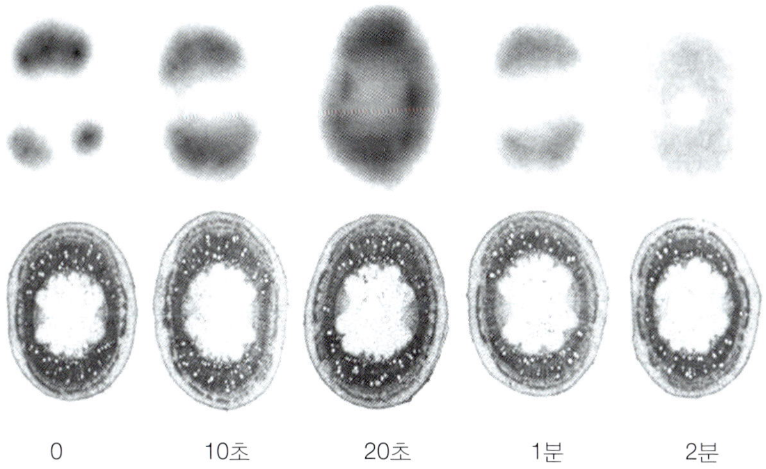

그림 2-28 대두 줄기에서 ³H-표식한 물의 흡수 변화 (Ohya, T. et al. : Plant Cell Phys. 49(5), 718, 2008)

이 스스로 생합성하는 저분자 화합물이다. 지금까지 식물 호르몬이라고 인정되는 것에는 오옥신, 사이토키닌, 지베렐린, 앱시스산, 에틸렌, 브라시노스테로이드, 자스몬산 등이 있다. 이들 호르몬이 식물 발달에 미치는 영향과 활성 기능 등이 밝혀지고 있으며, 이 외에도 스프리고락톤이나 펩티드와 같은 새로운 식물 호르몬의 화합물 등이 밝혀지고 있다. 이 장에서는 각 식물 호르몬의 생리 작용에 대해 소개한다.

1) 오옥신

식물에 내재된 오옥신(auxin)은 인돌-3-아세트산(IAA)이며, 트립토판을 전구물질로 사용하여 식물체 내에서 합성된다. 19세기 말, 다윈이 귀리를 이용한 굴광성 실험에 의해서 그 존재를 예측하였고, 옥수수 미숙 종자에서는 내인성 오옥신으로서 IAA가 1946년에 분리되었다. 오옥신은 매우 다양한 생리 작용에 영향을 나타내고, 초기 배아 분화에서 발아, 성장, 결실까지 식물의 발생과 성장을 조절하는 호르몬이다. 또한 정단 우세, 뿌리의 중력 굴성과 줄기의 굴광성 등 내외의 자극에 따라 식물체의 형태를 제어한다. 조직 또는 세포 내에 오옥신은 균일하게 존재하지 않으며, 오옥신 농도에 의해서 세포 및 조직, 기관 등의 발달에 영향을 미치게 된다.

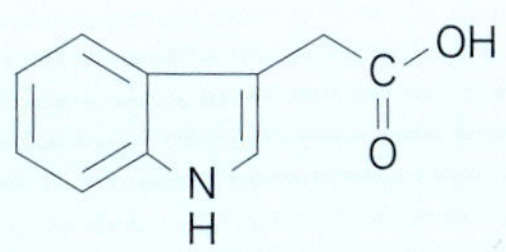

인돌-3-아세트산

오옥신은 식물의 정단부나 어린 조직에서 생합성되어, 극성 수송(방향성을 가진 수송)에 의해 식물체를 이동하고, 이에 따라 오옥신의 농도 구배가 생긴다. 극성 수송은 세포막에 존재하는 오옥신 유입 수송 단백질(AUX1 단백질)과 유출 수송 단백질(PIN 단백질)에 의해 제어된다. 굴성은 축의 수평 방향에 오옥신의 농도 구배가 형성되어 농도가 높은 쪽에서 세포 신장이 일어나므로, 줄기와 뿌리가 굴곡되게 된다.

농업 현장에서는 2,4-디클로로페녹시아세트산(2,4-D)과 나프탈렌 초산(NAA) 등의 합성 오옥신이 조직 배양, 잡초, 결실 촉진, 낙과 방지, 발근 촉진 등의 목적으로 이용되고 있다.

2) 사이토키닌

사이토키닌(cytokinin)은 오옥신과 함께 존재할 때, 세포 분열과 부정아 형성을 유도한다. 식물이 가지는 내생 사이토키닌은 이소펜테닐 아데닌(isopentenyl adenine) 및 그 말단 메틸기가 수산화된 제아틴(zeatin)이 있으며, ATP의 이소펜테닐화에 의해 생합성된다. 사이토키닌의 생리 작용은 세포 분열의 촉진, 캘러스로부터의 부정아 형성, 측아 신장 촉진, 노화 억제, 세포 분열 촉진 등이 있으며, 동화 산물을 집적하는 작용도 있다. 질산 이온을 투여하면 사이토키닌이 증가하기 때문에, 질소 시비의 증가에 따른 생육 촉진 작용의 일부가 사이토키닌을 통해 일어나는 것이다. 또한, 사이토키닌은 분열 조직에서 꽃눈 형성을 제어하고 있으며, 최근 벼 꽃눈의 수(1 이삭의 착과수)가 사이토키닌의 불활성화를 담당하는 효소에 의해 제어되는 것으로 밝혀졌다.

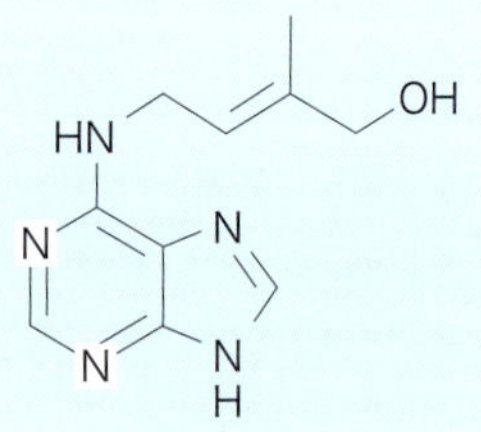

trans-제아틴

효모 추출액에서 분리된 카이네틴이나 그 유사체인 벤질아데닌 등이 농업과 원예에 이용되고 있다.

3) 지베렐린

지베렐린(gibberellin)은 벼의 줄기를 비정상적으로 도장시키는 키다리병(馬塵苗病, Bakanae disease)의 원인균인 *Gibberella fujikuroi*이 생산하는 독소로서 처음 분리되었으며, 1958년에 식물 스스로도 생합성한다는 것이 밝혀졌다. ent-카우렌에서 합성되는 디테르펜 골격을 갖고 있으며, GA_1과 GA_7처럼 발견된 순서대로 번호를 붙이는데, 지금까지 100종 이상의 지베렐린이 확인되고 있다. 지베렐린에 의한 세포 신장에 의해서 줄기 신장이 촉진된다. 이 외에도, 종자의 휴면 타파, 발아 촉진, 개화 촉진, 단위 결과 촉진 등의 효과를 갖는다. 씨 없는 포도는 지베렐린에 의한

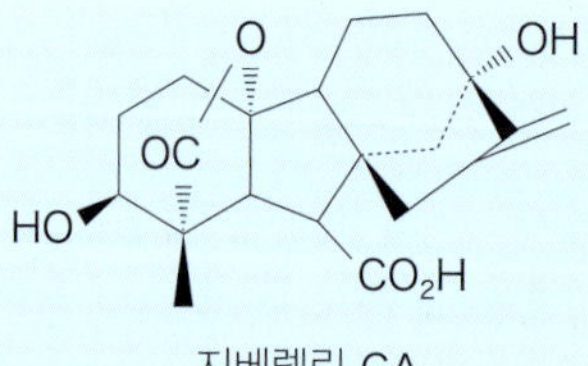

지베렐린 GA_1

단위 결과 촉진을 이용한 것이고, 맥주 제조 공정에서는 보리 당화과정에서 지베렐린을 이용하여 α-아밀라아제의 활성을 유도하는 데 이용하는 등 산업현장에서도 이용되고 있다.

왜성 벼와 밀에 의한 녹색 혁명에도 지베렐린이 관여하였으며, 이는 지베렐린 합성 경로의 돌연변이에 의한 작물의 키가 작아져서(작물의 단간종) 도복이 방지되므로 수량성이 높아지게 된 것이다. 이처럼, 도복 확률이 낮아진 벼와 밀의 재배는 화학 비료를 이용한 재배 방법의 개선을 통해 단위면적당 수확량이 증가하게 되었다. 반왜성 품종은 줄기의 신장에 필요한 지베렐린이 감소 또는 감수성이 저하에 의해 단간화되었으며, '녹색 혁명'은 지베렐린 생합성 또는 정보 전달계 유전자의 결손에 의한 반왜성 형질에 의해 달성되었다.

4) 에틸렌

석탄을 연소시킬 때 발생하는 가스에 의해서 인근 가로수가 형태 이상을 나타내게 되는데, 석탄 연소 과정 중에 발생한 가스에 포함된 에틸렌(ethylen)이 식물에 생리작용을 일으켜서 형태 이상이 발생된다는 것을 알게 되었다. 20세기 중반에 이르러서는 식물이 에틸렌을 스스로 생성한다는 것이 밝혀졌다. 에틸렌은 메티오닌을 선구물질로 사용하여 생합성된 후 과실의 성숙을 촉진하며, 성숙된 열매에서 대량으로 발생한다. 사과와 미숙 바나나를 같이 놓으면 바나나의 성숙이 촉진되는데, 이는 사과에서 발생한 에틸렌이 바나나의 성숙을 촉진시키기 때문이다.
또한 기화 노화 촉진, 기관 탈리, 병원균의 감염이나 물리적 스트레스(접촉 상해 등)에 의해 에틸렌의 생성이 유도되어서 식물의 신장 성장이 억제되며, 물리적 스트레스에 대한 방어 반응 또한 유도한다.

$$H_2C = CH_2$$

에틸렌

5) 앱시스산

앱시스산(abscisic acid)은 1960년대에 목화의 미숙 종자에서 낙엽을 촉진시키는 물질 분리를 통해서 알려졌으며, 탄소 15개의 세스퀴테르펜(sesquiterpene)에서 탄소 40개의 카로티노이드, 제아잔틴의 산화 분열에 의해 생성된다. 앱시스산은 지베렐린과 길항적으로 작용하며, 종자의 휴면과 발아를 제어하고 있다. 또한 기공 개폐 작용에도 관여하고 있으며, 식물이 건조 스트레스에 노출되면 체내 앱시스산 농도가 상승하여 건조 조건에서의 호흡을 조절하기 위해 기공을 폐쇄하고,

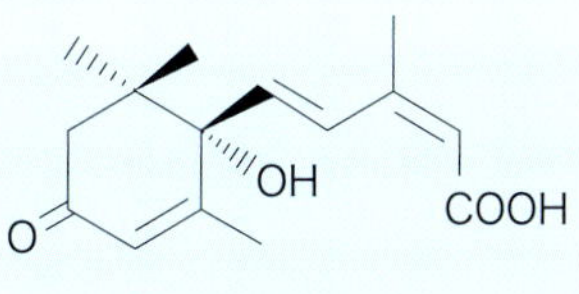

앱시스산

증산을 억제하게 된다. 또한 스트레스 반응과 관련된 효소 유전자를 유도하여 발현시킴으로써 스트레스에 대한 내성을 향상시키기도 한다.

6) 브라시노스테로이드

브라시노스테로이드(brassinosteroid)는 식물의 신장 성장 등을 제어하는 식물의 스테로이드 호르몬이다. 그 활성형은 브라시놀라이드(brassinolide) 및 카스타스테론(castasterone)이다. 브라시놀라이드는 1979년에 유채 화분에서 분리되었고, 카스타스테론는 1982년에 밤의 충영에서 분리되어 명명되었다. 브라시노스테로이드는 식물 스테롤인 캄페스테롤(campesterol)에서 복수의 산소첨가 반응에 의해 생성된다. 1990년대 후반에 브라시노스테로이드의 생합성 결손 돌연변이가 현저히 왜성되는 것으로 나타남으로써, 식물의 정상적인 성장에 필수적인 식물 호르몬인 것으로 인식되었다. 브라시노스테로이드의 생리 작용으로는 배축과 엽병의 신장 촉진, 세포 분열 촉진, 광 반응, 스트레스 내성 부여 등이 있다. 브라시노스테로이드도 지베렐린처럼 식물의 신장 조절을 통한 발달을 제어하기 때문에 향후 농업에 응용될 것으로 기대된다.

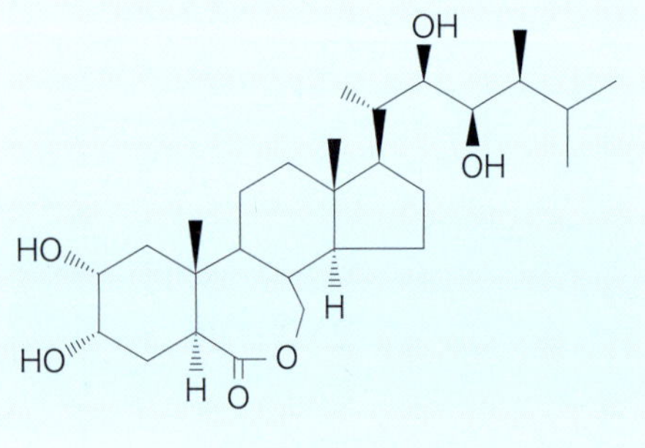

브라시놀라이드

7) 자스몬산

자스몬산(jasmonic acid)은 1971년에 식물 병원균(*Lasiodiplodia theobromae*) 배양액에서 식물 성장 저해 물질로 동정되었다. 식물에 병원균을 접종하거나 상처를 내면, 식물 체내의 자스몬산 생성량이 증가하므로 스트레스에 대한 저항력을 향상시킬 수 있다. 자스몬산이 꽃밥(葯) 발달에 필수 인자인 것으로 밝혀짐에 따라서 7번째 식물 호르몬으로 인정받았다. 자스몬산은 세포막 성분인 리놀렌산에서 생합성된다. 자스몬산은 상해시에 스트레스 반응의 정보 전달 정보전달 기능을 가지고 있다.

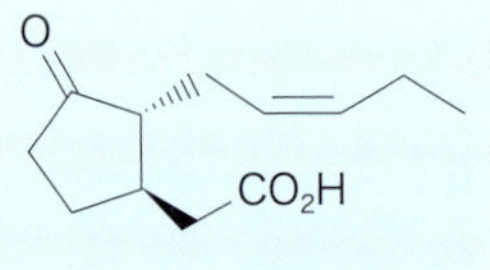

(−)-자스몬산

8) 스트리고락톤

스트리고락톤(strigolactone)은 뿌리 기생 식물인 *Orobanche*의 종자 발아를 자극하는 물질로, 숙주 식물의 뿌리 삼출액에서 분리되었다. 숙주에서 독립적으로 살 수 없는 뿌리 기생 식물은 숙주의 존재를 확인하기 위한 신호 분자로서 스트리고락톤을 이용하고 있다. 또한, 스트리고락톤은 균근균이 숙주 식물을 인식한 후 균사의 분기를 유도하는 물질로, 숙주 식물의 뿌리 삼출액에서도 분리되었다. 균근균과의 공생계는 육상 식물의 대부분에서 발견되며, 또한 배지의 인과 질소 농도가 낮으면 스트리고락톤의 분비량이 현저하게 증가하므로, 식물-균근균 공생계의 성립에 있어서 중요한 식물 호르몬이다. 스트리고락톤은 식물의 분기를 억제하는 기능도 있다. 식물의 지상부의 분기는 1개체 또는 1주당 꽃과 열매의 수에 영향을 미치기 때문에, 농업에 있어서 중요한 형질이다. 예를 들어, 식물은 영양이 풍부한 재배 조건에서는 분기를 늘려서 왕성하게 생육하고, 영양 결핍 조건에서는 분기를 최소화한다. 스트리고락톤의 생성량 변화가 이와 같은 분기 발달에 관여하고 있을 것으로 여겨지고 있다.

스트리고락톤의 생합성 돌연변이체의 원인 유전자로서 카로티노이드 분열 효소 유전자가 분리되었고, 이러한 실험 결과를 바탕으로 해서 스트리고락톤이 카로티노이드 생합성과 연관되어 있을 것으로 추정하고 있지만, 아직까지 정확한 합성경로에 대해서는 밝혀지지 않았다.

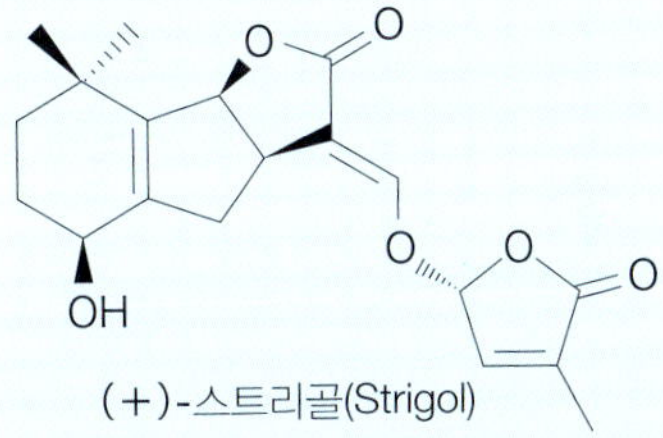

(+)-스트리골(Strigol)

9) 생리 활성 펩티드

앞서 언급된 모든 식물 호르몬은 저분자 화합물이다. 포유류와 곤충에서는 증식 인자와 성 페로몬 등의 펩티드 호르몬이 많이 발견되었고, 식물에서는 1991년에 처음으로 상해 신호를 식물체 전신에 전달하는 정보 인자로서 18개의 아미노산으로 구성된 작은 분자량의 펩티드인 시스테민이 토마토에서 발견되었다. 또한, 1996년에는 아스파라거스 배양 세포의 세포 분열 촉진 인자로서 파이토설포카인(Phytosulfokine)이 동정되었다. 파이토설포카인은 아미노산 5개로 구성되며, 그중 2개의 타이로신이 황산 에스테르화되어 있다. 이러한 펩티드의 유전자는 전구체 단백질을 코딩하고 있으며, 번역 후 절단과 수식에 의해 활성형 펩티드로 변환된다. 또한, 최근에는 정아 분열 조직에서 세포 분열과 분화를 조절하는 인자로 동정된 *CLAVATA3* 유전자가 14개의 아미노산으로 구성된 펩티드를 생성한다는 것이 밝혀졌다. 애기장대에는 *CLAVATA3*와 유사한 유전자가 다수 존재하기 때문에, 정확한 기능이 밝혀지지 않은 많은 생리 활성 펩티드가 존재할 것으로 예상된다.

식물의 영양 성장에서 생식 성장으로의 전환을 화성(花成)이라고 한다. 화성은 일장, 온도, 영양 상태 등 다양한 요인에 의해 유도되므로, 이 정보 전달에 관한 화성 호르몬(플로리겐)의 존재가 예상되었다. 최근 애기장대의 화성 지연 돌연변이의 원인 유전자인 *FT*가 화성 호르몬의 본체일 가능성이 제시되었다. 즉, 일장 조건에 의해 잎의 유관속 세포에서 발현한 FT 단백질이 경정(茎頂)으로 이동해서 화성을 유도한다는 것이 밝혀졌다. 화성 호르몬과 같은 생리 활성 물질에 의해 화성을 제어할 수 있다면, 농업과 원예 산업에 많은 도움을 줄 수 있을 것이다.

이처럼 식물 호르몬은 식물의 형태와 개화 결실 등의 농업적으로 중요한 형질의 발현에 깊이 관계하는 물질이므로, 그 생합성과 수용에 관한 효소 유전자는 작물 육종시 수량 증진, 병저항성, 스트레스 내성 등의 특정 목적 형질 선발의 마커로 활용되고 있으며, 향후 더 중요한 위치를 차지할 것이다. 특정 식물 호르몬을 외부에서 처리하여 발아 및 발근, 줄기 신장, 개화 결실시기를 조절할 수 있게 되므로 그 응용 범위는 더욱 확대될 것이다.

녹색혁명(Green Revolution)

COLUMN

약 10억 명의 생명을 구한 녹색혁명의 아버지인 노만 볼로그(Norman Borlaug)는 길고 가는 줄기를 가진 밀의 품종을 연구하였다. 키가 큰 밀 목초(wheat grass)들은 햇빛을 받는 데 경쟁력이 있었지만, 밀 이삭이 더 많아지면 쓰러지는 경향이 있었다. 이러한 현상을 방지하기 위하여, 그는 큰 이삭머리(seed head)를 지탱할 수 있는 짧고 강한 줄기를 갖도록 밀을 교배하여 왜소화하였다. 1953년, 볼로그는 일본으로부터 다양한 왜소화된 밀(dwarf wheat)의 품종을 얻어 북아메리카 품종과 교잡함으로써, 무거운 이삭의 하중을 지탱할 수 있는 굵고 강한 줄기를 가진 반왜성(半矮性, semi-dwarf) 품종을 개발하였다.

1963년 멕시코 밀 수확량의 95%는 볼로그에 의해서 개발된 반왜성 품종들을 사용하였으며, 그 해 밀의 수확량은 1944년 볼로그가 멕시코에 도착하였을 때에 비해 6배 증가하였다. 멕시코는 밀 생산량에서 충분히 자급자족하게 됨에 따라 밀을 수출하게 되었다.

또한, 이를 바탕으로 인도와 파키스탄에서 소위 "녹색 혁명"의 불꽃을 점화시켰다. 파키스탄은 밀을 1968년에 자급자족하게 되었고, 인도는 모든 곡물에서 1974년에 자급자족하게 되었다. 두 나라에서의 곡물 생산은 인구 증가를 지속적으로 앞지르고 있는데, 1964년부터 2001년 사이 인도에서는 밀 생산량이 1억 2천만 톤에서 7억 5천만 톤으로, 파키스탄에서는 2억 2천만 톤에서 4억 5천만 톤으로 증가하였다. 이러한 공로로 블로그는 1970년 노벨평화상을 수상하였다.

녹색혁명의 아버지-노만 볼로그(Norman Borlaug)

3 식물의 필수원소와 영양원소

식물의 필수원소로서, 탄소, 수소, 산소, 질소, 인, 칼륨, 황, 칼슘, 마그네슘, 염소, 붕소, 철, 망간, 구리, 아연, 니켈, 몰리브덴 등 17가지가 현재까지 알려져 있다.

표 3-1은 속씨식물뿐만 아니라 토양과 포유동물에 포함된 주요 원소의 조성을 표시하고 있다. 포유동물은 몸을 뼈와 단백질로 지지하는 반면에, 식물은 다당류로 구성된 세포벽을 팽압으로 식물체를 유지시킨다. 동물은 몸을 뼈로 지탱하기 때문에 히드록시 아파타이트(hydroxyapatite)를 구성하는 Ca, P, F가 구성 물질 중 다수를 차지하고 있다. 토양 및 식물체의 원소 비율에서 간단한 농축 비율을 보면, 필수원소에서는 질소, 염소, 붕소, 인, 황, 아연 그리고 대기로부터 흡수되는 탄소의 농축률이 높으므로, 탄소와 질소의 공급이 식물의 생육에 영향을 크게 미친다는 것을 알 수 있다.

식물은 대기로부터 이산화탄소를 흡수하고, 뿌리로부터 물과 무기 염류를 흡수한다. 이들을 체내에서 대사시켜 영양으로 바꾼다. 생물이 자신의 세포를 유지하기 위해 필요한 원소를 필수원소라고 부른다. 특정 원소가 식물의 필수원소로 인정되기 위해서는

① 그 원소가 결핍되면, 종자 → (발아) → 유식물 → (영양 성장) → 성숙 식물 → (생식 성장) → 종자 형성(숙성)이라는 생활상이 형성될 수 없고, 특정 원소에 의한 결핍 현상이 그 특정 원소에 의해 해결되어야만 한다. 더불어서 그 원소의 결핍에 의한 생육 장해는 그 원소의 첨가에 의해서만 회복해야 한다.

② 그 원소를 구성 요소로 하는 세포에 필요한 세포 성분과 효소가 존재해야 한다.

③ 그 원소의 기능이 생육을 저해하는 물질의 작용을 억제하거나 특정 환경에서만 생육을 촉진시키지 말아야 한다.

등의 기준을 충족시킬 필요가 있다. ①을 증명하기 위해서는 해당 원소만을 제거한 후 엄격한 재배 시험을 실시해야 한다. ②를 증명하기 위해서는 해당 물질을 정제하여 구성 원소를 분석해야 한다. ③에 해당하는 원소로는 벼과 식물의 성장기간 동안 일어나는 규소, 칼륨 결핍시 나트륨의 보안 작용 등이 있다. 이들 원소는 ①의 기준을 만족하지 않기 때문에 식물의 필수원소로 보고되지는 않지만, 실제 농업에서 작물의 생육량과 품질 향상에 규산이나 나트륨이 유용한 경우가 있으

표 3-1 해수, 토양, 속씨식물, 토양 중의 원소 조성

원소	해수	토양	속씨식물	포유류	속씨식물에 의한 토양 원소의 농축률
	(mg/kg)				(피자식물/토양)
C	28	20,000	454,000	484,000	ND
H	108,000	—	55,000	66,000	ND
O	857,000	490,000	410,000	186,000	0.8
N	0.50	1,000	30,000	87,000	30.0
P	0.07	650	2,300	43,000	3.5
K	380	14,000	14,000	7,500	1.0
S	885	700	3,400	5,400	4.9
Ca	400	13,700	18,000	85,000	1.3
Mg	1,350	5,000	3,200	1,000	< 1
B	4.6	10	50	< 2	5.0
Cl	19,000	100	2,000	3,200	20.0
Fe	0.010	38,000	140	160	< 1
Mn	0.002	850	630	0.2	< 1
Cu	0.003	20	14	2	< 1
Zn	0.010	50	160	160	3.2
Ni	0.005	40	3	< 1	< 1
Mo	0.010	2	0.9	< 1	< 1
Na	10,500	6,300	1,200	7,300	< 1
Si	3	33,0000	200	120	< 1
Co	0.00027	8.0	0.5	0.3	< 1
Al	0.01	71,000	550	< 3	< 1
F	1.3	200	1	500	< 1
Br	65	5	15	4	3.0
I	0.06	5.0	0.4	0.4	< 1

Bowen, H. J. M.: Trace elements in biochemistry, Academic Press, 1966.

므로, 이를 유용원소라고 한다.

이 장에서는 위의 17가지의 원소 중에서, 탄소, 수소, 산소 이외에 주로 토양으로부터 흡수되는 14가지의 원소와 유용원소에 대한 생리작용, 결핍 및 과잉 증상의 특징, 흡수 기구, 세포 내에서의 대사에 대하여 상세히 설명한다.

1. 질소와 황[1)]

질소는 산소, 탄소, 수소에 이어 식물체 내에서 4번째로 많이 함유되어 있다. 질소 원자는 반

[1)] 杉本敏男

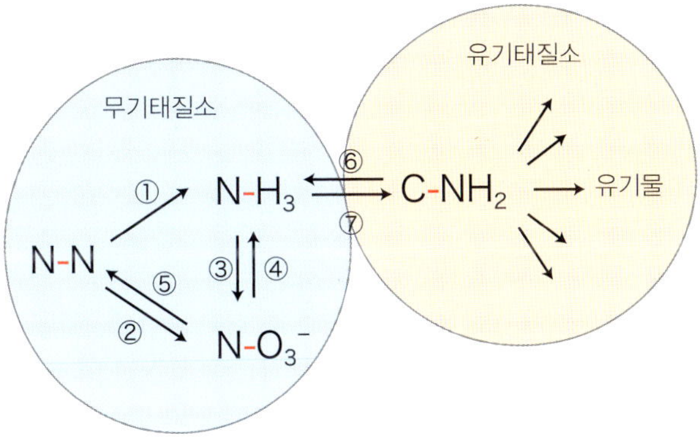

그림 3-1 생태계 내에서의 질소 원자의 순환과 형태 변화 분자상 질소는 환원되어 암모니아를 생성한다①. 암모니아는 산화된 질산 이온이 되거나③, 탄소 골격에 흡수된 후 α-아미노기를 형성해서⑥, 유기물로 대사된다. 유기물은 최종적으로 α-아미노산으로 돌아가서, 아미노기로부터 암모늄 이온을 방출한다⑦. 질산 이온은 질소 분자로 환원되거나②, 암모니아로 환원된다④. 또한, 질산 이온으로 변환되기도 한다⑤.

응성이 높고, 수소, 산소, 탄소와 쉽게 결합한다. 생태계에서 질소의 형태 변화는 간단하다. N_2는 NH_4^+로 환원되고, 이어서 산화되어 NO_3^-로 변환된 후, 환원되어 N_2로 돌아온다. 이 과정에서 NH_4^+가 글루타민산 α-아미노기의 C-N 결합을 형성시켜 흡수됨으로써, 생물계에서의 유기태질소 순환이 시작된다. 이 C-N 결합 형성은 질소의 유기화를 촉진시킨다. C-N 결합은 산화적, 환원적으로 분해되고, 질소는 NH_4^+ 형태로 방출된 후 무기태질소로 돌아간다(**그림 3-1**).

배위 결합(配位結合, coordinate covalent bond)

두 원자가 공유 결합을 할 때 결합에 관여하는 전자가 형식적으로 한 쪽 원자에서만 제공되어 결합된 경우를 말한다.

배위 화합물(配位化合物, coordination compound)

착화합물이라고도 하며, 비어 있는 오비탈이 많은 중심 금속 이온에 리간드의 고립 전자쌍이 배위결합을 통해 형성된다.

질소 원자의 최외각에는 한 쌍의 비공유 전자가 있고, 이 전자는 d 궤도를 가진 전이 금속 원자에 공급되어 배위 결합을 형성한다. 질소 원자, 산소 원자의 배위 결합을 형성하는 능력에 따라서 시토크롬의 철이나 구리, 전사 조절 인자의 아연 등과 같은 유기물이 금속 이온을 유지할 수 있다. 또한, 질소-수소, 질소-산소, 질소-탄소 원자의 결합이 ATP 등을 이용한 인산결합을 통해 쉽게 이뤄지고, 생명 유지에 사용되기 쉬운 원소이기 때문에, 식물체 내에서 생명 활동의 중심적 원소로서 인정받고 있다. 그러므로 질소 획득을 둘러싼 생물 간, 개체 간의 경쟁은 매우 치열하다.

황은 산소의 동족 원소로, 환경에서 순수한 황과 산화형인 황산 이온으로 안정적으로 존재한다. 황은 질소처럼 토양 유기물에 포함된 토양 미생물에 의해서 무기화되어 황산 이온이 된다. 이 이온이 식물에 흡수되면, 질산 이온과 마찬가지로 엽록체에서 환원되어 시스테인이 된다. 황이 부족해지면 시스테인과 메티오닌 등의 황 함유 아미노산이 합성되지 않으므로, 질소 결핍 때와 유사한 결핍현상을 나타내게 된다. 인간을 비롯한 동물은 황산 이온 환원 능력을 갖고 있지 않기 때문에, 식물에 의한 황산 이온의 환원과 아미노산 합성(유기화)은 동물에게 있어서 매우 중요하다.

1) 토양 중 질소[1)]

토양에서 질소는 암모늄 이온과 질산 이온의 무기태, 그리고 부식질과 결합한 유기 상태로 존재하고 있다(☞ 제5장 1 "지력"). 암모늄 이온은 음전하를 띠는 점토 광물에 함유되어 있다. 산소가 적은 논토양에서는 암모늄 이온이 주요 형태이지만, 일반 밭토양은 호기성이므로 유리화된 암모늄 이온은 질화균의 작용에 의해 질산 이온으로 산화된다. 암모늄 이온이 질산 이온으로 산화될 때 양성자가 방출되는데, 점토 광물의 칼슘 이온과의 이온 교환 반응이 일어나서 칼슘 이온이 질산 이온의 짝 이온이 된다. 질산 이온은 토양에 흡착되기 어려우므로, 토양 내 질산염은 물의 움직임에 따라 이동한다.

토양이 산성인 경우에는 질산화가 일어나기 어렵다. 따라서 산성 토양을 좋아하는 차나무와 논에서 재배되는 벼는 암모늄 이온을 흡수한다. 암모늄 이온은 양이온이므로, 고농도로 존재하면 식물의 칼륨과 마그네슘 이온의 흡수가 길항적으로 억제된다. 한편, 질산 이온은 음이온이므로 식물이 좋아하는 칼슘, 칼륨 이온 등의 짝 이온이 되어 양이온과 함께 식물에 잘 흡수된다. 주로 밭에서 재배되며, 질산 이온을 선호하는 작물을 대상으로 해서 수경재배로 배양액 pH를 일정하게 유지하면서 낮은 농도의 암모늄 이온을 주면 왕성하게 생육하므로, 질산 이온과 암모늄 이온 모두 좋은 질소원이 됨을 알 수 있다. 질소의 형태에 대한 식물의 기호에서 재배시의 pH 및 농도도 고려해야 할 필요가 있다.

암모늄 이온이나 질산 이온이 토양에서 생성되도 토양 미생물에게 즉시 흡수되어 이용되므로, 식물이 사용할 수 있는 양은 적다. 이 때문에 대부분의 토양에서, 암모늄 이온이나 질산 이온의 공급량이 식물의 생육을 규정하게 된다. 식물은 토양의 단백질을 세포의 탐식 작용에 의해 원래의 형태로 흡수하는 경우도 있다(**그림 3-2**). 그러나 식물의 질소 흡수 총량에 대한 기여의 정도는 불분명하다.

2) 질소의 생리기능[1)]

질소는 식물의 중요한 구성성분이다. 식물에 존재하는 질소를 포함하는 화합물은 아미노산(단백질), 염기(DNA, RNA, 염기 핵산) 막 지질인 포스파티딜에탄올아민, 세포벽을 구성하는 글루코사민, 리그닌, 알칼로이드와 같은 2차 대사산물 등 다양하게 존재한다(**그림 3-3**). 인간을 비롯한 동물은 암모늄 이온이나 질산 이온 등의 무기태질소로부터 아미노산과 단백질, 핵산 등의 유기태

[1)] 杉本敏男

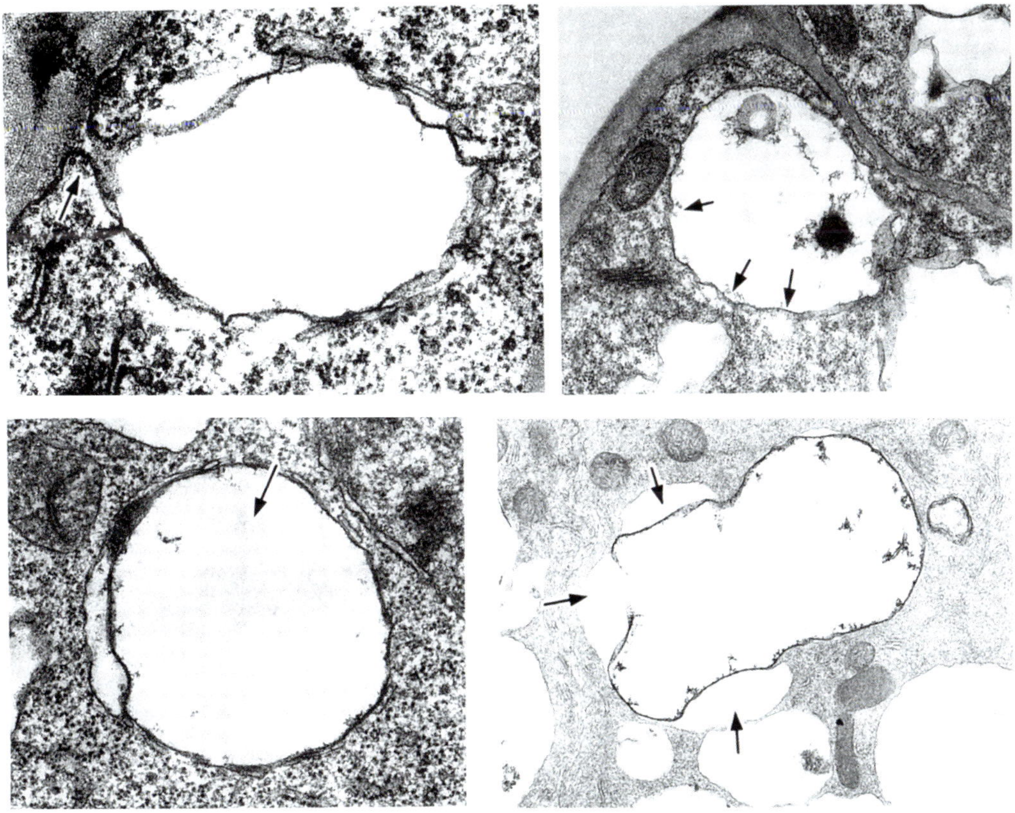

그림 3-2 헤모글로빈을 단독 질소원으로 수경재배한 벼 뿌리의 전자현미경 관찰 화살표의 설명 : 세포막의 수축해서 들어간 부분(위/왼쪽), 막 내측으로 부착된 입상 물질(위/오른쪽), 세포 내에 분리되어 수축해서 들어간 부분(아래/왼쪽), 수축해서 들어간 부분을 둘러싼 구조(아래/오른쪽). (사진 제공: 西澤直子)

질소를 생성하는 능력이 없다. 하지만, 식물은 토양에서 질산 이온과 암모늄 이온 등의 무기태질소를 흡수한 후, 광합성에서 얻은 에너지를 이용하여 단백질과 핵산 등의 구성 요소로 이용한다.

벼와 옥수수 잎의 단백질 성분을 **그림 3-4**에 나타냈다. 잎에서 대부분의 단백질은 엽록체에 포함되어 엽록체 틸라코이드 막에 존재하며, 명반응에 관여하는 단백질과 암반응에 관여하는 스트로마에 존재하면서, 이를 수행하는 효소 단백질로 역할을 담당하고 있다. C3형 광합성을 하는 벼에는 리불로오스 카르복실화효소/산소화효소(Rubisco)의 양이 특히 많다. 광합성 활성과 Rubisco 양에는 양의 상관관계가 있으므로(**그림 3-5**), 식물체 내의 질소 함량에 의해 Rubisco 활성이 좌우돼서 광합성 양 또한 직접적으로 영향을 받게 된다. C_4 식물인 옥수수에도 이산화탄소 농축에 관여하는 포스포엔올피루브산(PEPC) 단백질이 많이 존재한다. **그림 3-6**은 적절한 질소 시비가 잎의 단백질 함량을 증가시켜서 광합성을 촉진하고, 수확량을 증가시킴을 보여주고 있다. 하지만, 질

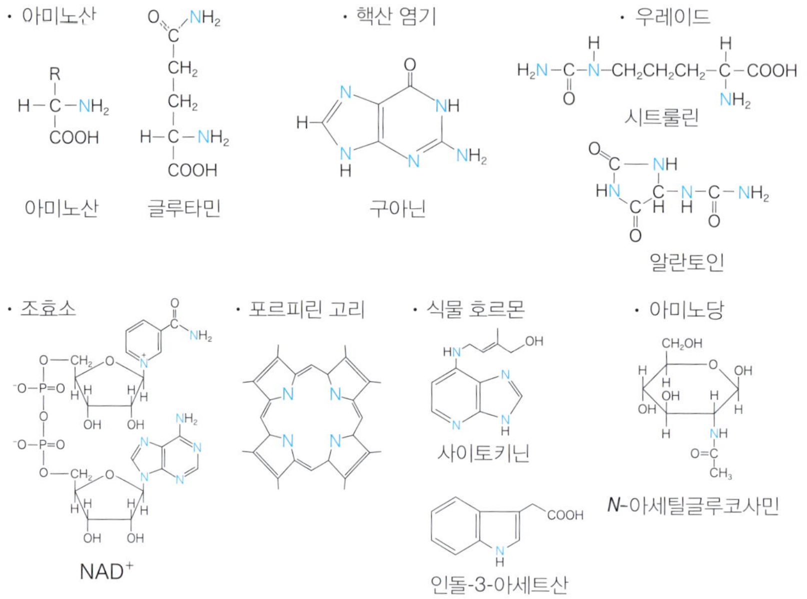

그림 3-3 식물 체내의 질소를 함유하고 있는 화합물들

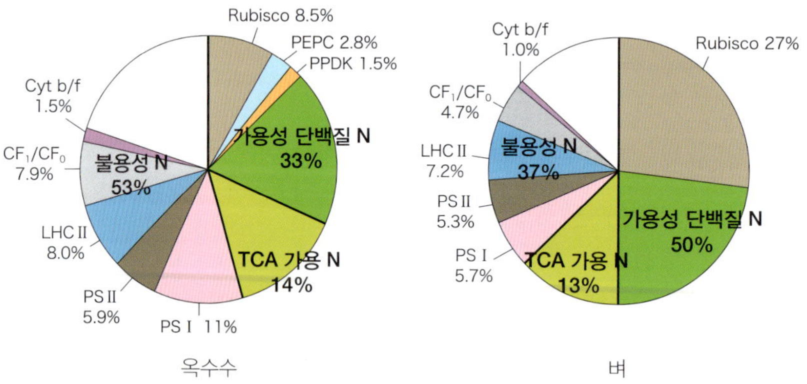

그림 3-4 옥수수와 벼의 어린 잎에서의 질소 분포도 PEPC: phosphoenolpyruvate carboxylase, PPDK: pyruvate orthophosphate dikinase, TCA: trichloroacetic acid, PS: photosystem, LHC: light-harvesting chlorophyll protein complex, CF: coupling factor, Cyt: cytochrome, 수치는 엽신 전 질소량에 대한 비율.
(Makino, A. et al.: Plant Cell Physiol. 44, 952-956, 2003)

소가 부족하면, 잎 색깔이 희미해지고 광합성이 저하되어 생육도 저하한다(**그림 3-7**). 또한 질소의 공급이 너무 많으면, 잎 색깔은 짙어지고 체내에 유리 아미노산이 과다하게 축적되어서 해충의 피해가 증가하며, 벼에서는 영양 성장에서 생식 성장으로의 전환이 늦어짐에 따라 개화가 늦춰지고, 식물체가 약해져서 쉽게 도복하게 된다.

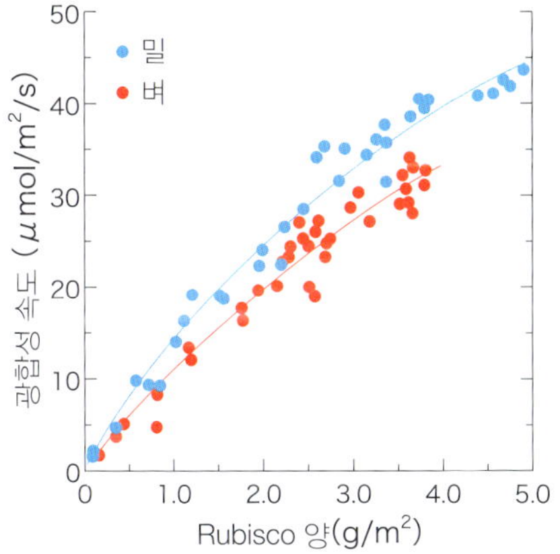

그림 3-5 밀과 벼의 Rubisco 양과 광합성 속도의 관계 광합성 속도와 광 강도 1,800 μmol/m^2/s, 잎 온도 25°C, CO_2 분압 36 Pa, 수증기압 포차 1.1 kPa에서 측정되었다. (Makino, A. et al.: Planta 174, 30-38, 1988)

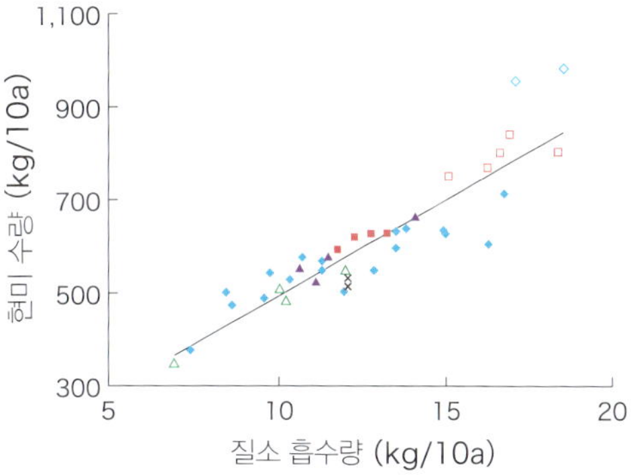

그림 3-6 벼의 질소 흡수량과 수량의 관계 (安藤豊, 2006)

그림 3-7 수경 밀 뿌리의 길이 차이 왼쪽: 질소 첨기 재배, 오른쪽: 질소 결핍 새배, 발아 후 1주간 밀을 수경재배하였다. 처리 후 6주간 성장한 식물체 비교 사진.

3) 무기태질소의 흡수와 수송

(1) 암모늄 이온의 흡수[2)]

암모니아(NH_3)는 물속에서 암모늄 이온(NH_4^+)과 평형 상태에 있다(식 3-1). 암모늄 이온의

2) 山谷知行

표 3-2 애기장대에서 분리된 암모니아 트랜스포터

종류	발현 부위	Km (μM)	추정되는 기능
AtAMT1 ; 1	뿌리털, 피층	50	외부로부터의 수송
AtAMT1 ; 2	뿌리 내초, 피층	234	아포플라스트 경유의 수송
AtAMT1 ; 3	뿌리털, 표피	61	외부로부터의 수송
AtAMT1 ; 4	화분	17	화분 세포에서의 질소대사?
AtAMT1 ; 5	뿌리털, 표피	5	불명확, 센서?
AtAMT2 ; 1	약하게 길항적	불명확	불명확

해리 상수 pK_b는 9.25이므로, 세포 내의 pH 환경에서는 대부분의 분자가 전하를 가진 암모늄 이온으로 존재한다. 따라서 암모늄 이온은 특이적인 수송체(transporter)를 이용하여 생체막을 투과한다.

$$NH_3 + H_2O \rightleftarrows NH_4 + HO^- \quad pK_b = 9.25 \tag{3-1}$$

1996년, 애기장대에서 효모의 암모늄 이온 수송체 단백질 정보를 기본으로 해서 식물의 암모늄 이온 수송체가 동정되었고, 추가적으로 6종류의 암모늄 이온 수송체가 발견됨에 따라 기능적 연구를 수행 중에 있다. 이러한 유전자 산물 단백질은 실제로 암모늄 이온을 수송하고, 식물체의 다양한 장소에서 발현하여 특정 기능을 수행한다(**표 3-2**). 이 중 암모늄 이온에 대한 친화성이 높은 A*tAMT1;1~3* 유전자는 질소 결핍 조건하에서 발현하며, 암모늄 이온 흡수의 약 90%를 담당하고 있다. 벼에서는 10종류의 암모늄 이온 수송체와 유사한 유전자가 발견되었고, 뿌리 및 지상부에서 발현하여 기능하는 유전자와 뿌리 특이적 발현 양상을 보이는 유전자들의 기능/조직 특이적 양상에 대한 연구가 진행되고 있다. 벼의 암모늄 이온 수송체 중 *OsAMT1;2* 유전자는 뿌리의 표층 세포와 중심주에서 강하게 발현하고, 암모니아 흡수 또는 물관으로의 로딩(적재)에 관여하는 것으로 생각된다.

(2) 질산 이온의 흡수—2종류의 질산 이온 수송 시스템[3)]

식물은 2종류의 질산 이온 수송 시스템을 가지고 있다. 0.01~0.1 mM의 높은 고농도 친화성 수송계(high-affinity transport system, HATS)가 있으며, 이 수송계는 저농도 영역(0.5 mM 이하) 조건하에서 질산 이온 흡수에도 관여한다. HATS에는 기질이 되는 질산 이온에 의해 유도되는 것과 질산 이온이 없어도 구성적으로 발현하는 것이 있다. 한편, 고농도 영역의 질산 이온(0.5 mM 이상) 흡수에는 낮은 친화성 수송계(low-affinity transport system, LATS)가 주로 관여한다.

3) 末吉　邦

이러한 2개의 질산 이온 수송계를 코딩하는 유전자는 *NRT1*과 *NRT2*가 존재하며, 두 유전자가 관여하는 수송계에서는 세포 내외의 pH의 차이를 이용하여 1몰의 질산 이온이 2몰의 양성 와와 함께 공동 수송된다(**그림 3-8**).

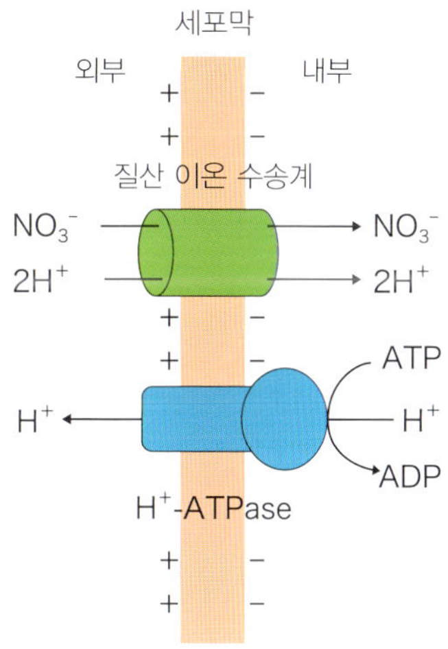

그림 3-8 질산 이온의 이차 능동수송 모델

a. 낮은 친화성 질산 이온 트랜스포터 NRT1

염소산 이온(ClO_3^-)은 질산 이온과 구조가 비슷하여, 이를 배양액에 첨가하면 질산 이온 트랜스포터를 통해 흡수되어 질산 환원효소에 의해 독성이 강한 아염소산 이온(ClO_2^-)으로 환원되므로, 식물이 고사하게 된다. 그러나 질산 이온 트랜스포터가 변이된 식물에서는 염소산 이온이 흡수되지 않으므로 고사하지 않는다. 염소산염 첨가 배양액에서 고사하지 않는 돌연변이 애기장대로부터 질산 이온 트랜스포터 *NRT1* 패밀리 유전자가 분리되었다. 이 단백질은 590개의 아미노산으로 구성되어 있고, 분자량 65 kDa, 12개의 막 관통 헬릭스 구조를 가지고 있다. 게놈의 전체 염기 서열이 밝혀지고 있는 애기장대에서 *NRT1* 유전자 후보가 수십 개 동정되었고, 토마토와 유채 등에서도 *NRT1.1* 상동 유전자가 발견되었다.

b. 높은 친화성 질산 이온 트랜스포터 NRT2

NRT2 유전자는 질산 이온 흡수 능력이 결손된 붉은빵곰팡이 돌연변이에서 처음 발견되었으며, *NRT2* 상동유전자가 녹조류, 효모, 다양한 고등식물에서 분리되었다. *NRT2* 유전자도 동일한 식물 중에 복수로 존재하며, 애기장대에서 7개, 보리에서 4개, 밀에서 3개의 NRT2가 분리되었다. 식물의 NRT2는 약 500잔기의 아미노산으로 이루어지며, 12개의 막 관통 헬릭스를 가진 막 단백질로서, C말단의 약 60~70잔기가 세포질 쪽으로 노출되어 있다(**그림 3-9**). NRT1 패밀리 단백질

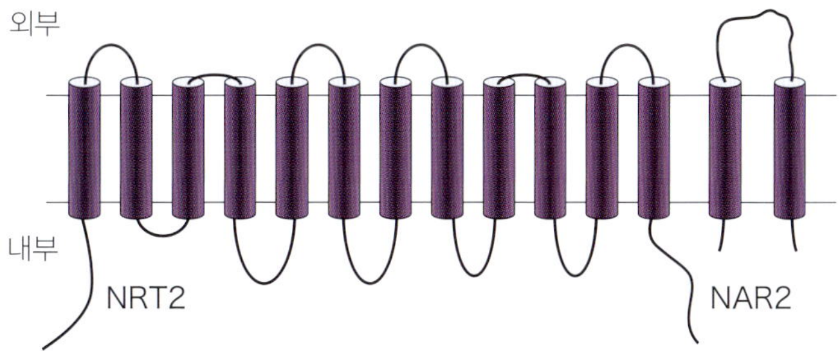

그림 3-9 질산 이온 트랜스포터(NRT2)와 NAR2의 막 내 배치도

과 NRT2 패밀리 단백질 사이에는 아미노산 서열의 상동성은 없다. *NRT2* 유전자의 발현은 질산 이온에 의해 촉진되고, 질산 이온의 대사 생성물인 글루타민 농도가 상승하면 억제된다. 또한, 유도성 HATS의 활성 변화는 특정 *NRT2* 유전자의 발현량 변화와 매우 일치한다. 식물의 NRT2가 활성을 발휘하기 위해서는 약 20 kDa의 작은 NAR2 단백질이 함께 발현하여야 하지만, NAR2의 기능은 아직까지 불분명하다.

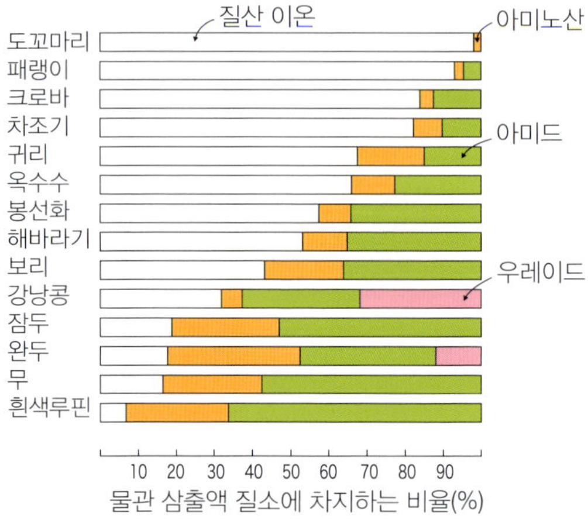

그림 3-10 물관액의 질소 성분 조성 (Pate, J. S.: Soil Biol. Biochem., 5, 109-119, 1973)

(3) 질소의 지상부 수송[1)]

뿌리에서 흡수된 암모늄 이온이나 질산 이온은 지상부로 수송된다. 암모늄 이온을 공급해 준 식물의 물관액에서는 암모늄 이온이 거의 검출되지 않고, 아미노산과 아미드 형태로 변환되어 존재한다. 또한, 뿌리에 글루타민 합성효소의 특이적 저해제를 주면, 지상부로의 질소 수송은 완전히 억제되게 된다. 질산 이온의 일부는 뿌리에서 아미노산까지 대사되고, 일부는 지상부로 보내져서 잎에서 대사된다. 뿌리에서 질산 이온이 환원되는 비율은 식물종 및 질산 이온의 흡수량에 따라 변화한다(**그림 3-10**).

아미노산(amino acid)

아미노산은 생물의 몸을 구성하는 단백질의 기본 구성 단위로, 단백질을 완전히 가수분해하면 암모니아와 함께 생성된다. 화학적으로 아미노기와 카복시기를 포함한 모든 분자를 지칭하기도 하며 화학식은NH_2CHR_nCOOH(n=1~20)이다.

아미드(amide)

아미드는 화학에서 질소 원자(N)가 카보닐기(R-C=O), RSO2, R2PO 작용기와 연결된 유기화합물이다. 아미드는 $R_nE(O)_xNR'_2$의 형태를 띈다. 가장 흔한 것은 카르복스아마이드(유기아마이드) (n = 1, E = C, x = 1)이다. 또는 NH_2^- 음이온을 가지고 있는 금속 아미드(무기화합물)을 일컫기도 한다. 리튬 아미드 등이 있다.

4) 식물체 내에서의 질소대사

(1) 질산 이온의 환원[3)]

a. 질산 환원효소

질산 환원효소(NR)는 NADH 또는 NADPH를 전자 공여체로 이용하며, 질산 이온으로부터 아질산 이온에 2전자 환원을 촉매하는 효소이다(식 3-2).

$$NO_3^- + NAD(P)H + H^+ + 2e^- \rightarrow NO_2^- + NAD(P)^+ + H_2O \quad (3\text{-}2)$$

효소 단백질은 100~120 kDa의 동일한 서브 유닛 2분자로 이루

1) 杉本敏男, 3) 末吉　邦

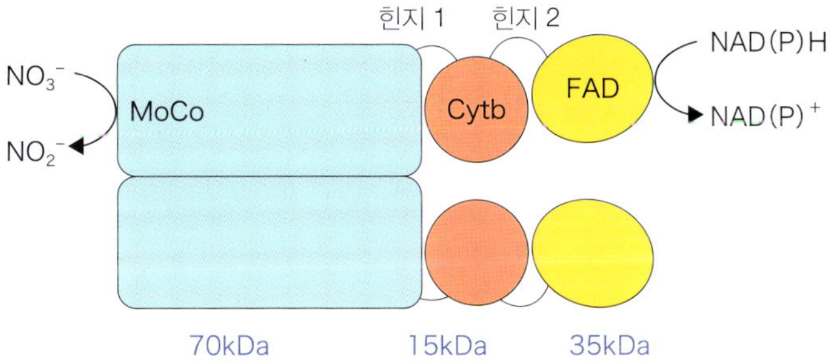

그림 3-11 질산환원효소의 구조

어진 호모 이량체로서, 각 서브 유닛은 3개의 기능 도메인으로 구성되어 있다(**그림 3-11**). 각각의 기능 도메인으로서 C말단부터 FAD, 헴(시토크롬 b557), 몰리브덴 조효소(MoCo)와 결합하고, 도메인 사이는 2개의 힌지 영역으로 연결되어 있다. 가장 큰 MoCo 결합 도메인은 서브 유닛끼리의 결합에도 참여하고 있다. NADH 또는 NADPH에서 전달된 전자는 서브유닛 내부를 통해서, FAD, 헴, MoCo 순으로 전달되어 최종적으로 질산 이온을 환원한다. 몰리브덴이 부족하면, 식물의 NR 활성은 저하된다.

식물의 NR에는 NADH만을 전자 공여체로 하는 NADH-NR가 있고, NADH와 NADPH를 모두 이용할 수 있는 NAD(P)H-NR도 있다. 거의 모든 식물은 뿌리와 잎에 각각 NADH-NR이 존재하지만, 벼과 식물에서는 NAD(P)H-NR이 뿌리에 존재하고 있으며, 특정 역할을 수행하는 것으로 알려져 있다. 보리의 경우, NAD(P)H-NR 활성은 NADH-NR 활성의 10% 정도에 불과하다. 일반적으로 NR 활성은 시금치나 소송채(*Brassica rapa* var. perviridis) 등과 같은 쌍떡잎식물의 엽채류에서는 높고, 벼과 식물에서는 낮다. 많은 식물에서 *NR* 유전자가 분리 동정되었다. NR 서브유닛은 약 900잔기의 아미노산으로 구성되어 있으며, 다양한 식물종의 유전자 간 아미노산 수준에서 상동성이 70~80%로 높게 나타나고 있다.

b. 아질산 환원효소

아질산 환원효소(NiR)는 환원형 페레독신(Fd)으로부터 전사를 받아 아질산 이온을 암모늄 이온으로 환원시킨다(식 3-3).

$$NO_2^- + 6Fd\ (\text{환원형}) + 8H^+ \rightarrow NH_4^+ + 6Fd\ (\text{산화형}) + 2H_2O \qquad (3\text{-}3)$$

이 반응은 엽록체(뿌리에서는 색소체)에서 일어난다. NiR는 60~70 kDa의 분자량을 가지는 단량체 단백질이며, 보결분자족으로서 4Fe-4S 클러스터와 siroheme을 가진다(**그림 3-12**). 전자는 환원형 Fd로부터 4Fe-4S 클러스터와 siroheme으로 전해지고, 마지막으로 아질산 이온에 전달된다. 이와 비슷한 아황산 환원효소도 siroheme을 가진다. 비광합성 조직인 뿌리에서는 Fd는 산화

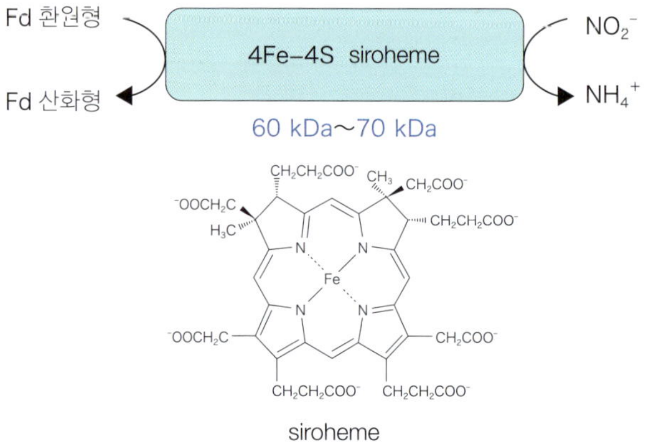

그림 3-12 아질산 환원효소의 구조와 siroheme

적 오탄당인산 경로에서 발생하는 NAD(P)H으로부터 전자를 받는다. NiR는 핵 유전자에 코딩되어 있어, 세포질에서 생합성된 후에 엽록체로 수송된다. 따라서 NiR는 N말단에 엽록체 이행에 필요한 신호 펩티드(Signal peptide, 이행신호)를 가진다.

c. 질산 이온 환원계의 활성 조절

식물은 에너지와 탄소 골격을 낭비하지 않도록 자신의 질소 요구량에 맞게 질산 동화 속도를 제어한다(**그림 3-13**). 이러한 질산 동화 속도 제어 과정 중, 고농도가 되면 독성이 있는 아질산 이온과 암모늄 이온의 과도한 축적을 방지하기 위한 제어가 이루어지며, 이러한 제어 메커니즘은 주로 질

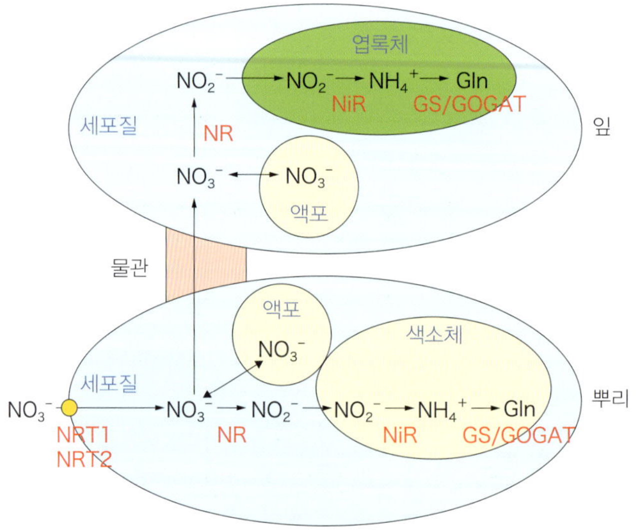

그림 3-13 식물체 내에서의 질소 이온의 흡수와 동화작용 대사과정

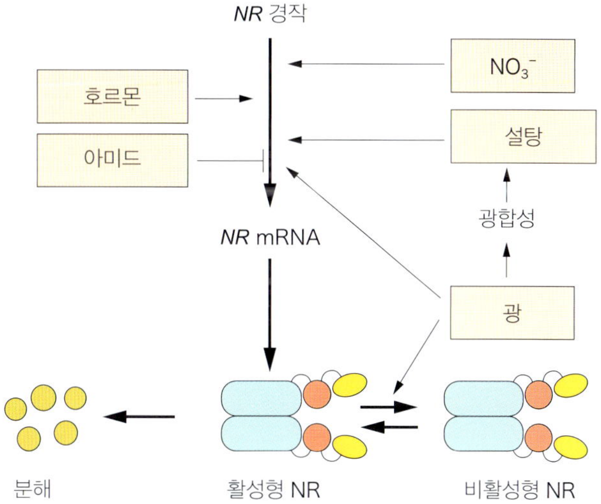

그림 3-14 다양한 신호에 반응하는 질산 환원효소의 제어 모델

산 환원효소에 의해 일어나게 된다(**그림 3-14**).

질산 이온 농도는 *NR* 유전자의 발현 조절에 가장 중요한 신호이다. 식물의 뿌리에 질산 이온을 주면, *NR* mRNA의 축적이 뿌리와 잎에서 몇 분 만에 시작하여 수 시간 후에 최고점에 달한다. NR 효소 활성은 *NR* mRNA의 축적 후 수 시간 후에 활성이 나타나며, 완만하게 상승한다. 광조건하에서 질산 이온에 의해 *NR* mRNA는 전사가 최대치로 일어나게 된다. NR이 합성되어 질산 환원이 활발해지고, 질산 동화 산물인 글루타민 및 기타 아미노산이 세포 내에 집적하게 되면, *NR* 유전자의 발현은 강하게 억제된다. NR은 효소 단백질의 반감기가 수 시간이나 짧으며, *NR* mRNA의 공급이 중단되면 활성이 점차 감소한다. 글루타민과 아미노산이 *NR* 유전자의 발현을 강하게 억제하는 것은 에너지 소비를 수반하는 질산 환원을 불필요하게 진행시키지 않기 위한 것이다. 잎의 *NR* mRNA 양은 일주 리듬을 가지고서 변화하고, 명조건에서는 검출 한계 끝 부분 근처에서 감소하지만, 암조건에서는 상승하기 시작하여 암조건의 끝에 이르러서 최대가 된다. NR 활성은 mRNA의 변화에 수 시간 늦게 변화하므로, 명조건 초반에 최대가 된다. 앞에서 언급한 바와 같이, 잎에서의 *NR* mRNA 양의 변화가 일주리듬을 가지고 있는 것은 잎 속 글루타민의 농도가 *NR* mRNA 양의 변화와는 정반대의 일주리듬을 갖고 있기 때문이라고 생각되고 있다.

잎의 아질산 이온의 환원에는 광합성 전자전달계에서 생성되는 환원형 페레독신으로부터 공급되는 전자가 필요하다. 식물을 어두운 곳에 옮기면 환원력이 멈추므로, 아질산 이온의 환원도 따라서 멈춘다. 이때, NR 활성 또한 즉시 억제됨으로써 아질산 이온의 축적을 방지한다. 이러한 NR 활성의 분 단위에서의 억제는 NR 단백질의 인산화 및 불활성화 단백질의 결합에 의해 이루어진다. 식물을 어두운 곳에 옮기면, NR의 힌지 1영역(그림 3-11)의 세린 잔기(시금치 NR의 경우는

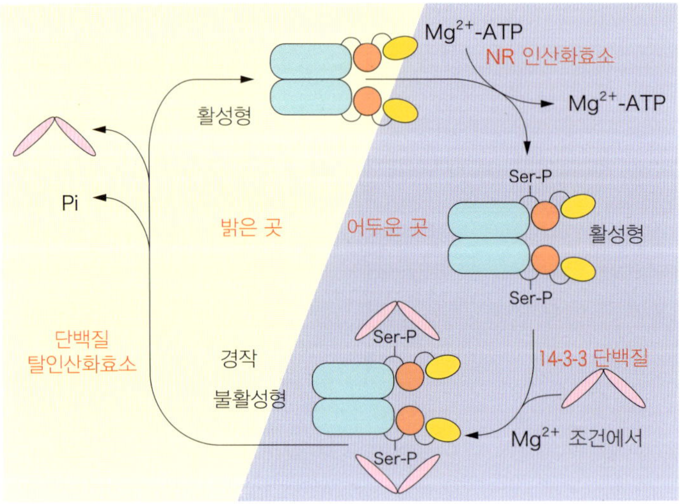

그림 3-15 광조건에서 반응하는 질산 환원효소 활성의 가역적 제어 모델

N말단으로부터 543번째)가 특이적 단백질 키나아제에 의해 인산화되고, 이어서 불활성화 단백질(14-3-3 단백질)이 인산화된 NR에 결합하므로, NR이 활성을 잃게 된다(**그림 3-15**). 식물을 밝은 곳으로 다시 옮기면, NR이 단백질 인산 가수분해효소에 의해서 탈인산화됨과 동시에, 14-3-3 단백질도 떨어져서 재활성화된다. NR을 인산화하는 키나아제 활성은 칼슘 이온 의존성으로 3탄당 인산에 의해 저해된다. 인산화 NR에 14-3-3 단백질이 결합하기 위해서는 마그네슘 이온과 칼슘 이온이 필요하다.

> **계피산(桂皮酸)**
>
> 계피산(영어: cinnamic acid)은 $C_6H_5CHCHCO_2H$라는 화학식을 갖는 유기 화합물이다. 약간의 수용성인 백색의 결정성 화합물이다. 불포화 카복실산으로 분류되며, 많은 식물에 존재한다. 다양한 유기 용제에서 쉽게 녹는다. 트랜스 이성질체가 더 많이 존재하지만, 시스 이성질체도 존재한다.
>
> 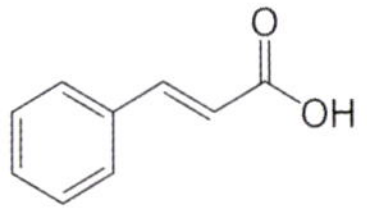

(2) 암모늄 이온의 동화[2)]

a. 세포 내의 암모늄 이온 대사

암모늄 이온은 토양에서 직접적으로 흡수되거나 또는 질산 이온이 흡수되어 환원 과정을 거쳐 암모늄 이온으로 전환되면, 식물체 내에서 대사과정에 이용된다. 즉, ① 광호흡에서, 2분자의 글리신에서 1분자의 세린이 합성될 때, 암모니아의 방출 ④ 탈수소효소에 의한 아미노산 아미노기의 산화적 분해와 아미노산 아미드기(글루타민과 아스파라긴)의 가수분해 반응에 따른 암모니아 방출, ⑤ 페닐알라닌 암모니아 분해효소에 의해 페닐알라닌에서 계피산이 생성될 때(페닐프로파노

2) 山谷知行

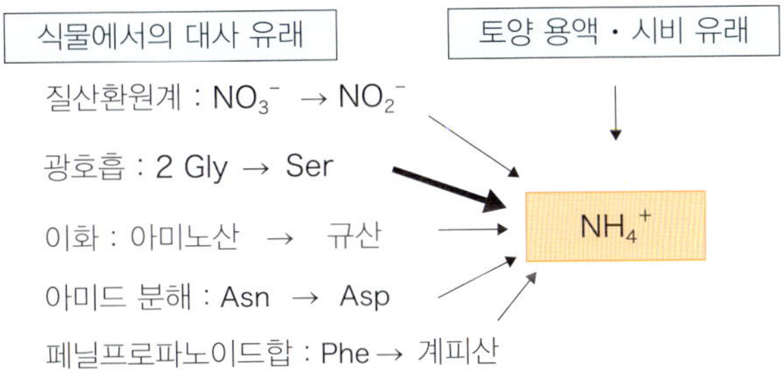

그림 3-16 세포내 암모늄 이온의 유래

이드 합성) 암모니아 방출, ⑥ 푸린 염기, 피리미딘 염기, 크산틴 등 질소 함유 화합물의 분해 반응 등이 있다(그림 3-16). 특히, 광호흡의 암모늄 이온 생성 속도는 뿌리의 암모니아 흡수 속도의 10배 이상에 달하지만, 세포의 암모늄 이온 농도는 10^{-5}~10^{-6} M이며, 발생한 암모늄 이온은 대사 과정 중에 활발히 이용된다.

암모늄 이온이 아미노산 대사 경로에서 첫 단계로 이용되는 경로는 글루탐산 탈수효소에 의한 글루탐산 합성 경로일 것으로 추측된다.

$$\alpha \text{ 케토글루타르산} + NH_4^+ + NADH + H^+ \rightleftarrows \text{글루탐산} + NAD$$

그러나 1974년, 글루타민 합성효소(GS; EC6.3.1.2)와 페레독신(Fd)에 의존하는 글루탐산 합성효소(Fd-GOGAT; EC1.4.7.1)가 결합해서 암모늄 이온을 글루탐산으로 변환하는 GS/GOGAT 사이클(그림 3-17)이 발견되었다.

GS/GOGAT 사이클이 암모늄 이온 동화의 주요 경로일 것으로 추측되는 이유는, ① ^{15}N으

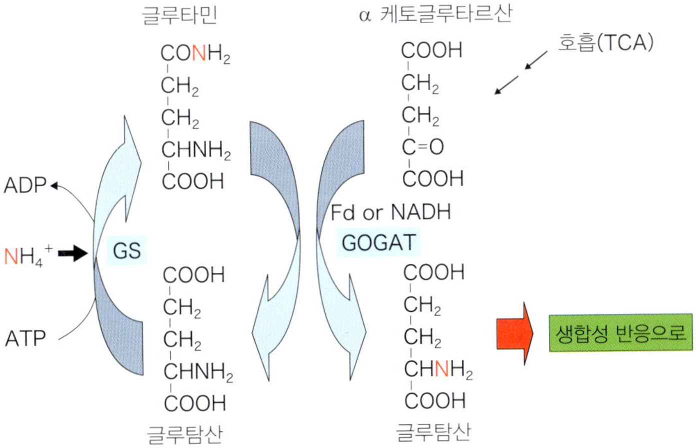

그림 3-17 GS/GOGAT 사이클

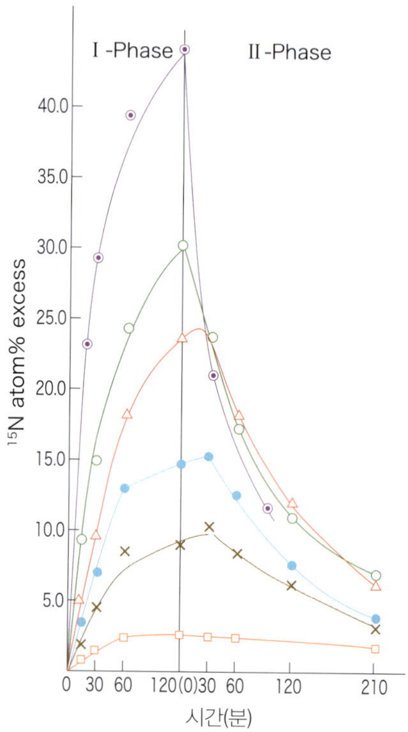

그림 3-18 벼에서의 ^{15}N으로 표지한 암모늄 이온 흡수 효율을 보기 위한 펄스-체이스 실험(pulse-chase experiment) 벼 유식물에 $^{15}NH_4^+$을 2시간(I-phase) 처리한 후, $^{14}NH_4^+$을 처리할(II-phase) 하고 나서 뿌리의 암모늄 이온(◉), 글루타민(○), 글루탐산(△), 아스파르트산(●), 알라닌(×), 아스파라긴(□)의 ^{15}N 농도 변화. ^{15}N을 처리하고 나면 처음에 클루타민이 증가하고 후에 글루탐산이 증가하게 된다. 이후 배양액을 $^{15}NH_4^+$에서 $^{14}NH_4^+$로 교환하면, 글루타민의 ^{15}N이 가장 빠르게 저하된다. 이러한 결과는 $^{15}NH_4^+$가 글루타민 합성을 위해 가장 먼저 흡수하게 된다는 것을 나타낸다. (光山忠克・熊沢喜久雄: 중질소이용연구법, 학술출판센터, 1980)

로 표지된 암모늄 이온이 처음에 글루탐산의 α-아미노기가 아닌 글루타민의 아미드기에 결합되는 것(그림 3-18), ② GS와 GOGAT의 특이적 저해제를 사용하면, 암모늄 이온이 아미노산에 포함되지 않는 것, ③ 엽록체에 존재하는 GS 또는 Fd-GOGAT 유전자가 결손된 돌연변이는 광호흡이 활발하게 일어나는 조건에서 광호흡의 대사 정지로 인해서 대사과정 중에 캘빈 사이클이 정지됨에 따라 결국 식물이 고사되어 버리는 것 등으로부터 밝혀졌다. 하지만, 앞에서 언급한 결손 돌연변이체는 산소 분압을 1~2% 낮춘 조건에서는 정상적으로 식물이 생장할 수 있었다.

b. 글루타민 합성효소(GS)

글루타민 합성효소는 Mg^{2+}의 존재하에서 ①의 반응을 촉매한다.

$$\text{글루탐산} + NH_4^+ + ATP \rightarrow \text{글루타민} + ADP + Pi$$

많은 식물은 2종류의 GS를 가지고 있는데, GS1은 세포질에 존재하고, GS2는 엽록체(뿌리는 색소체)에 존재한다. GS1은 약 40 KDa, GS2는 약 44 KDa의 서브유닛의 8량체 또는 10량체이다. *GS2*는 단일 유전자이지만, *GS1* 유전자는 작은 유전자 패밀리를 형성한다. 애기장대와 옥수수에는 5종류가 있고, 벼에는 3종류의 *GS1* 유전자가 있다. *GS2*가 결손된 돌연변이체의 연구로부터 GS2는 광호흡에서 암모늄 이온의 해독을 담당하고, GS1은 보통의 분화, 성장, 종자 형성 등에 관여하고 있음이 밝혀졌다.

벼에는 3종류의 *GS1* 유전자가 있는데, *OsGS1;1*은 엽신, *OsGS1;2*은 뿌리, *OsGS1;3*은 씨앗에서 주로 발현한다. 특히, *OsGS1;1*은 성숙 잎, 노화 잎의 유관속조직 체관 반세포와 유세포에

그림 3-19 *GS1;1* 돌연변이체(오른쪽)와 야생형(왼쪽)의 표현형 (사진 제공: 田渕真 由美, 2005)

서 발현한다. 벼 이삭 속에 있는 질소의 80% 이상은 노화된 기관에서 전류되어 온 질소이므로, *OsGS1;1*은 식물의 밑에 부분에서 단백질 분해에 의해 발생된 암모늄 이온을 이용하여 글루타민이나 아스파라긴으로 변환하는 역할을 하는 것으로 추측되고 있다(그림 3-19).

c. 글루탐산 합성 효소(GOGAT)

GOGAT의 반응은 다음과 같다.

$$\text{글루타민} + \alpha \text{ 케토글루타르산} + \text{환원력} \rightarrow 2 \times \text{글루탐산}$$

GOGAT는 동일한 반응을 촉매하는데, Fd를 전자 공여체로 하는 Fd-GOGAT와 NADH를 전자 공여체로 하는 NADH-GOGAT(EC1.4.1.14) 등 2가지 종류의 효소가 존재한다. Fd-GOGAT은 약 160 kD, NADH-GOGAT은 약 200 kD인 단일 폴리펩티드로서 모두 엽록체(뿌리는 색소체)에서 발현한다. *Fd-GOGAT* 결손 식물은 광호흡이 활발하게 일어나는 조건에서 고사하므로, Fd-GOGAT는 GS2와 결합하여 광호흡에서 암모늄 이온의 대사에 기능하는 것으로 생각된다. 벼의 NADH-GOGAT에는 2종류의 유전자가 있으며, 이 중 OsNADH-GOGAT1는 미숙한 조직, 미성숙 엽신과 숙성 초기의 낟알 또는 뿌리의 선단부에서 발현한다. 벼 뿌리에서는 NADH-GOGAT1이 표층 세포에 특이적으로 위치하여 암모늄 이온이 흡수되면, 발현량이 글루타민의 증가를 통해서 신속하게 증가한다. NADH-GOGAT1는 *OsGS1;2*의 반응 기질이 되는 글루탐산을 공급함으로써 암모늄 이온의 동화에 기능한다고 여겨진다. NADH-GOGAT1의 기질이 되는

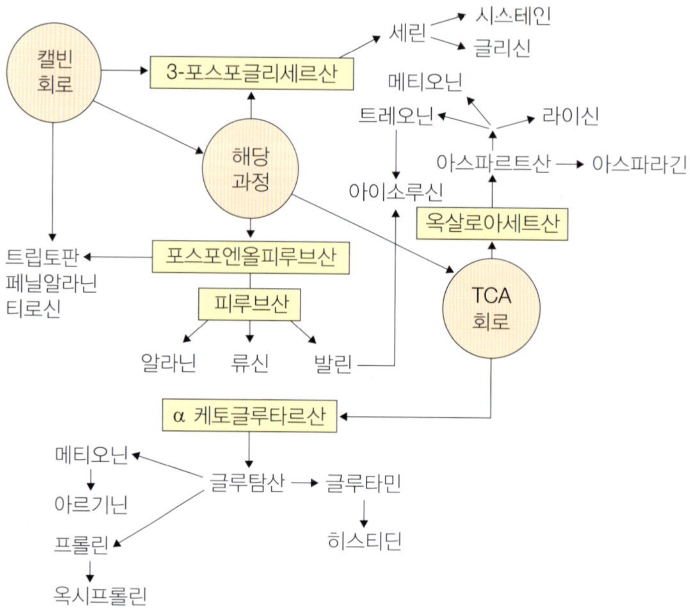

그림 3-20 단백질을 구성하는 아미노산 합성 경로

α-케토글루타르산은 미토콘드리아의 이소시트르산 탈수소효소에 의해 공급되는 것으로 추측되고 있다.

한편, 지상부에서 NADH-GOGAT1는 미성숙 엽신과 숙성 초기 낟알의 유관속 조직에서 발현한다. NADH-GOGAT1는 이러한 미숙한 종속 영양 상태의 조직에서 성숙된 잎으로부터 물관이나 체관을 통해 운반된 글루타민을 글루탐산으로 변환하는 기능을 가지고 있으며, 성숙한 잎으로부터 공급된 글루타민을 GS1과 반응시켜 글루탐산으로 변환시키는 역할을 하고 있다.

아미노기가 이런 반응을 거쳐 공급됨으로써, 단백질 합성에 필요한 아미노산이 합성된다(**그림 3-20**).

(3) 단백질의 분해와 합성[1)]

초본 식물의 일생은 종자의 발아, 영양 성장, 생식 성장으로 나눌 수 있다. 식물은 빛, 물과 필수 무기 원소만으로 성장할 수 있는 광 독립 영양생물이지만, 발아 직후에는 광합성과 질소 동화 등의 대사작용이 완전하게 작용하지 않으므로, 종자에 축적되어 있는 녹말, 단백질, 지질 등을 에너지원이나 새로운 식물체를 만드는 기질로서 사용한다(**그림 3-21**). 종자에는 각 종마다 특징적인 단백질이 저장되어 있으며, 단백질 분해효소에 의해 아미노산으로 분해돼서 아미노기 전이 반응에

1) 杉本敏男

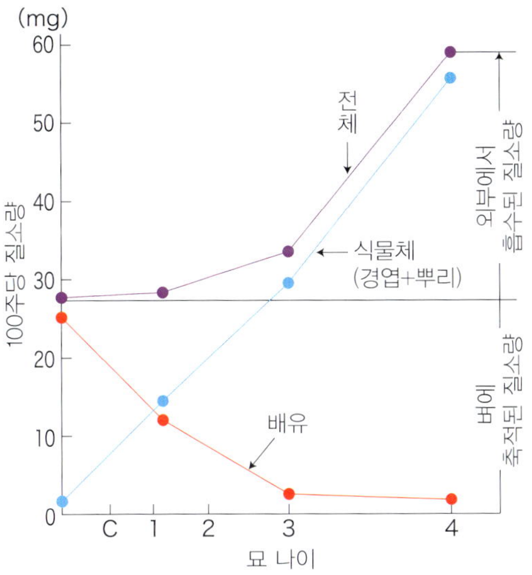

그림 3-21 벼의 유묘 생육에 따른 질소 흡수와 배유로부터의 공급 과정 (戸刈義次, 1962)

의해 필요한 아미노산을 생성하고, 독립 영양생물의 생존에 필요한 기능을 가진 단백질들이 만들어진다. 이러한 현상은 발달 과정 중에 새롭게 발달하는 잎과 근단부에서도 일어난다. 새로운 잎이 하위 잎에서 수송된 당분과 아미노산으로 성장, 발달한 후 독립 영양 상태에 이르게 되는 것이다.

단백질은 자신의 기능을 수행하고 나면 세포질이나 핵 내에서 프로테아좀에 의해 분해된다. 분해될 단백질에는 유비퀴틴 단백질이 결합되고, 그 표적을 프로테아솜이 인식하면 단백질 분해효소에 의해 분해된다(**그림 3-22**). 식물 세포에만 특이적으로 존재하는 세포 소기관인 액포는 동물

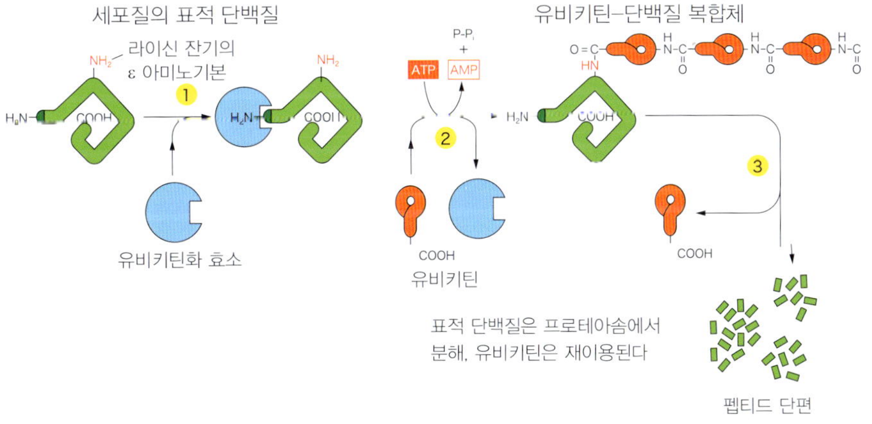

그림 3-22 유비키틴화에 의한 단백질 분해 과정 (Alberts, B. et al. (eds.) : Molecular Biology of The Cell 3rd ed., Garland Publisher, p. 219, 1994)

표 3-3 식물 종자의 단백질 함유 비율(%)

		종자 단백질의 구성(%)			
	종자 단백질(%)	알부민	글로불린	프롤라민	글루텔린
밀	10~15	3~5	6~10	40~50	30~40
벼	8~10	5	10	5	80
옥수수	7~13	4	2	50~55	30~45
대두	35~45	26	70	0	0

세포의 리소좀에 해당하며, 세포질에서 기능을 마친 단백질과 엽록체 등은 액포 안에 있는 단백질 분해효소에 의해서 아미노산으로 분해된다.

생식 성장기에는 개화–수정–종자 형성 과정이 순차적으로 일어나게 된다. 종자의 형성 과정을 등숙이라고 하는데, 종자 발아에 필요한 저장 물질을 축적하는 과정이다. 등숙기의 잎에서는 단백질과 엽록소 등 고분자 질소 화합물이 아미노산으로 분해되고, 이 아미노산은 글루타민과 아스파라긴 등의 전류 형태로 대사된 다음, 체관을 경유하여 종자로 이동한다. 단백질의 이동에 따라 잎의 색상 변화나 광합성 능력 저하가 일어난다. 그러나 높은 종자 수율을 얻기 위해서는 이 시기 동안 잎의 광합성 활성을 높게 유지해야 하는데, 이를 위해서는 잎의 질소 농도를 높게 유지하는 것이 효과적이다. 따라서 이 시기에는 질소 추비를 실시한다. 벼에서는 이삭 거름이라는 질소 추비가 시행되지만, 이 시비법은 벼의 품질 저하를 유발시키기 때문에, 최근에는 이삭 거름을 약하게 시행하고 있다.

종자는 체관을 통해 수송되어 온 아미노산을 기반으로 하여, 종자에 특이적으로 축적되는 종자 저장 단백질을 합성해서 세포내 소기관인 단백질체(Protein body)에 축적한다. 종자에서는 물질을 제한된 용적에 효율적으로 저장하기 위해서, 녹말처럼 단백질도 분자끼리 강하여 결합시켜서 고밀도 상태로 저장한다.

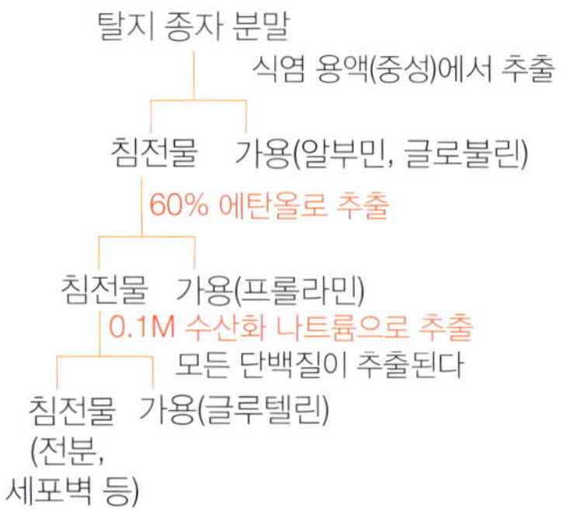

그림 3-23 종자 저장 단백질의 용매에 대한 용해도 차이에 따른 분획도

종자 저장 단백질의 성질과 함량은 종류에 따라 다른데, 종자 무게의 40%를 차지하는 대두에서부터 10% 정도 차지하는 벼와 밀에 이르기까지 다양하다(**표 3-3**). 저장 단백질은 용해도에 따라, 소금 용액에서 용해 가능한 글로불린, 묽은 알코올에서 용해 가능한 프롤라민, 그리고 이러한 용매에서 용해되지 않지만 묽은 알칼리 용액에서 용해 가능한 글루텔린 등으로 분류된다(**그림 3-23**). 벼 종자에서는 글로불린이 호분층과 배아에 축적되고, 배유에는 프롤라민과 글루텔린이 축적된다. 벼에서는 글루텔린이 종자 단백질의 80% 정도를 차지하지만, 밀에서는 프롤라민이 주요 저장 단백질이다. 콩에는 글로불린만 존재한다. 밀가루로부터 면류가 만들어지고, 대두 종자로부터 두부가 만들어지는 것은 이러한 저장 단백질의 특성에 기인한 것이다.

벼와 대두는 식물체당 종자 생산량이 많은 작물이며, 높은 수확량을 얻기 위해서는 다량의 질소가 필요하다. 그러나 대두는 뿌리혹박테리아에서 질소고정을 하기 때문에, 인위적인 시비에 의해 공급되는 질소 비료와 종자 수율의 관계가 확실하지 않다. 다른 작물의 질소 비료 시비 조건의 결정은 종자 단백질 함량과 연관되어 있고, 이는 종자를 식품으로 가공할 때의 물리성(떡의 신장성, 국수의 탄력, 두부의 경도 등)에 직접적으로 영향을 미치기 때문에, 재배시에 각 작물의 성장, 가공성을 고려한 치밀한 질소 시비 관리가 필요하다.

5) 질소고정[4)]

(1) 질소고정의 역할과 공생 질소고정

질소고정을 하는 미생물은 생태적 특징으로 보면, 자유 생활형(free-living)인 단생 질소고정 미생물(**표 3-4**)과 공생 질소고정 미생물(**표 3-5**)로 나뉠 수 있다.

특정 박테리아는 질소고정효소에 의해 질소를 암모니아로 환원시킨다. 질소고정효소는 철 단백질과 철-몰리브덴 단백질로 이루어진 복합체 효소로, 철과 몰리브덴이 활성에 중요한 인자로 작용한다. 이 효소는 질소뿐만 아니라, 양성자, 아세틸렌 등 다양한 물질을 환원시킬 수 있는 등, 기질 특이성이 넓다. 질소를 환원하여 암모니아를 생성하는 기본 반응식은 다음과 같다.

$$N_2 + 8H^+ + 8e^- + 16ATP \rightarrow 2NH_3 + H_2 + 16ADP + 16Pi$$

질소 1분자당 16분자의 ATP와 8개의 전자가 필요하며, 질소 분자의 안정적인 삼중결합을 분

표 3-4 단생 질소고정 미생물

호기성 세균	*Azotobacter*, *Beijerinkia*, *Derxia*
미호기성 세균	*Azospirillum*, *Aquaspirillum*, *Xanthobactor*
조건적 혐기성 균	*Klebsiella*, *Bacillus*
혐기성 균	*Clostridium*, *Deslfovivrio*
미호기성 광합성 균	*Plectonema*, *Lyngbya*, *Oscillatoria*
조건적 혐기성 광합성 균	*Phodospirillum*, *Rhosopseudomnas*
혐기성 광합성균	*Chromatium*, *Chlorobium*, *Thiopedia*
시아노 박테리아 (남세균)	*Anabaena*, *Nostac*, *Calothrix*

[4)] 東江(野村) 美加 • 田島茂行

표 3-5 공생 질소고정 미생물

호기성 세균		숙주식물 예
뿌리혹 세균	*Rhizobium*	완두콩, 녹두, 클로버
	Bradyrhizobium	대두, 땅콩, Parasponia(느릅나무 과)
	Ensifer(Sinorhizobium)	알파파
	Mesorhizobium	벌노랑이, 연꽃
	Azorhizobium	Sesbania(뿌리혹과 줄기혹)
방사균	*Frankia*	목마황과, 소귀나무, 자작나무, 보리수나무
남세균	*Nostac*	지의류, 선태류, 군네라, 소철
	Anabaena	물개구리밥
내생균	*Acetobactor*	사탕수수, 고구마, 옥수수
	Herbaspirillum	벼, 바나나, 사탕수수
	Azoarcus	벼, Kallar grass
근권세균	*Azotobactor*	벼, 옥수수

리하는 데 다량의 에너지가 필요하다. 따라서 토양으로부터 질산 이온과 암모늄 이온 같은 질소원을 흡수할 때 질소고정효소는 불성화된 상태로 존재한다. 또한, 산소는 질소고정효소를 비가역적으로 비활성화하기 때문에, 질소고정을 수행하기 위해서는 혐기성 환경을 필요로 한다. *Clostridium*과 같은 혐기성 세균은 산소가 없는 환경에서 서식한다. 조건적 혐기성 세균은 호기성 조건과 혐기 조건에서 모두 생육하지만, 질소고정은 혐기성 환경에서만 일어나게 된다. 미세 호기성 세균은 소량의 산소 조건에서 양호하게 생육할 수 있다. *Azotobacter*와 같은 호기성 박테리아는 호흡이 활발하게 일어나고, 저산소 환경에서 질소고정이 일어난다. *Anabaena*와 같은 질소고정 박테리아(남세균)에서는 heterocystous라는 특별한 세포를 생성한 다음, 그곳에 혐기성 조건을 만들어 질소고정을 하게 된다.

공생 질소고정 미생물은 숙주 식물에 공생 조직을 형성해서 공존하며, 고정된 질소를 제공한 후 그 대가로 다른 영양소를 식물로부터 공급 받는다. 뿌리혹박테리아는 *Rhizobium*, *Bradyrhizobium*, *Azorhizobium*속으로 분류되는 호기성 세균이다. 뿌리혹박테리아와 숙주인 콩과식물의 공생 관계에서는 질소고정 효율이 매우 좋다(**그림 3-24**). 콩과식물과 뿌리혹박테리아의 공생에 의한 질소고정량은 1년간 약 8,000만 t으로 추정되는데, 이는 생물학적 질소고정의 약 46%를 차지하는 양이다. *Sesbania*에서는 뿌리혹 외에 줄기 부분에 뿌리혹과 같은 줄기혹도 형성하게 된다(**그림 3-25**). 뿌리혹박테리아는 콩과 식물 외에, 느릅나무과의 Parasponia에서 뿌리혹을 형성하여 질소고정을 하게 된다.

뿌리혹박테리아 이외의 공생 질소고정 미생물로 프란키아(Frankia 방선균) 및 시아노박테리아

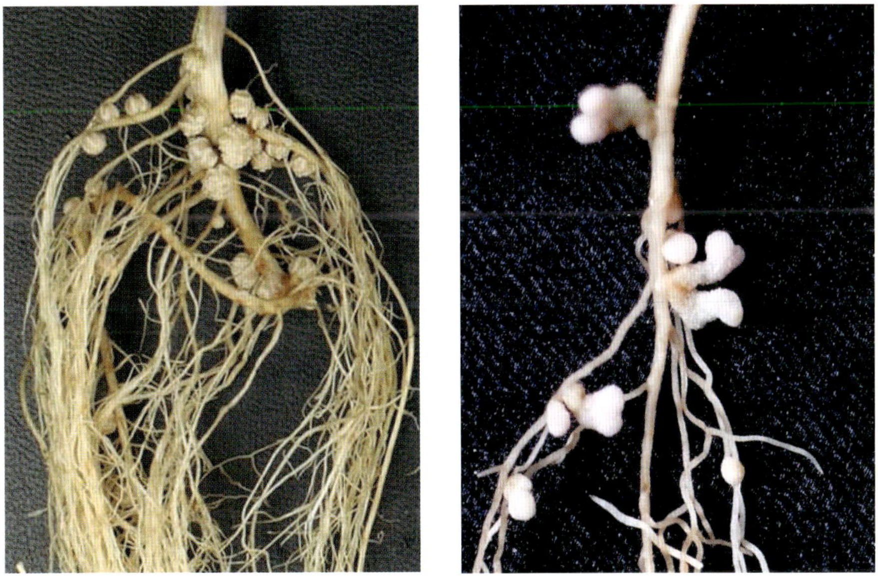

그림 3-24 콩과 식물인 알파파 뿌리에서의 뿌리혹 생성 유형 왼쪽: 유한형 뿌리혹(대두), 오른쪽: 무한형 뿌리혹(사진 제공: 菅沼教生).

그림 3-25 *Sesbania rostrata*에 착생된 줄기혹 (사진 제공 : 間藤　徹)

(남세균) 등이 알려져 있다. 프란키아는 자작나무과, 소귀나무과, 보리수나무과, 목마황과와 같은 식물에 공생해서 뿌리혹을 형성한다. 시아노박테리아와 공생하는 숙주 식물은 논에 생육하는 물개구리밥(양치식물), 소철(겉씨 식물), 군네라속 식물(속씨식물) 등처럼 다양하지만, 그 공생 형태는 각기 다르다. 군네라와의 공생은 세포내 공생이지만, 소철 및 물개구리밥과의 공생은 세포외 공생이다. 또한, 식물 체내의 세포 간극이나 물관 내의 아포플라스트 영역에 고정하여 공생적 질소고정을 하는 세균도 존재한다. 이 질소고정 내생균(Endophytc)은 사탕수수와 벼 등의 벼과 식물, 야자(야자과), 고구마(메꽃과) 등처럼 다양한 식물의 줄기와 잎에 공생하고 있다. 질소고정 내생균에 의해 고정된 질소의 기여율(식물이 흡수한 총 질소량 가운데 질소고정 내생균에 의해 고정된 질소량)은 뿌리혹박테리아만큼 높지는 않지만, 숙주 식물의 성장에 기여하고 있다. 질소고정 박테리아와 여러 숙주식물과의 관계가 규명되었지만, 콩과식물과 뿌리혹 박테리아처럼

숙주 특이적 반응은 아니다. 하지만, 여러가지 식물과 질소고정균과의 상호관계를 이용하여 농업 현장에서 질소고정균을 이용한 자연상태에서의 질소 공급을 통해 생산성 증가에 이용 가능할 것으로 여겨진다.

(2) 콩과식물의 뿌리혹 형성, 형태적 특징과 질소의 이동

뿌리혹박테리아는 토양에서 단독(자유 생활형 조건)으로 생존할 때는 질소고정 능력이 약하지만, 콩과식물과의 공생 조건에서는 상호작용을 통해서 질소고정이 활발하게 일어나게 된다. 뿌리혹박테리아는 숙주 세포 내에서 박테로이드라는 공생 특이적 형태로 분화되고, 질소고정에 관여하는 니트로게나아제계 효소에 관여하는 유전자군(*nif*, *fix*)의 발현을 유도한다. 니트로게아제 효소의 활성화를 통해서, 뿌리혹박테리아 내부는 낮은 산소 분압 조건을 유지하게 된다. 낮은 산소 분압 조건은 뿌리혹의 외피에 존재하는 산소 확산 장벽과 뿌리혹 내의 감염 세포 내에 다량으로 존재하는 레그헤모글로빈을 이용하는 박테로이드의 활발한 호기성 호흡에 의해 형성된다. 레그헤모글로빈은 높은 친화력으로 산소와 가역적으로 결합할 수 있기 때문에, 박테로이드의 활발한 호흡을 위한 산소 공급에 관여하고 있다.

뿌리혹박테리아와 숙주 식물의 숙주 특이성 반응이 초기 감염 경로의 해석 과정 중에 밝혀졌다. 콩과식물의 뿌리혹 형성은 **그림 3-26**과 같이, 숙주 식물과 뿌리혹박테리아 사이에서 신호 분자의 수용으로부터 시작된다. 숙주 뿌리에서 특유의 플라보노이드 화합물(대두에서는 다이드제인

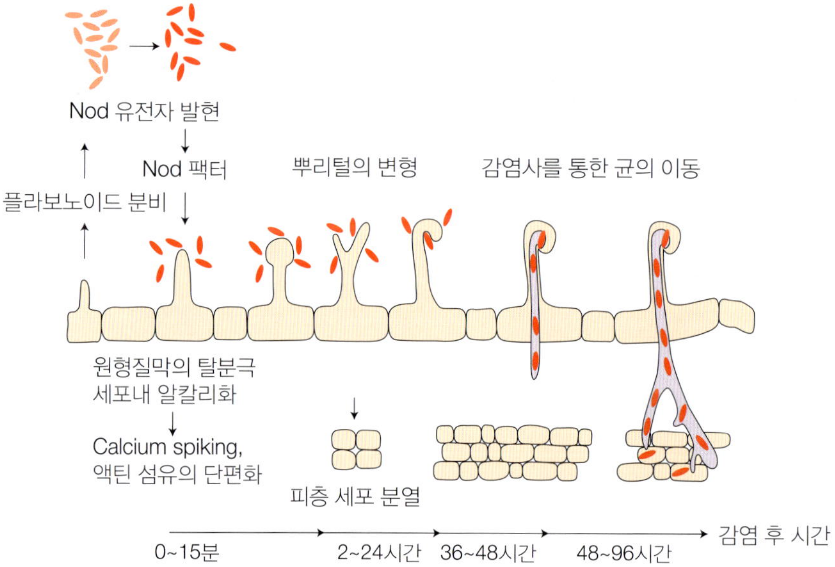

그림 3-26 뿌리혹 박테리아의 초기 감염 과정

와 제니즈테인, 알파파 - 루테올린, 누에콩 - 나린게닌)이 분비된다. 이 플라보노이드 화합물은 뿌리혹박테리아의 *nod* 유전자군의 발현을 유도한다. *nod* 유전자 산물에 의해 합성되는 Nod 팩터라는 리포키틴 올리고당(lipo-chitin oligosaccharide)은 N-아세틸 글루코사민이 3~5분자 정도가 연결되어 지방산과 결합하고, 그 측쇄 구조의 차이에 의해 숙주 특이성이 결정된다. 숙주 식물이 특정 Nod 요소를 감지하면, 뿌리털 세포에서 몇 초(Medicago에서는 15초) 이내에 원형질막의 탈분극이 생겨나 세포의 알칼리화가 진행된다. 5~15분 후에는 뿌리털의 기부에서 칼슘의 주기적인 농도 변화(Calcium spiking)와 액틴 섬유 단편화가 일어나게 되고, 뿌리털 선단의 비대화 등의 변형이 관찰된다. 이러한 Nod 팩터에 의한 초기 반응과 병행하여 감염 부위의 외피 세포에서는 분열이 유도된다. 뿌리혹박테리아가 묻은 부위에서는 그 이후 뿌리털의 굴곡(컬링)이 일어나고, 균은 분열 및 증식을 반복하면서 감염사를 이용하여 외피 세포 분열에 의해 생긴 뿌리혹 원기 세포 내부로 엔도사이토시스 작용을 통해 들어가게 된다. 그 후, 외피 분열 영역과 내초 분열 영역이 융합하고서 뿌리털의 분화가 일어난다. 뿌리혹과 뿌리의 유관속이 연결되어 뿌리털의 분화가 완료된 후, 세포 신장에 의해서 뿌리혹의 비대가 일어나게 된다(**그림 3-27**).

최근의 분자생물학적 분석을 통해서, 뿌리혹박테리아의 공생과 균근균의 공생에 대한 초기 신

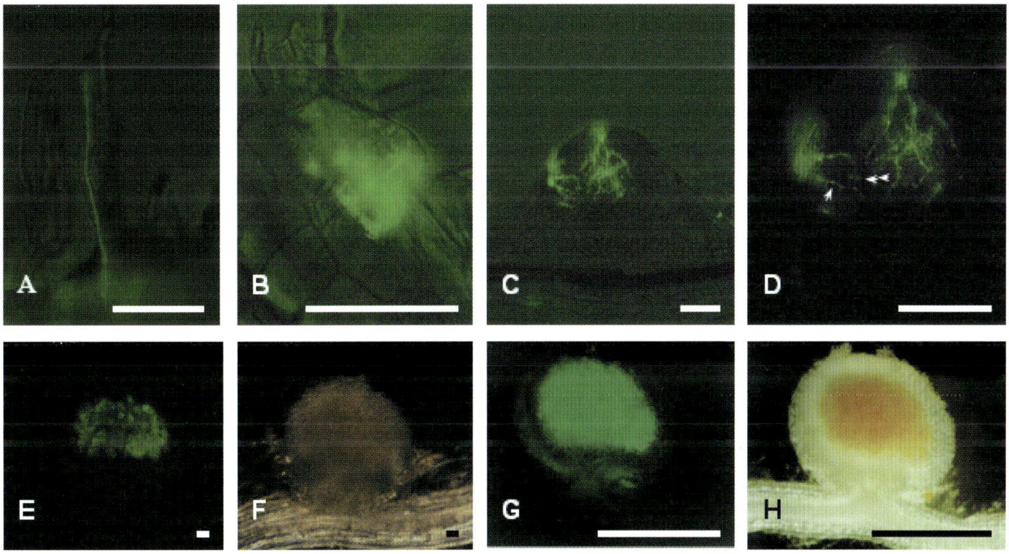

그림 3-27 벌노랑이 뿌리혹 형성 과정 벌노랑이에 GFP 유전자가 도입된 벌노랑이 뿌리혹박테리아를 감염시켰다. 뿌리혹박테리아가 감염된 장소에서 초록색 형광이 발광한다. A: 뿌리털 내의 감염사, B: 표피 세포, C: 뿌리혹 원기의 감염사 네트워크, D: C의 확대 그림, 뿌리혹박테리아가 감염사 중간(화살표 1개), 감염사 선단(화살표 2개)으로부터 감염 세포 내로 침입하고 있다. E: 미성숙 뿌리혹, F: E의 control, G: 성숙 뿌리혹, H: G의 control. 축적자: A~F: bar = 0.1 nm; G, H: bar = 1 mm. (Hayashi, M. et al., 2000)

그림 3-28 벌노랑이 뿌리혹 박테리아와 균근균의 공생에 관여하는 신호전달 경로

호 경로에는 공통된 경로가 존재한다는 것이 밝혀졌다(**그림 3-28**). 이러한 신호를 공통 신호전달 경로라고 부르며, 7개의 관여 인자가 발견되었다. 공통 신호전달 경로의 상류에서 일하는 뿌리혹 박테리아 Nod 팩터 신호에 대한 식물의 수용체 후보는 NFR1, NFR5의 2종류로, 벌노랑이에서 밝혀졌다. 모두 세포 외에 LysM 도메인을 가진 수용체 형태의 키나아제인데, 이 도메인은 Nod 팩터에 특징적인 키틴 부분을 인식하고 있다. 하지만, 균근균에서 분비되는 Myc 인자 수용체는 아직까지 알려지지 않았다.

콩과식물의 뿌리혹 숫자는 특정 인자에 의해서 조절되는데, 식물 개체의 크기에 맞는 수의 뿌리혹이 형성되면 과도한 뿌리혹 형성을 억제하는 메커니즘을 가지고 있다. 이는 뿌리혹이 공생 질소고정에 광합성 산물의 20~30%를 소비하며, 니트로게나아제 활동에도 많은 ATP가 필요하기 때문이다. 식물이 자신의 생육이 저해되지 않을 만큼만 뿌리혹박테리아와의 공생을 유지하기 위해서는, 뿌리혹박테리아의 감염 정보를 지상부에 전달할 필요가 있다. 식물은 뿌리혹박테리아가 분비하는 Nod 팩터를 뿌리에서 수용하면 '감염 신호'를 합성한 후, 이를 지상부로 신속하게 수송한다. 지상부에서는 인산화를 통해서 "자동 조절 신호"를 합성한 후, 뿌리로 수송하여 과다한 뿌리혹 형성을 억제한다. 이러한 신호전달 체계에 의해 식물과 뿌리혹박테리아 간의 균형적 공생관계가 유지되며, 과다한 뿌리혹 형성이 제어된다. 그러나 뿌리혹 형성을 제어하는 것은 Nod 팩터를 통한 전신 제어 시스템만 있는 것은 아니다. 예를 들면, 토양 중에 존재하는 질소 화합물에 의해서도 제어되는데, 식물이 사용할 수 있는 질산 이온과 암모늄 이온이 토양 속에 많이 존재하면, 이들 이온이 뿌리혹 형성 발달을 저해하게 된다.

콩과식물에는 2개의 뿌리혹 유형이 알려져 있고, 외관상 형태에 따라서 유한형 뿌리혹, 무한형 뿌리혹으로 분류되고 있다(그림 3-24). 콩, 동부와 같은 열대계 콩과식물에서는 유한형 뿌리혹을 만들고, 완두, 알팔파 등의 온대계 콩과식물은 무한형 뿌리혹을 만든다. 이러한 뿌리혹은 식물 뿌리의 피층 조직으로부터 뿌리혹 원기를 형성하게 되지만, 유한형에서 뿌리혹 원기는 외부의 피층 조직에 형성되어 선단 부분에 분열 조직을 갖지 않으며, 구형 모양으로 비대 성장한다. 한편, 무한 뿌리혹의 원기는 내부의 피층 조직에 형성되어 선단의 분열 조직이 존재하고, 신장 성장을 계속하기 위해서 타원형의 길쭉한 뿌리혹 모양으로 발달하게 된다.

그림 3-29 뿌리혹 박테리아가 기주 식물에서 질소의 전류에 사용하는 아마이드, 우레이드 화합물

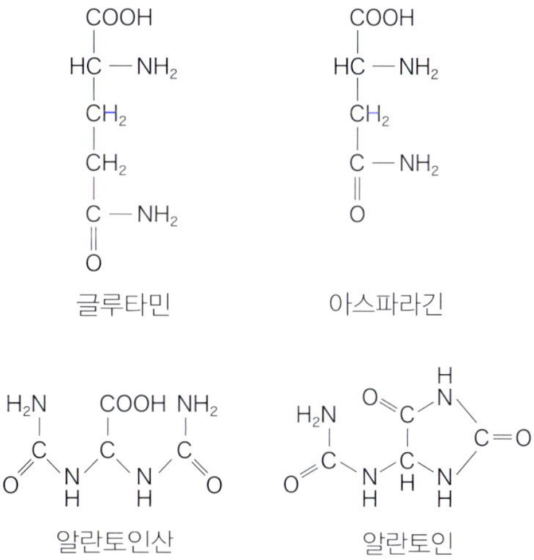

유한형 뿌리혹과 무한형 뿌리혹에서는 질소의 전류 형태도 다르다. 일반적으로 유한형 뿌리혹을 형성하는 콩과식물은 질소고정 산물로서, 알란토인, 알란토인산 등의 우레이드 화합물을 물관을 이용하여 수송하는 경우가 많다. 그러나 구형의 유한 뿌리혹을 가진 벌노랑이와 땅콩에서도 아마이드 화합물을 뿌리혹에서 수송한다. 한편, 무한형 뿌리혹에서는 아스파라긴, 글루타민 등의 아마이드 화합물을 물관 수송한다(**그림 3-29**). **그림 3-30**에서는 고정된 질소의 대사 과정을 보여준다. 2가지 유형의 뿌리혹에서도 박테로이드는 감염된 세포에서 페리박테로이드 막

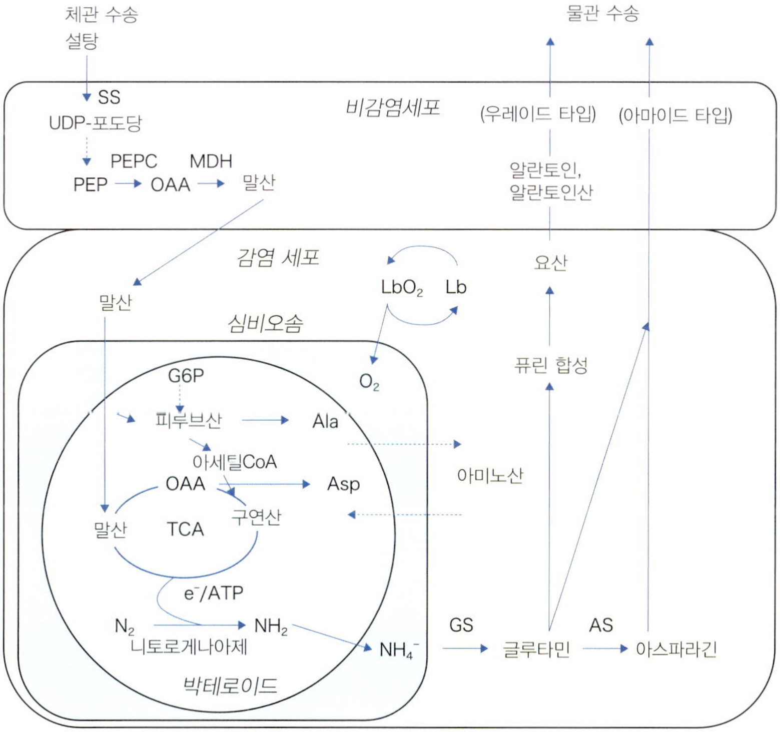

그림 3-30 콩과식물 뿌리혹에서 질소고정 관련 대사 경로 SS: 설탕 합성 경로, PEP: 포스포엔올피루브산, PEPC: PEP 카복실화효소, MDH: 말산 탈수소효소, Lb: 레그헤모글로빈, GS: 글루타민 합성효소, AS: 아스파라긴 합성효소.

(Peribacteroid Membrane)에 감싸여 있다. 박테로이드와 페리박테로이드 막 및 그 간극 공간(심비오솜 공간, symbiosome space)을 포함하여 심비오솜이라 부른다. 심비오솜 주변은 레그헤모글로빈의 축적에 의해서 10~50nM 정도의 낮은 산소 분압으로 유지된다.

뿌리혹의 감염 영역은 뿌리혹박테리아가 들어있는 감염 세포와 들어 있지 않은 비감염 세포로 구성되어 있으며, 양자가 협력하여 뿌리혹 내 대사계를 구성하고 있다. 숙주 식물에서, 말산이 질소고정의 에너지원으로 박테로이드에 수송된다. 지상부에서 체관을 통해 보내지는 설탕이 비감염 세포 내부에서 말산으로 대사된다. 질소 가스는 확산에 의해 뿌리혹 표면에서 박테로이드로 도달한 후, 니토로게나아제에 의해 암모니아로 환원된다. 생성된 암모니아는 박테로이드 막을 암모니아 가스 형태로 투과한 후, 산성의 페리박테로이드 공간에서는 암모늄 이온이 되고, 세포질에서는 글루타민-글루탐산 합성효소(GS/GOGAT 사이클)에 의해서 글루타민, 글루탐산으로 고정된다. 아마이드 화합물을 지상부로 수송하는 콩과식물에서는 글루타민과 아스파르트산 합성효소(AS)에 의해 합성된 아스파라긴을 세포외 아포플라스트로 방출한 후, 비감염 세포를 통해 물관을 따라 지상부로 운반된다. 한편, 대두 등 우레이드 화합물을 전류하는 콩과식물에서는 퓨린 합성을 거쳐서 합성된 알란토인, 알란토인산을 도관을 통해 지상부로 방출한다. 대두의 물관액은 우레이드 중 알란토인이 20% 정도 차지하고, 알란토인산이 80%를 차지한다.

심비오솜(Symbiosome)

콩과 식물 뿌리에 공생하는 뿌리혹박테리아의 변형 형태인 박테로이드가 여러 개 모여 피막으로 둘러싸여 있는 것을 일컫는다. 마치 세포 내 소기관처럼 보인다.

6) 황의 생리 기능[5)]

식물체 내의 황 함유율은 건조 무게당 0.2~0.5%로, 인의 함량과 거의 동일하다. 식물에 흡수된 황산 이온은 환원되어 아미노산, 보효소 등의 합성에 이용되며, 또한 황산 이온의 형태로 설탕 또는 지질과 결합하여 대사과정 중에 이용된다. 식물이 가진 황화합물로는 시스테인, 메티오닌, 시스틴 등의 아미노산과 시스테인에서 합성되는 글루타티온과 단백질이 있다(**그림 3-31**). 또한, 황지질은 엽록체의 기능에 중요한 지질이며, 비오틴, 티아민 등 비타민에도 많이 포함되어 있다. 양파와 마늘에 포함된 자극적인 성분인 알리신과 겨자와 브로콜리의 글루코시네이트는 황 포함 화합물이며, 이들 성분은 채소의 풍미를 더해 주지만, 원래는 해충 기피 물질이다.

단백질 시스테인 잔기의 SH기는 산화환원 효소와 단백질 분해효소 등의 활성 중심 역할을 한다. 2분자의 SH기가 산화되어 —S—S— 화합물을 만드는 반응은 시스테인 2분자에서 시스틴 1분자, 환원형 글루타티온 2분자가 산화형 글루타티온 1분자를 만들지만, 단백질의 시스테인 잔기의 SH기 2분자가 —S—S— 이황화 결합을 형성하면, 펩티드 사슬끼리 가교해서 단백질의 3차 구조를

5) 藤原 徹

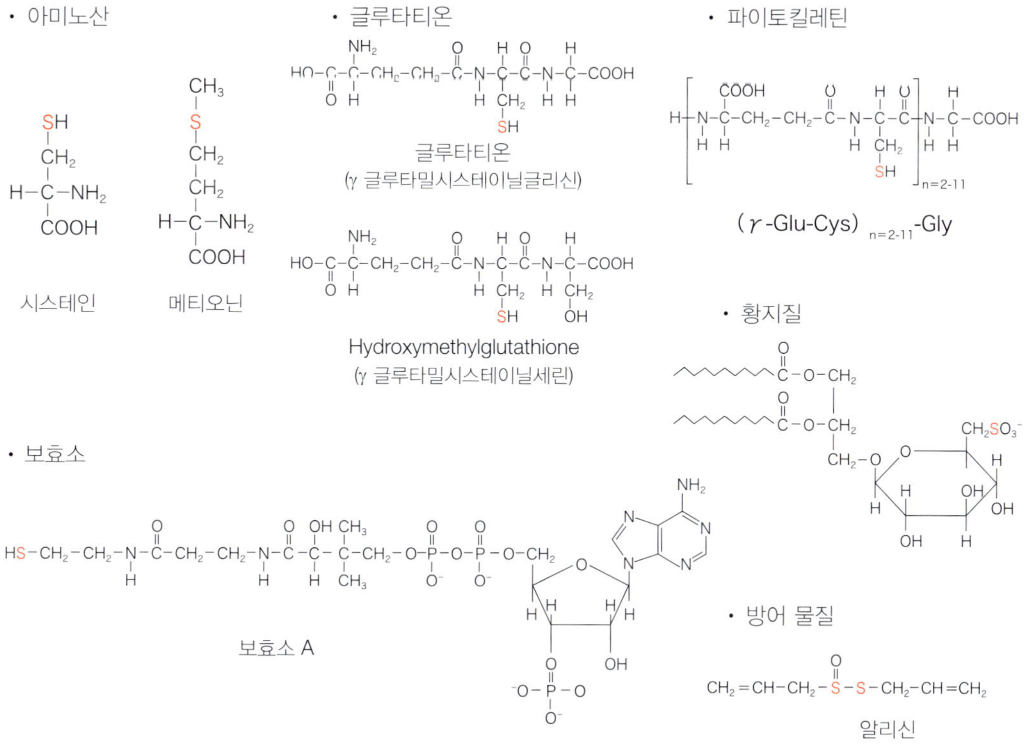

그림 3-31 식물체 내의 대사과정에 이용되는 황이 포함된 화합물

형성하게 된다. 또한, 시스테인 잔기는 전자 전달을 담당하는 철-황 클러스터의 구성 요소로서, 황-철의 배위 결합에 의해 철을 단백질 구성 요소로 첨가하게 된다. 메티오닌은 S-아데노실 메티오닌이 되어, 메틸기의 공여체로서 동화 반응에 이용된다.

글루타티온은 γ-글루타밀-시스테이닐-글리신의 구조를 가지는 트라이펩티드이다. 글루타티온에서 C말단은 글리신(glycine)이다. 콩과 식물은 C말단 아미노산이 β-알라닌으로 구성된 호모 글루타티온을 가지고 있으며, 벼과 식물에서는 세린으로 구성된 트라이펩티드를 갖는다. 글루타티온 N말단 측의 γ-글루타밀시스테인 부분이 축합되며, C말단에 글리신을 가진 파이토킬레틴(Phytochelatin) 부분은 많은 시스테인 잔기를 가지게 된다. 이러한 형태적 특성을 이용하여 카드뮴이나 구리 등의 중금속과 복합체를 만들어서 중금속을 무독화시킨다.

황 공급이 저하되면, 황산 이온의 농도가 저하된다. 또한, 황 함유 아미노산이 합성될 수 없기 때문에 단백질이 합성되지 않는다. 따라서 잎 색깔이 옅어지고, 질소 결핍과 비슷한 증상이 나타난다. 작물의 황 성분 진단에는 잎의 황산 이온 농도, 전체 황에 대한 수용성 황의 비율, 전체 황과 전체 질소의 비율 등과 같은 지표가 이용된다.

β-Conglycinin
대두의 주요 저장 단백질

황이 결핍된 식물은 종자 저장 단백질 조성의 변화가 일어난다. 대두 종자 단백질의 경우, 황이 부족하면 상대적으로 황 함유 아미노산의 비율이 낮은 β-콘글리시닌 β 서브유닛의 축적량은 증가하고, 황 함유 아미노산의 함량이 높은 글리시닌의 축적량은 감소한다. 반대로, 황 함유 아미노산인 메티오닌을 처리하면, 글리시닌의 축적량이 증가하여 β 서브유닛이 축적되지 않는다(**그림 3-32**). 이는 황의 공급이 적은 경우에도 종자 저장 단백질의 총량에 영향을 거의 주지 않고서 종자에 필요한 아미노산을 축적하려고 하는 것이다. 이러한 제어에는 O-아세틸세린이 중요한 역할을 담당하고 있다(뒷 장에서 설명함). 그러나 종자 전체적으로는 단백질 중 황 함유 아미노산 함량이 저하하게 되는데, 밀의 경우 이러한 황의 결핍에 의해서 제빵의 품질 저하가 일어나게 되는 등 가공 적성에서도 문제를 일으킨다.

논농사에서는 질소 비료로서 황산암모늄이 시용되어 왔다. 황산암모늄을 시비하면, 벼가 암모늄 이온을 빠르게 흡수하기에, 황산 이온이 잔류하여 토양이 산성화된다. 오랜 기간 경작되어 온 논에서 철 함유량이 감소하면 황산 이온이 환원하여 생성되는 황화수소가 황화철로 전환되지 않기 때문에, 벼의 뿌리가 상해를 입을 수 있다. 이를 추락현상(autumn decline)이라고 부른다. 황산 이온은 황화수소의 공급원으로서 상해를 조장하는 경우가 있으므로, 벼에는 염화암모늄, 요소와 같은 무황산 뿌리 비료가 추천된다. 하지만, 황산 이온을 오랫동안 시용하지 않은 논에서는 황 부

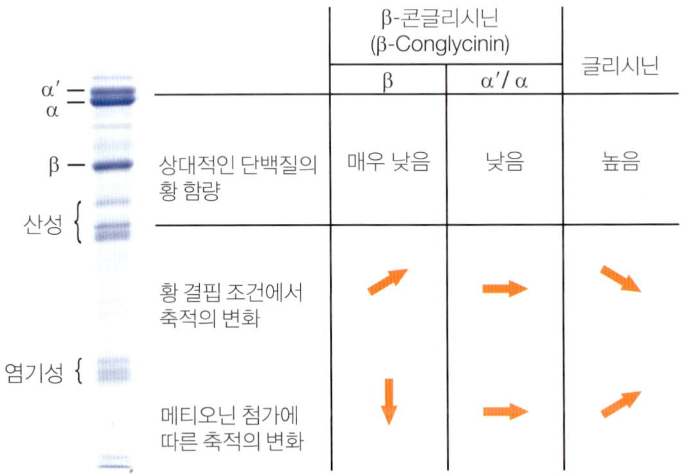

그림 3-32 황 영양 조건에 맞는 대두 종자의 저장 단백질의 축적 패턴 변화 대두 종자의 저장 단백질(왼쪽 그림)은 β-콘글리시닌과 글리시닌으로 구성된다. β-콘글리시닌의 3개의 서브유닛인 α, α′, β는 황 함유 아미노산의 함량이 낮지만, β 서브유닛에서 특히 적다. 글리시닌는 황 함유 아미노산이 많다. 콩이 황 결핍 조건에 있으면, β 서브유닛은 축적량이 증가하지만, 글리시닌은 축적하지 않는다. 반대로 메디오닌을 처리하면 글리시닌의 축적은 증가하지만, β 서브유닛은 축석하지 않는다. (Holowach, L.P. et al, 1984; Gayler, K.R. and Sykes, G.E., 1985)

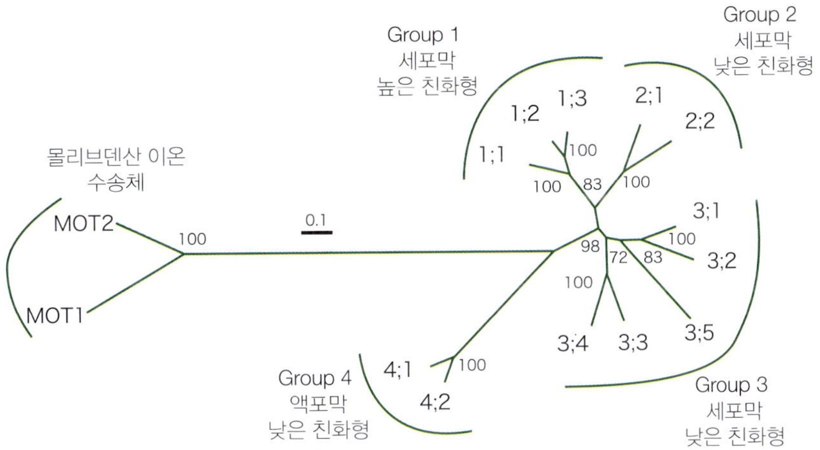

그림 3-33 애기장대의 황산 이온 트랜스포터와 몰리브덴산 이온 트랜스포터의 아미노산 배열의 계통 해석 애기장대에는 12종류의 황산 트랜스포터(Sultr1;1부터 Sultr4;2까지)가 알려져 있다. 이들은 4개의 그룹으로 나뉘며, 각 그룹은 황산 이온에 대하여 친화성과 세포내 국재와 같은 특징을 갖고 있다. 황산 이온 트랜스포터와 닮은 유전자에는 몰리브덴산 이온 트랜스포터가 있는데, 애기장대에는 2종류가 존재한다.

족이 발생할 수 있다.

작물의 황 부족은 한정된 지역에서 발견되지만, 질소 시비에 의해서 작물의 수확량이 증가했을 때 토양의 황 공급 능력이 낮으면 황 결핍이 나타나기 시작한다. 특히, 종자에 단백질을 축적하는 종에서는 황의 공급이 중요하다.

7) 황 이온의 흡수와 대사[5)]

(1) 흡수

애기장대에는 12종류의 황산 이온 트랜스포터가 존재하며(**그림 3-33**), 이를 통해서 황산 이온 1분자를 3분자의 양성자와 함께 수송한다. 이러한 황산 이온 트랜스포터는 12회의 막 관통 영역을 갖고 있고(**그림 3-34**), C말단에는 특징적인 STAS 도메인 구조를 가진다. STAS 도메인은 트랜스포터 활성에 필수적이다. 황산 이온 트랜스포터에는 기질 친화성이 높은 것과 낮은 것이 있으며, 토양으로부터 황의 흡수를 담당하는 것과 물관에 황을 적재시키는 기능을 가지는 트랜스포터의 기능이 밝혀졌다. 알려진 12종류의 트랜스포터는 모두 황산 이온의 세포 내로의 이동 과정에 관여한다. 물관 유세포에서 물관으로 황산 이온의 로딩(적재)에 작용하는 배출형 트랜스포터는 아직 밝혀지지 않고 있다.

5) 藤原　徹

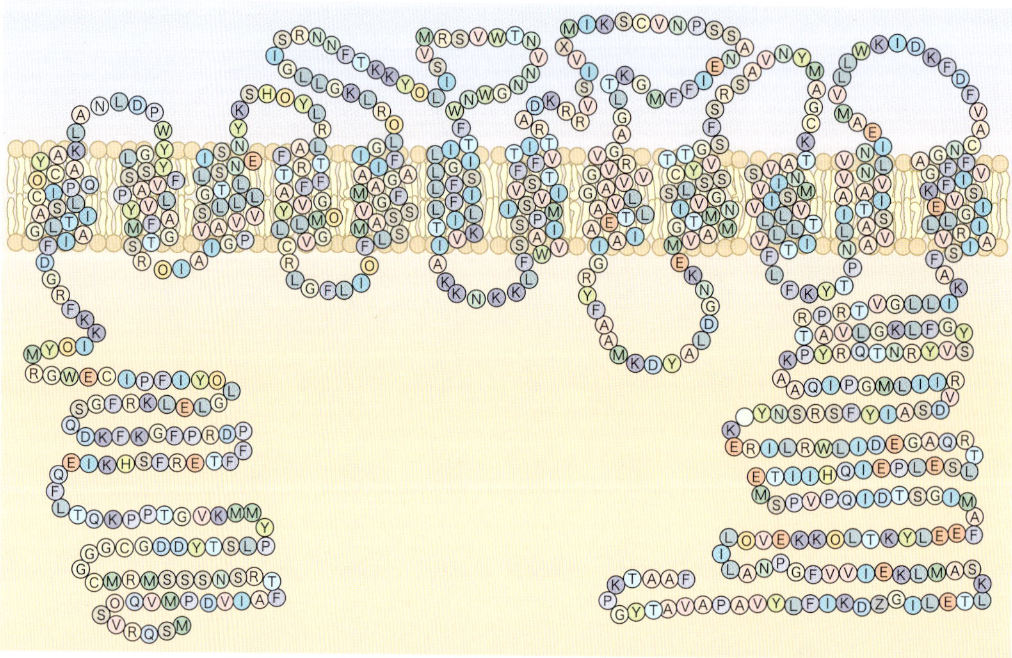

그림 3-34 애기장대의 황산 트랜스포터의 구조 12개의 막관통 영역이 있으며, C말단에는 비교적 긴 친수성 영역이 있다. 이 영역에 STAS 도메인이라 불리는 특정 부분이 있는데, 이는 황산 트랜스포터만의 특정 부위이다.

(2) 대사

흡수된 황산 이온(sulfate)은 먼저 ATP 설퍼릴라아제(ATP sulfurylase)에 의해 ATP와 결합하여 아데노신포스포황산(APS)으로 활성화된다. APS는 이어 APS 환원효소에 의해 글루타티온의 존재하에 아황산 이온으로 환원된다. 아황산 이온(sulfite)은 아황산 환원효소에 의해 환원되어 황화물 이온(sulfide)이 된다. 필요한 환원력은 페레독신에 의해 운반되어, 황산 이온 1몰당 8개의 전자를 필요로 한다. 황화물 이온은 세린 아세틸 전이효소에 의해 세린과 아세틸-CoA로부터 합성된 O-아세틸세린과 시스테인 합성효소의 작용에 의해서 시스테인이 된다. 세린 아세틸 전이효소와 시스테인 합성효소는 복합체를 형성하고, 세린에서 O-아세틸세린을 거쳐 시스테인을 합성하는 반응을 효율적으로 진행한다. 또한, APS는 APS 키나아제에 의해 3′-포스포아데노신 5′-포스포황산(PAPS)으로 변환된다. PAPS는 세균이나 효모에서는 황산 환원의 중간 대사산물이지만, 식물에서는 황지질 합성의 기질이 된다. 황산 이온 대사에 관여하는 ATP 설퍼릴라아제와 APS 환원효소는 대사산물인 시스테인 등에 의해서 피드백 저해를 받는다.

시스테인의 SH기에 환원된 황 원자는 메티오닌과 글루타티온으로 변환된다. 메티오닌의 합성에서는 시스타티오닌 γ 합성효소가 중요한 효소이며, 이 효소의 활성을 높이면 유리 메티오닌 함

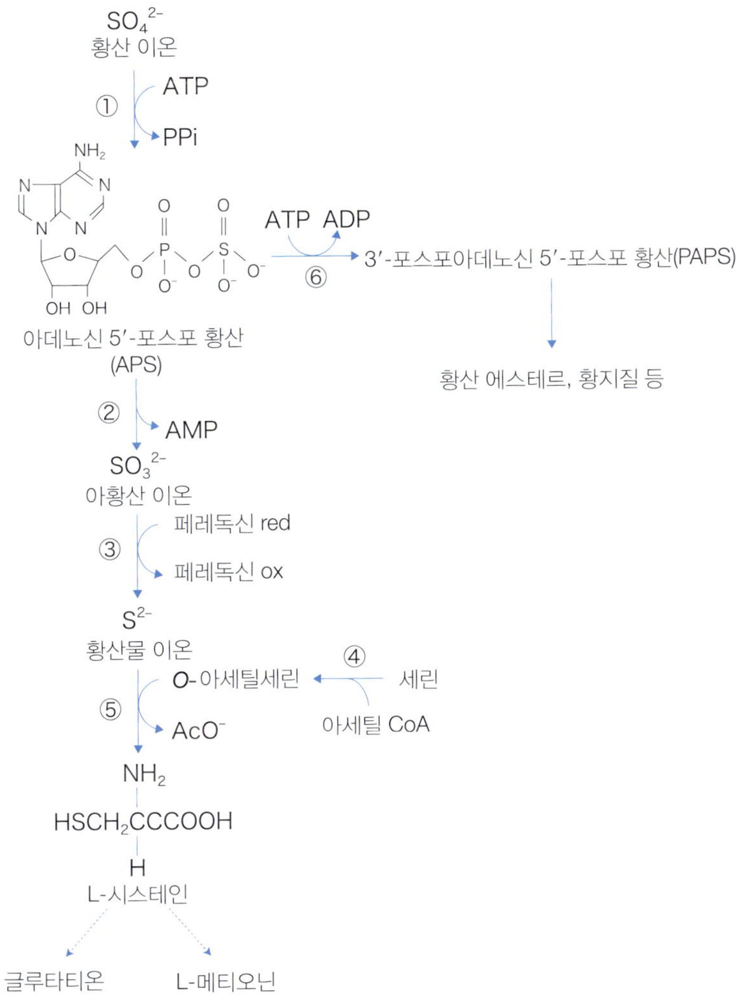

그림 3-35 식물의 황산 이온 환원 동화 경로 ① ATP 설퍼릴라아제(ATP sulfurylase), ② APS 환원효소, ③ 아황산환원효소, ④ 세린아세틸 전이효소, ⑤ 시스테인 합성효소, ⑥ APS 키나아제.

량이 증가한다. 글루타티온의 합성에서는 γ 글루타밀-시스테인 합성효소가 중요한 효소이다. 글루타티온은 환원력의 공급원으로서 뿐만 아니라, 환원된 황의 저장 형태이기도 하다. 식물은 황이 충분히 공급되면 글루타티온을 합성하여 축적하고, 황이 부족하면 글루타티온을 분해한다.

(3) 황 영양상태에 따른 흡수와 대사과정의 제어

황의 영양 상태에 따라서, 황산 이온의 흡수와 대사가 정밀하게 제어된다. 황이 부족하면, 황산 트랜스포터 유전자의 전사와 번역은 O-아세틸세린에 의해서 활성화되고, 시스테인과 글루타티온에 의해서 억제된다.

황산 환원에서 시스테인의 합성에 이르는 경로는 아미노산의 합성경로로, 이 반응이 원활하게 진행되기 위해서는 황산 이온 유래의 황화물 이온과 질소 대사(세린)로부터 공급되는 탄소-질소 골격의 균형이 중요하다. 황의 공급이 감소하면, 이 균형이 무너져서 O-아세틸세린이 축적된다. 황을 충분히 처리한 애기장대에 O-아세틸세린을 투여하면, 황 결핍 식물에서 일어나는 것과 같은 유전자 발현이 일어난다. O-아세틸세린은 황화물 이온의 수용체뿐만 아니라, 황 대사에서도 중요한 역할을 담당하고 있다. 황산 이온 트랜스포터의 발현 제어에 관여하는 전사 인자 SLIM1도 식물의 황 결핍 반응에서 중요한 역할을 하고 있다.

황 대사 경로는 카드뮴 등의 중금속 처리에 의해서도 활성화된다. 중금속 해독에 관련된 파이토킬레틴(Phytochelatin)이나 메탈로티오네인(metallothionein)은 시스테인을 많이 포함하고 있기 때문에 중금속 처리에 관여하는 두 단백질의 합성에 시스테인을 필요로 하고, 따라서 중금속 처리에 의해서도 황 대사경로가 활성화되는 것으로 알려져 있지만, 중금속에 의한 황 대사경로의 활성화 과정에 대해서는 아직 밝혀지지 않고 있다. 예를 들어, 카드뮴 감수성 애기장대 돌연변이(*cad1*)에는 글루타티온 합성의 핵심 효소인 γ 글루타밀-시스테인 합성효소가 손상되어 있다.

메티오닌 대사과정의 핵심효소인 시스타티오닌 γ 합성효소의 mRNA 축적은 메티오닌 농도에 따라 제어된다. 시스타티오닌 γ 합성효소의 mRNA가 번역될 때, 메티오닌에서 합성되는 S-아데노실 메티오닌의 농도가 높으면, 번역이 일시 중지되고 mRNA가 분해된다. 번역의 일시정지는 합성되고 있는 시스타티오닌 γ 합성효소의 N말단 펩티드와 S-아데노실 메티오닌과 리보솜의 상호작용에 의해서 발생하는데, 이러한 메커니즘은 대사산물 농도를 감지하여 발현을 제어하는 새로운 대사과정이다(**그림 3-36**).

2. 인

환경과 식물체 내에서 인은 대부분 오르토인산 이온(양 인산 이온)의 형태로 존재한다. 따라서 이 장에서는 인과 인산을 구별하여 표기하는데, 인으로 표기하는 경우에는 P로, 인산으로 표기하는 경우에는 H_3PO_4로, 인산 이온으로 표기하는 경우에는 $H_2PO_4^-$ 또는 HPO_4^{2-}로 나타내고, 관용적으로 사용되는 P_2O_5를 이용하는 경우에는 그 이유를 따로 설명할 것이다.

1) 토양 중 인[6)]

토양 중의 평균적인 인 함량은 500~800 mg/kg로, 결코 낮은 농도가 아니다. 그러나 식물이 흡수할 수 있는 토양 용액 중의 인 농도는 0.1 mg/L 정도이지만, 토양에 존재하는 인의 대부분은 식

6) 和崎　淳

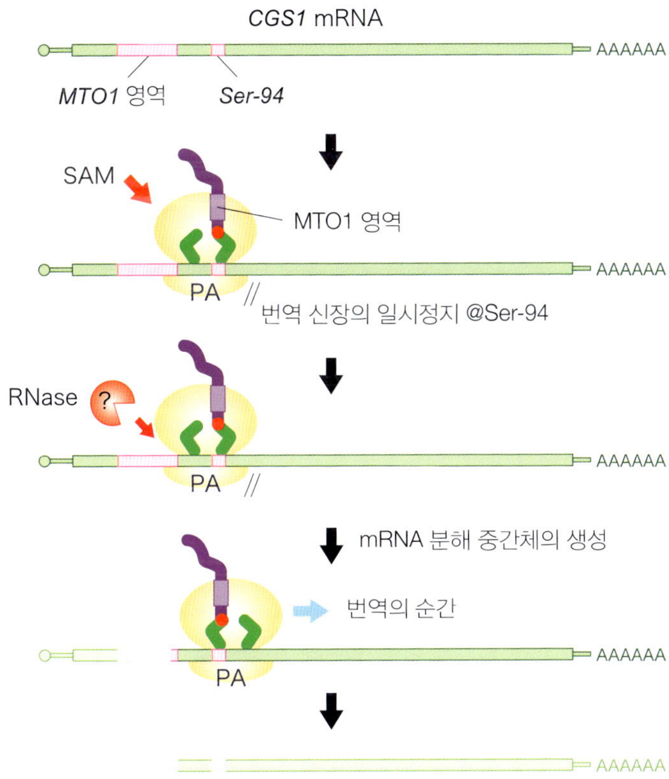

그림 3-36 S-아데노실메티오닌의 농도에 따른 *CGS1* 유전자 발현 제어 모식도 메티오닌 합성의 주요 효소인 시스타티오닌 γ 합성효소(CGS)는 메티오닌의 대사산물인 S-아데노실메티오닌이 고농도로 존재할 경우, 제1 엑손에 존재하는 MTO1 영역에서 리보솜에 의한 번역이 일시정지된다. 일시정지되면, RNA가 분해되기 쉽고, 결과적으로 고농도의 SAM 존재에서는 CGS의 합성이 제어된다.

물이 이용할 수 없는 형태로 존재하고 있다. 이것은 인산 이온이 알루미늄, 철, 칼슘 등의 금속 이온과 난용성의 염을 형성하고, 또한 점토 광물의 규산 이온과 동형 치환해서 점토 광물에 단단히 고정되어 있기 때문이다. 토양 속 인의 20~80%는 피트산, 당인산, 핵산, 인지질 등 유기물과 결합하여 존재하는 인산이며, 이를 유기태인이라고 한다. 유기태인은 가수분해되면 인산 이온이 되어 식물에 흡수되지만, 유기태인 또한 토양에서 철, 알루미늄과 칼슘 이온과 상호작용을 통해 대사과정 중에 이용되기는 어려운 형태이다. 따라서 토양 용액 중의 수용성 인산 이온의 농도는 낮고, 식물은 인 결핍 현상을 자주 겪게 된다(**그림 3-37**). 이러한 특성으로 인해 인산 이온은 토양에서의 이동성이 낮고, 질산 이온 등과 다르게 토양에서 용탈하는 것은 거의 없으며, 대부분 시비된 위치에 축적된다. 토양에 인산을 다량으로 시비하여도 난용성 상태로 존재하기 때문에, 작물에 의한 흡수 이용률이 20% 이하로 낮다.

그림 3-37 인 결핍이 토마토 초기 생육에 미치는 영향 20일간 토경재배한 토마토. 인 결핍 식물(오른쪽)은 대조식물(왼쪽)에 비해 엽색이 짙고 작다. 같은 위치의 잎을 비교하면, 인 결핍에 의해 안토시아닌이 축적되어 보라색을 띤다.

2) 인의 생리 기능[6)]

인은 생체 내에서 핵산과 인지질 등 많은 중요한 화합물의 구성분으로 사용된다(**그림 3-38**). 인산 이온은 광합성에서 이산화탄소의 수용체 역할을 하는 리불로오스1,5-이인산계, 해당계, TCA 회로, 오탄당인산 경로 등의 중간체로서 기능하는 포도당1-인산 또는 과당6-인산 등에서 당의 수산기와 에스테르 결합하고 있다. 포도당과 과당이 대사 반응을 받을 경우, 먼저 ATP와 헥소키나아제에 의해 당의 특정 수산기가 인산화되어 당인산이 된 다음 활성화된 대사 경로에 들어간다.

DNA나 RNA는 염기, 5탄당(리보오스 또는 디옥시리보오스), 인산으로 구성되어 있으며, 5탄당의 1′번 탄소에 아데닌, 구아닌, 티민, 시토신, 우라실 등의 염기가 결합하고, 5′번 수산기에 인산이 에스테르 결합한다. 염기 중 아데닌은 ATP로 표시하며, 5′번의 인산기에 2개의 인산기가 무수결합하고 있다. 이 인산끼리의 결합은 고에너지 인산 결합에서 그 가수분해와 결합하여 화학 반응이 진행된다. 이와 같이 ATP는 "에너지 공급의 주체로서"로서 생체 내에서 중요한 역할을 하고 있다.

뉴클레오티드는 각각 3′번과 5′번 수산기가 인산기를 통해서 중합하여 폴리뉴클레오티드가 된다. 폴리뉴클레오티드는 핵산(구성하는 당이 리보오스인 경우는 RNA, 디옥시리보오스인 경우는 DNA)이라고 하며, 유전 정보의 저장, 전사, 번역에서 중요한 역할을 담당하고 있다. 이러한 분자는 고분자로서 염기 서열의 정보 전달을 수행하고, 단백질 아미노산의 서열 정보를 전달하지만, 3′번, 5′번의 수산기와 인산기의 에스테르 결합에 의해 중합되어 있다.

인지질은 생체막의 주요 구성 성분으로, 3개의 수산기를 가지는 글리세린에 소수성기인 지방산이 2분자, 친수성기인 인산이 1분자 결합하고 있다. 이 인산기에는 이노시톨(예, 그림 3-38d

6) 和崎　淳

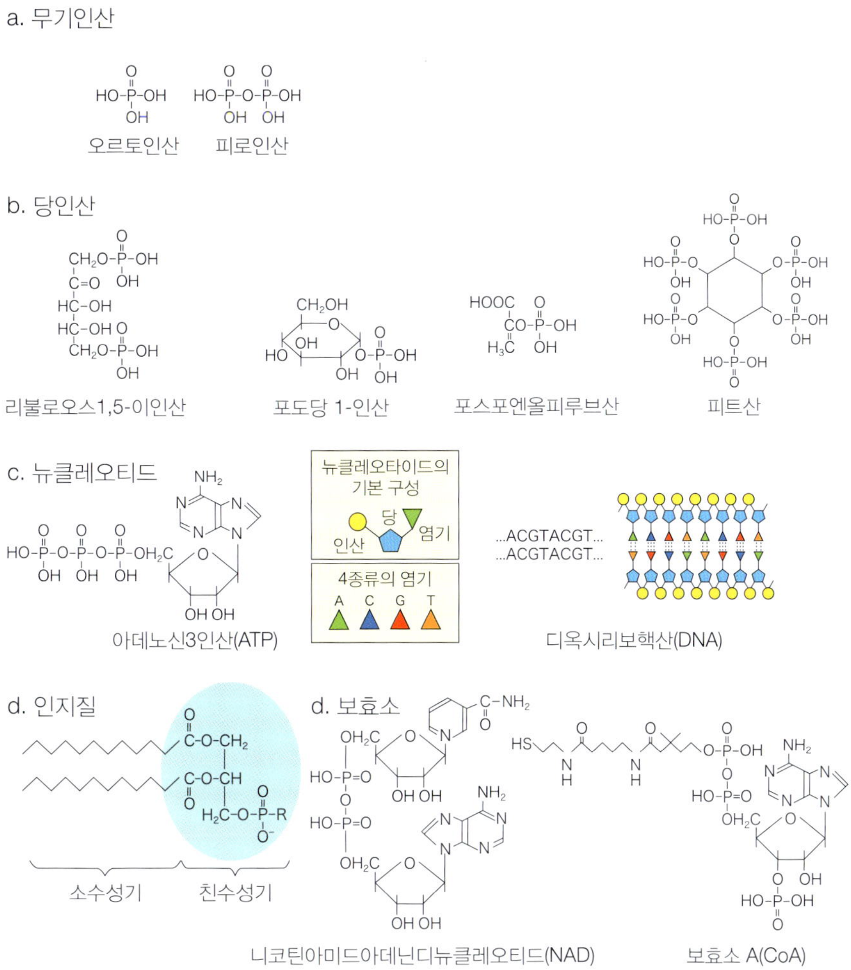

그림 3-38 식물체 내의 인 포함 화합물

의 R 부분이 *myoinositol*의 경우에는 포스파티딜이노시톨)과 콜린(그림 3-38d의 R 부분이 $-CH_2CH_2N^+(CH_3)_3$의 경우에는 포스파티딜콜린)이 에스테르 결합하고 있다. 포스파티딜이노시톨은 막중에서 인산화되어, 포스파티딜4,5-비포스포이노시톨이 된다. 포스포리파아제의 작용을 받아 막에서 떨어져 나온 1,4,5-트리포스포이노시톨은 세포 내에서 2차 전달자 역할을 한다.

단백질을 구성하는 티로신, 세린, 트레오닌 잔기의 수산기는 단백질 인산화효소(단백질 키나아제)의 작용으로 ATP에 의해 인산화되어, 단백질 인산 가수분해효소에 의해 탈인산화된다. 효소 및 막 단백질(트랜스포터 등)과 전사 인자 등 생체 내에서 중요한 역할을 담당하는 단백질 중 일부는 이러한 인산화-탈인산화에 의해 활성이 조절되는 것이 많다.

인은 식물체 내로 신속하게 흡수되어 성장 과정 중 상위 잎으로 이동하게 되므로, 식물이 인 결핍 현상이 일어는 경우에 결핍 증상이 하위 잎에서 먼저 나타나게 된다. 인 결핍이 진행되면 잎이나 개체 자체가 작아지고, 잎은 짙은 녹색이 되며, 안토시아닌을 축적하여 적자색을 나타내는 식물도 있다(그림 3-37). 많은 인산 결핍 식물은 지상부에 의해 뿌리 부분이 발달하기 때문에 지하부/지상부의 중량 비율이 증가하게 된다. 하지만, 인의 과잉 공급에 의한 상해는 작물에서 잘 나타나지 않는다. 하지만, 인의 과잉 시비에 의해서 인과 결합될 수 있는 금속 이온의 이용 불가 상태로 되어 특정 금속 이온의 결핍 증상으로 나타나거나, 인 과다 공급으로 인한 특정 미생물의 증식에 의해서 병이 발생하는 등 부작용이 나타나게 된다.

3) 인의 흡수, 수송, 축적[6]

오르토 인산(orthophosphoric acid)은 pH에 따라 이온형이 변화한다(**그림 3-39**). 토양 용액은 약산성~약알칼리성이므로, 식물은 인산 이온을 주로 인산이수소($H_2PO_4^-$) 이온의 형태로 흡수한다.

토양 용액 중의 인산 이온은 질량 유량(mass flow)에 의해서 뿌리 쪽으로 이끌리고, 세포막에 존재하는 인산 이온 트랜스포터에 의해서 세포 내에 도입된다(**그림 3-40**). 인산 이온의 흡수에 따라 세포 외 pH가 상승하므로, 1몰의 인산 이온은 1몰의 양성자와 공동 수송되는 것으로 추정된다. 토양 용액의 인산 이온 농도는 수 μM 정도인 반면에, 세포내 인산 농도는 수십 mM이고, 세포는 에너지를 이용한 능동수송에 의해서 인산 이온을 흡수한다.

인산 이온에 대하여 높은 친화력과 낮은 친화력을 가진 2그룹의 트랜스포터가 다양한 식물에서 동정되었다. 애기장대에는 9종류, 벼에는 13종류, 보리에는 적어도 8종류의 인산 이온 트랜스포터가 존재하는데, 이들 대부분은 12회 막관통 도메인을 가지며, 인산 결핍 조건하에서 강하게 유도된다. 애기장대의 뿌리에서 강하게 발현하는 *AtPht1;1*와 *AtPht1;4*는 고농도 또는 저농도의 인 조건에서 발현하는 트랜스포터를 코딩하고 있으며, 이러한 트랜스포터 유전자가 결손되면 인산의 흡수가 현저하게 저하한다. 또한, 벼에서 동정된 인산 이온 트랜스포터 OsPT6는 표피와 피층 세포에 위치하여 인산 이온을 외부로부터 세포로 유입하는 역할을 담당하고 있다.

균근균과 공생하는 식물에서는 높은 친화성 인산 이온 트랜스포터와는 별도로, 균근균이 감염

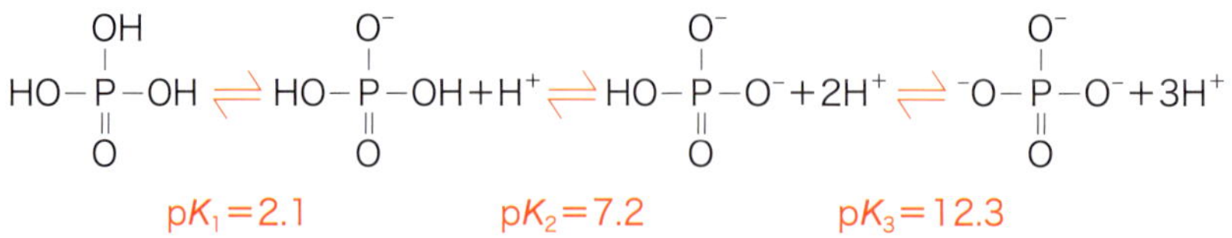

그림 3-39 **오르토인산의 전리 평형**

6) 和崎 淳

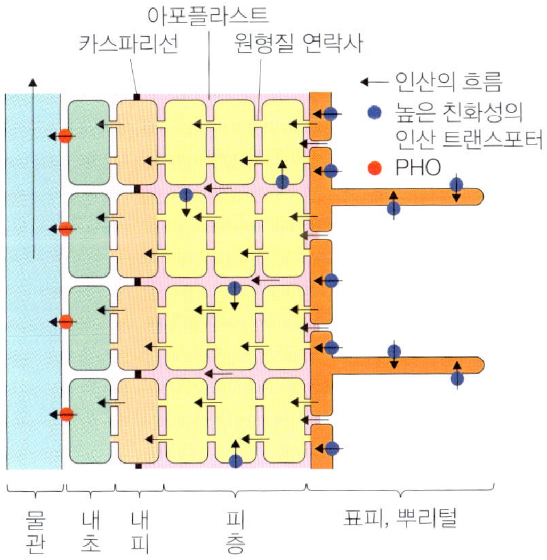

그림 3-40 식물 뿌리에서 인의 흡수와 수송 경로

한 경우에 특이적으로 발현하는 높은 친화성 인산 이온 트랜스포터가 있고, 균근균이 흡수한 인산 이온을 식물체 내로 이동시키는 기능을 가지고 있다.

뿌리 세포에 유입된 인산 이온은 지상부로 수송된다. 세포에 포함된 인산 이온은 즉시 ATP, 포도당 1-인산에 함유되어 있지만, 물관에서 다시 인산 이온으로 돌아온다. 물관액 중의 인 농도는 10 mM 정도로 높기 때문에, 인산 이온을 물관 수용액으로 수송하는 트랜스포터가 필요하다. 애기장대에서 PHO1, 벼에서 OsPT2라고 불리는 트랜스포터는 뿌리의 중심주에서 발현하여 인산 이온을 물관부로 옮기는 역할을 담당하고 있다.

등숙기가 되면, 많은 인이 종자로 수송된다. 종자로 수송된 많은 인은 피트산(inositolhexakisphosphate) 형태로 축적된다(그림 3-38). 축적된 피트산은 발아시에 피타아제(phytase)에 의해 분해되어 인산 이온을 발생한다. 이 인산 이온이 발아 후, 뿌리가 신장하여 새로운 인을 흡수할 수 있을 때까지의 초기 생육을 담당하게 된다. 또한, 종자 중에서 피트산의 인산기는 아연, 마그네슘, 칼슘 등과 결합해서 종자의 미네랄 저장 물질로도 기능한다.

4) 저인 내성의 매커니즘[6)]

인 결핍 조건에서도 생육이 쉽게 영향 받지 않는 성질을 저인 내성이라고 부른다. 저인 내성은 식물에 따라 다르게 나타난다(**그림 3-41**). 모델 식물로 잘 연구된 애기장대와 토마토는 저인 내성이 낮다. *Lupinus Albus* 및 벼는 인 결핍 조건에서도 생육을 유지할 수 있으며, 저인 내성이 높다.

저인 내성은 그 식물이 낮은 농도의 인을 함유한 근권에서 흡수할 수 있는 능력과, 일단 흡수한 인을 체내에서 유효하게 이용하는 능력으로서 능력에 의해 결정된다.

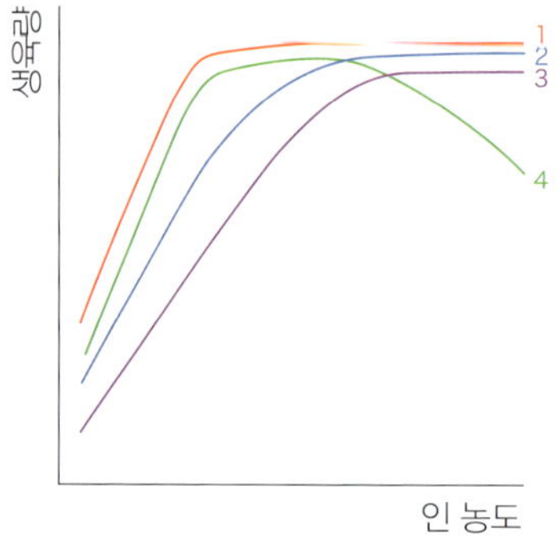

그림 3-41 식물종에 따른 저인내성. 각각 다른 농도에서의 인과 식물과의 관계에 대한 결과 1: 광역 적응성(벼 등), 2: 중~고농도 적응성(밀, 대두, 감자 등), 3: 고농도 적응성(토마토, 비트, 애기장대 등), 4: 저~중농도 적응성[옥수수, 루핀(*Lupinus albus*) 등]

(1) 근권으로부터 인의 획득 및 흡수 능력의 향상

토양에서, 인의 대부분은 금속 이온과 결합하여 난용성 형태로 존재한다. 식물은 이러한 인산 화합물을 용해하기 위하여, 금속 이온을 킬레이트하는 능력이 있는 구연산, 말산, 옥살산 등의 카복실기를 2개 이상 갖는 저분자 유기산을 뿌리에서 분비한다(**그림 3-42**). 분비되는 유기산은 식물 종에 따라 다르며, 저인 내성이 강한 루핀(*Lupinus albus*)은 구연산을 많이 분비한다. 저분자 유기산은 토양 중의 미생물에 의해 쉽게 대사되고 분해되므로, 루핀(*Lupinus albus*)은 구연산과 동시

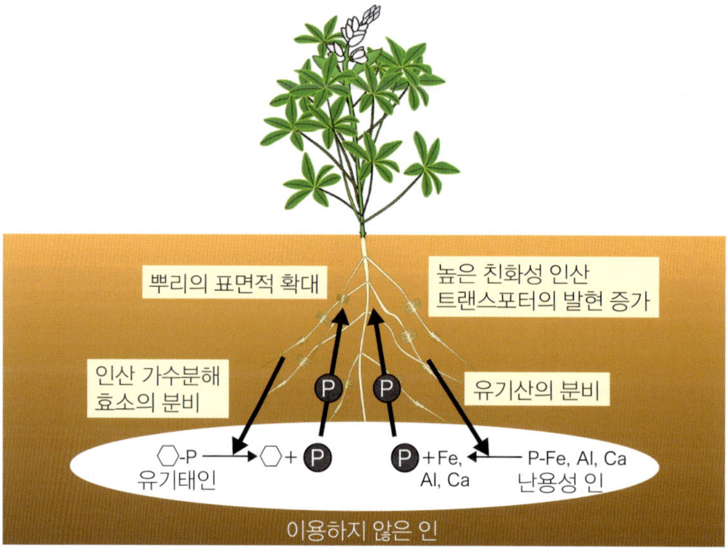

그림 3-42 토양 중에 잔류하는 인의 획득 기구

에 사상균의 세포벽을 분해하는 효소[키티네이스(Chitinase), 글루카네이스(glucanase)]를 뿌리에서 분비하여 미생물 활성을 억제한다. 또한, 비둘기콩(*Cajanus cajan*)은 난분해성의 페놀성 유기산인 piscidic acid을 분비한다.

유기태인으로부터 인산에스테르가 가수분해되어 인산 이온이 방출되게 된다. 뿌리에서 분비되는 인산 가수분해효소가 수용성의 유기태인을 가수분해하지만, 인산 가수분해효소의 분비 능력은 식물 종에 따라 다르다. 루핀(*Lupinus albus*)과 토마토는 분비 능력이 높은데, 이는 강한 저인 내성의 한 요인이 된다. 그러나 토마토는 인 결핍증상에 대한 내성이 약하기 때문에 저인 내성이 낮은 작물이다. 유기태인은 반드시 수용성이 아니므로, 유기산에 의한 금속 이온의 킬레이트 제거는 유기태인의 가용화에도 기여하고 있다.

인이 부족하면, 뿌리의 높은 친화성 인산 이온 트랜스포터 발현량이 증가한다. 또한, 뿌리의 유기산이나 인산 가수분해효소의 분비량도 증가하게 되어 낮은 농도 조건에서의 인을 흡수하는 작용을 높히게 된다. 또한, 뿌리털의 양과 측근의 수를 늘려서, 지상부와 비교하여 뿌리 부분의 양을 상대적으로 증가시킨다. 즉, 뿌리의 표면적을 증가시킴으로써 인의 흡수 능력을 향상시킨다.

난용성 인을 흡수하는 능력이 높은 식물들 가운데 특수한 형태의 뿌리를 가진 식물도 있는데, 그 중 하나가 루핀(*Lupinus albus*)에서 발달하는 클러스터 뿌리(cluster root)이다(**그림 3-43**). 클러스터 뿌리는 이차 뿌리에 1cm 정도의 작은 뿌리(三次根)가 조밀하게 형성되게 되는데, 프로테아과(Proteaceae) 식물에서 발견되어서 프로테오이드 뿌리(proteoid root)라고도 불린다. 이러한 식물의 클러스터 뿌리는 특징적인 형태뿐만 아니라, 유기산이나 인산 가수분해효소의 분비 능력, 그리고 높은 친화성 인산 이온 트랜스포터의 발현량도 증가해서 토양으로부터 인의 흡수에 최적화되어 있다. 외떡잎식물 사초과에서는 dauciform root라는 뿌리털이 뿌리를 조밀하게 형성해서 인의 흡수를 촉진시킨다.

그림 3-43 루핀(*Lupinus albus*)의 클러스터 뿌리 형태 (bar = 1cm)

(2) 체내 인 이용 효율의 향상

인이 부족한 환경에서 생육하는 식물에서는 다양한 대사 경로가 연동하여 체내에서 식물체 내에서 인의 이용 효율성을 최대한 증대시키게 된다(**그림 3-44**). 인 결핍에 내성을 가진 식물에서는 인 수송이 하위 잎으로부터 상위 잎과 종자 부분으로 활발하게 수송이 이루어진다. 또한, 오르토 인산의 생성이 유기태인에서 인산 가수분해효소에 의해 촉진된다. 리보핵산가수분해효소에 의한 RNA의 분해가 촉진됨에 따라 RNA 양이 격감한

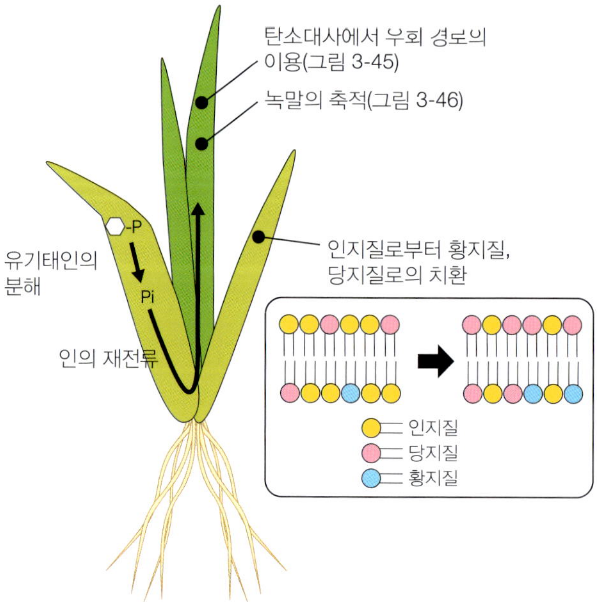

그림 3-44 식물체 내에서의 인의 이용

다. 세포내 소기관 등 막계의 인지질은 감소하고, 당지질과 황지질은 증가한다. 탄소 대사도 인 결핍에 대응하여, 해당과정을 우회 경로로 진행한다(**그림 3-45**). 일반적인 경로는 오르토 인산을 발생하지 않은 채 소비하는 경로이지만, 우회 경로는 오르토 인산을 발생하지만 소비하지 않는다. 또한, 인산을 재활용하기 위해서 녹말 합성에 관련된 많은 효소의 유전자 발현량이 증가하고 지상부에 전분이 축적된다(**그림 3-46**). 이처럼, 인이 부족한 식물에서는 에너지 생산량이 저감되는 대신에 인산을 재활용해서 대사과정 중에 이용하게 된다.

인 결핍 식물의 뿌리를 두 부분으로 나눈 후, 각각에 인을 포함한 배양액과 인이 결핍된 배양액을 주면, 며칠 이내에 인 결핍 배양액에 노출된 뿌리에서도 인 결핍에 대한 반응(높은 친화성 인산 이온 트랜스포터 유전자의 발현 및 형성된 클러스터 뿌리)이 사라진다(**그림 3-47**). 이것은 지상부에서 "인이 충분하다"라는 신호를 뿌리에 전달했기 때문이라고 생각되지만, 그 전달 기구는 아직 알려져 있지 않다. 저인 내성 메커니즘은 복잡한 분자 네트워크에 의해서 제어되는데, 일부 전사 조절 인자와 단백질을 코딩하지 않는 RNA(non-coding RNA) 등이 관여하고 있는 것으로 밝혀지고 있다.

5) 균근균[7)]

토양에 존재하는 일부 균류(fungi)가 뿌리의 내부 또는 표면에서 식물과 공생(symbiosis) 상

[7)] 俵谷圭太郎

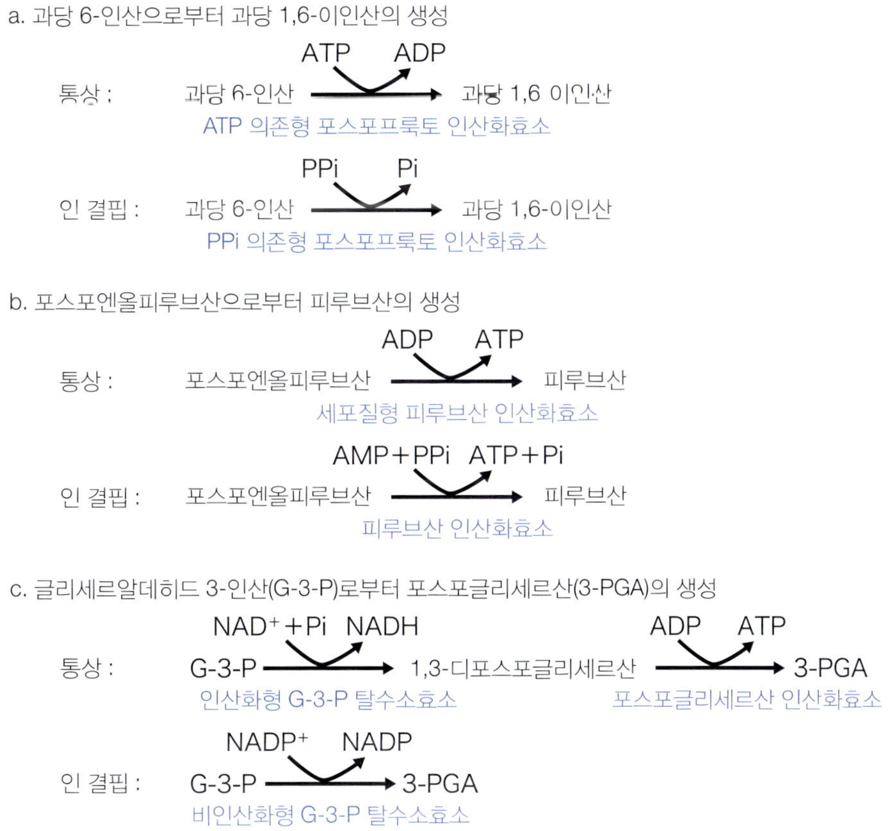

그림 3-45 인 결핍 조건에서 이용할 수 있는 우회 경로의 예

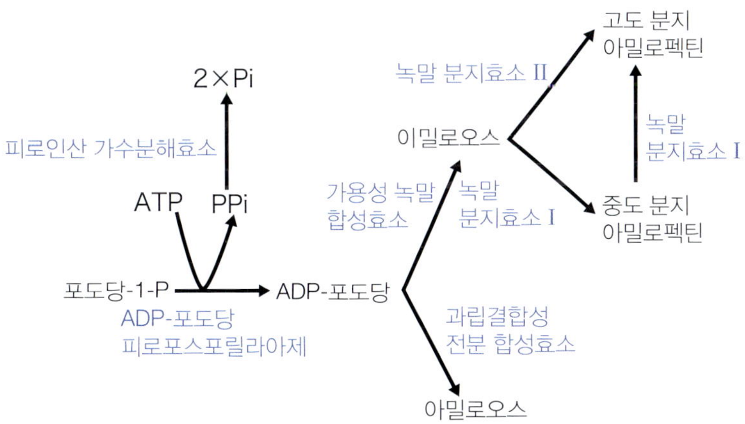

그림 3-46 녹말의 합성 경로

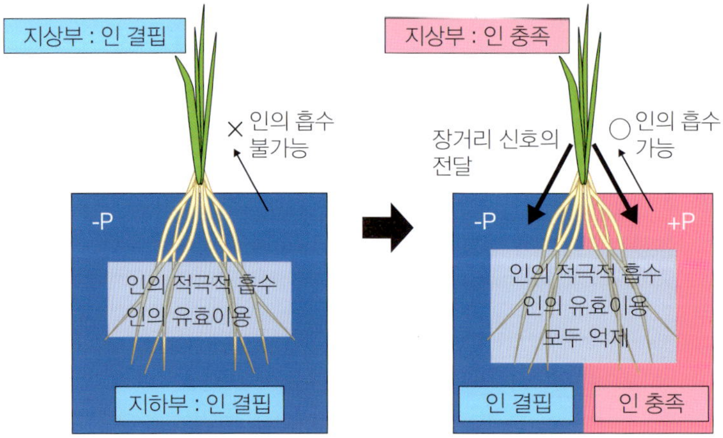

그림 3-47 지하부 저인 내성 기구의 장거리 신호에 의한 제어

태에 있는 것을 균근(mycorrhiza)이라 한다. 균근은 형태와 숙주 식물과의 상호작용에 의해 외생 균근, 내외생 균근, 수지상균근균(arbuscular mycorrhizal fungi), Ericoid mycorrhiza, Arbutoid mycorrhiza, Monotropoid mycorrhiza, orchid mycorrhiza fungi, Entoloma mycorrhiza fungi로 나뉘게 된다. 균 뿌리를 형성하는 균류를 균근균(mycorrhizal fungi)이라 부른다. 육상 식물의 80%가 균 뿌리를 형성하는 것으로 알려져 있다. 여기에서는 대부분의 농작물과 일부 나무에 형성되는 수지상균근균에 대해 설명하고자 한다.

수지상균근균을 형성하는 균류는 취균류(Glomeromycota)에 속하고, 14속(*Acaulospora*, *Ambispora*, *Archaeospora*, *Diversispora*, *Entrophospora*, *Geosiphon*, *Gigaspora*, *Glomus*, *Intraspora*, *Kuklospora*, *Otospora*, *Pacispora*, *Paraglomus*, *Scutellospora*), 150여 종이 알려져 있다. 수지상균근을 형성하는 숙주 식물에는 벼과, 콩과, 가지과, 백합과, 박과, 국화과, 장미과, 감귤과 등이 있다. 십자화과, 명아주과, 마디풀과, 콩과의 *Lupinus*속 등에서는 균근이 형성되지 않는다.

(1) 균뿌리 형성

수지상균근균의 포자가 토양에서 발아하면, 신장한 외생 균사가 숙주 식물 뿌리에서 침출한 스토리고락톤에 따라 분지를 촉진하고서, 뿌리의 표면에 부착기를 형성하여 뿌리 내부로 침입한다. 내인성 균사는 뿌리의 세포 내에 수지상체(arbuscule)라는 균사가 미세한 분지 구조를 형성하는 형태를 띄고 있다(**그림 3-48**). 균은 식물로부터 설탕(포도당)을 제공받으며, 또한 외생 균사를 신장시키며, 균사의 직경은 1~10 μm 정도이다. 균사의 신장 속도는 균종에 따라 다르지만, 대개 0.2~3 mm/day 정도이다. 외생 균사는 뿌리의 표면에서 25 cm 이상 떨어신 토양에까지 도달한다.

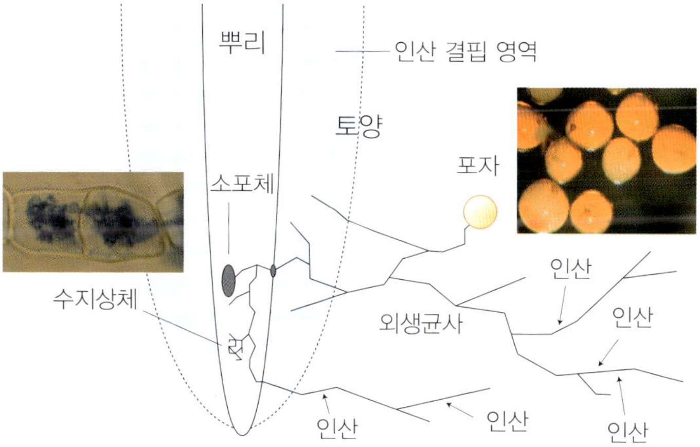

그림 3-48 수지상균근의 구조와 균사에 의한 인산의 흡수

토양 중의 균사 밀도는 0.06~40 m/g 정도로 균종에 따라 다르다. 외생 균사끼리는 서로 연결되어, 뿌리 주변 토양에 외생 균사 네트워크를 형성한다. 이처럼, 뿌리 주변에 광범위하게 미세한 외생 균사가 신장하기 때문에, 균 뿌리를 형성한 식물은 균뿌리를 형성하지 않은 식물에 비해서 더 많은 무기 양분(특히, 인)과 수분을 흡수할 수 있다. 균뿌리를 형성한 식물의 뿌리 주변을 균근권(mycorrhizosphere)이라 하며, 뿌리권과 균사권(hyphosphere)으로 구성되어 있다. 균뿌리 형성은 식물의 인 영양 상태에 따라서 조절된다. 인 결핍의 식물에서는 뿌리 삼출물에 의해 외생 균사의 신장이 촉진됨에 따라서 균 뿌리 형성이 높아진다.

(2) 외생 균사에 의한 인의 흡수와 수송

외생 균사는 토양에서 인산 이온을 흡수한다. *Glomus versiforme*에서 Pht1 패밀리의 인산 트랜스포터 유전자인 *GvPT*가 동정되었고, *G. intraradices*에서 *Gi*PT이 동정되었으며, *G. mosseae*에서 *GmosPT*가 분리되었다. GvPT는 친화성(Km = 18 μM)이 높다. 외생 균사에 흡수된 인산은 폴리인산이 되어 액포 내에 축적된 내인성 균사로 수송된다. 폴리인산은 수지상체로 인산으로 가수분해되어 균과 식물 사이의 아포플라스트로 방출되고, 식물의 인산 트랜스포터에 의해 흡수된다. 균뿌리를 형성한 뿌리에서 특이적으로 발현하는 Pht1 패밀리의 인산 트랜스포터 유전자가 배럴 클로버(*Medicago truncatula*), 벼, 감자, 밀 및 토마토 등에서 동정되었다. 이들은 수지상체로, 균에서 아포플라스트로 방출된 인산의 흡수에 관여하고 있다.

균 뿌리를 형성한 식물에서 뿌리권의 인산 가수분해효소 활성은 균 뿌리를 형성하지 않는 식물의 효소 활성에 비해 높고, 균근균이 유기태 인산을 가수분해할 수 있는 것으로 보아, 불가급태 인산의 일부가 균근균에 의해 유용화되어 작물이 이용할 수 있는 형태로 되는 것으로 보인다.

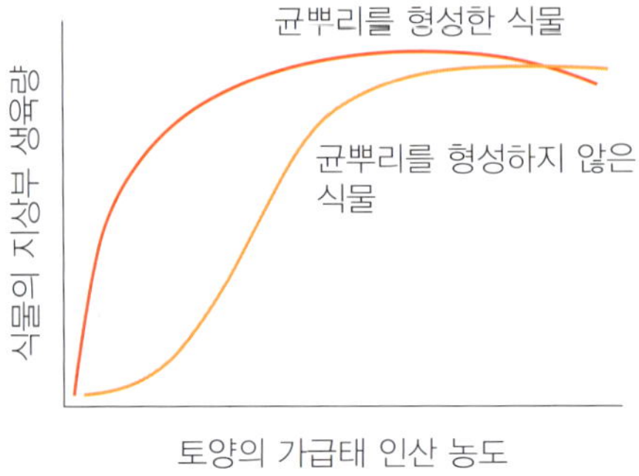

그림 3-49 토양의 가급태 인산 농도와 식물 생육의 관계

(3) 균근균에 의한 인 흡수와 작물의 생육 촉진

토양의 인 농도가 낮은 경우에는 균근균에 의한 인 흡수의 촉진으로 인해 식물 생육 촉진이 일어나게 된다. 토양에서의 가급태 인산 농도와 식물 생육과의 관계를 **그림 3-49**에 나타냈다. 즉, 가급태 인산 농도가 낮은 토양에서는 균 뿌리를 형성한 식물의 생육이 균 뿌리를 형성하지 않는 식물의 생육에 비해 훨씬 커진다. 가급태 인산 농도의 상승에 따라서 이 차이는 줄어들고, 가급태 인산이 충분한 토양에서는 두 조건에서의 생육 차이가 나지 않는다.

그림 3-50에는 수지상균근균 접종과 비접종 파를 포장에 이식하여 167일 간 생육시켰을 때, 파의 지상부 생육을 보여준다. 토양의 가급태 인산 농도가 30 및 60 mg P_2O_5/100 g에서는 수지상

그림 3-50 수지상균근균을 접종하지 않은 파와 접종한 파의 수확 후 생육 상태 수확시 생육 상태

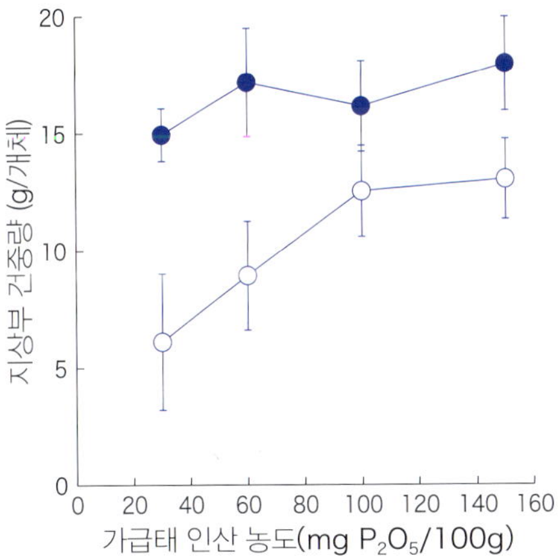

그림 3-51 토양의 인산 농도에 따른 수지상균근균 비접종한 파와 접종한 파의 지상부 건중량 차이 ○: 비접종구, ●: 균근균 접종구

균근균 접종 파의 지상부 건조 무게가 균 뿌리 형성에 의해 비접종구보다 생육이 촉진되었다. 150 mg P_2O_5/100 g 비접종 지역의 파 지상부 건조 무게는 30 mg P_2O_5/100 g의 수지상균근균 접종구와 차이가 없었다. 이는 파종할 때 파에 수지상균근균을 접종하면, 30 mg P_2O_5/100 g 인산 수준에서도 150 mg P_2O_5/100 g 비접종 파와 동일한 생육량을 얻을 수 있음을 나타낸다(**그림 3-51**). 균근균의 이러한 기능을 이용하면, 인산질 비료 투입량을 줄이고서도 동일한 작물 수확량을 얻을 수 있다.

균 뿌리를 형성한 식물의 생육이 균 뿌리를 형성하지 않은 식물의 생육보다 훨씬 큰 경우를 상리 공생(mutualism)이라 하고, 차이가 없는 경우를 편리 공생(commensalism)이라 한다. 또한, 균 뿌리 형성 식물의 생육이 균 뿌리를 형성하지 않는 식물의 생육에 비해서 훨씬 작은 경우를 기생(parasitism)이라 한다. 식물이 그 생육을 균근균에 어느 정도 의존하고 있는지를 나타내기 위해서 아래의 균뿌리 의존성이 사용된다.

$$\text{근균 의존성(\%)} = \frac{\text{근균을 형성한 식물의 생체 중량} - \text{근균을 형성하지 않은 식물의 생체 중량}}{\text{근균을 형성한 식물의 생체 중량}} \times 100$$

균 뿌리 의존성은 일반적으로, 나무 > 야생초 > 사료 > 밭작물의 순으로 높아진다. 이것은 비료가 투입되지 않은 자연 생태계에서 균근균의 중요성을 보여주고 있다. 밭작물의 균 뿌리 의존성은 종간 및 품종 간에 다르다. 백합과의 *Allium*속(파, 양파 등)에서는 균근 의존성이 다른 작물에 비해 크다. 이는 백합과 작물의 뿌리계 발달 정도가 다른 작물에 비해 작기 때문이라고 생각되고 있다. 하지만, 벼, 밀, 옥수수 등은 균 뿌리 형성이 일어나지만, 균 뿌리 형성에 의한 생육 촉진 현상이 크게 발생하지 않는다.

외생 균사는 인 외에도 암모늄 이온과 질산 이온을 흡수한다. 이들은 아르기닌으로 동화되어 내인성 균사로 수송된다. 또한, 아연과 구리의 흡수가 균뿌리를 형성한 식물에서 촉진된다는 것이 몇몇의 일부 세균과 숙주 식물의 조합을 통한 연구에서 보고되고 있다.

균 뿌리의 균사 네트워크는 서로 다른 식물의 뿌리를 연결할 수 있다. 콩과 작물과 벼과 작물을 혼작하면, 단작에 비해 벼과의 질소 흡수와 생육이 개선된다. 이러한 결과는 균사 네트워크에 의해 콩과 작물과 벼과 작물의 상호작용에 의한 질소 수송의 효율성이 증대되는 현상이라고 추측된다. 이처럼, 균사 네트워크는 피복 작물을 이용한 벼과 사료 작물에서의 인 영양 개선과 더불어, 경작 재배에서는 균뿌리 형성의 촉진에도 기여하고 있다.

3. 칼륨과 나트륨[8)]

칼륨이나 나트륨 등의 알칼리 금속 원소는 자연계에는 1가의 양이온으로 존재하고, 수용액에서는 복수의 물 분자와 회합하여 수화 이온으로 존재한다. 나트륨 이온은 칼륨 이온보다 물 분자를 강하게 끌어당기기 때문에 물과 함께 이동하기 쉽다. 한편, 칼륨 이온은 1차 광물에 많이 포함된 점토 광물의 주요 구성 요소이다.

1) 식물의 칼륨 영양

토양 중의 칼륨은 주로 장석, 운모가 풍화되어서 공급되며, 농도는 높지 않지만 항상 존재한다. 그러나 작물이 빠르게 성장함에 따라 흡수량이 많아지면서, 토양에서의 공급이 이를 따라 가지 못할 수 있기 때문에 비료 형태로 인위적 공급이 필요하다.

속씨식물의 칼륨 함량은 평균 1.4%(건조 중량당)로, 나트륨(평균 함량 0.12%)보다 더 많이 흡수된다. 따라서 칼륨은 마른 풀과 나무를 태운 아궁이의 재(초목 재)에 많이 존재한다. 초목 재를 의미하는 pot ash가 칼륨(potassium)의 어원이 된 이유이다. 포유동물에서는 건조 중량당 칼륨, 나트륨의 함량이 각각 0.75%, 0.73%로 거의 동량으로 포함되어 있다.

칼륨이 부족하면 생육이 저하되지만, 뚜렷한 증상은 잘 나타나지 않는다. 결핍이 진행되면, 벼과 작물에서는 하위 잎의 끝에서 황백화 현상이 나타나고 결국 고사한다. 식물 종에 따라서 하위 잎에 흰 반점이 나타나기도 한다. 칼륨이 부족하면 흡수 능력이 저하되므로, 특히 건조 해를 받기 쉽다. 비가림 재배 등으로 칼륨염이 다량으로 시용되면, 양이온끼리 흡수가 길항되며, 특히 마그네슘의 흡수가 저하된다. 칼륨을 대량으로 흡수시킨 목장에서 사육된 소는 마그네슘 결핍에 의한 장애(목초강직증, grass tetany)를 입는 경우가 있다.

8) 間藤　徹

2) 칼륨의 흡수

인간 체내의 칼륨 이온과 나트륨 이온의 체내 분포를 살펴보면, 나트륨 농도는 세포 외액(혈장)에서 높고(145 mM), 세포 내에서 낮다(14 mM). 한편, 칼륨 농도는 세포 내에서 높고(157 mM), 세포 외액에서 낮으므로(5 mM), 두 이온이 세포막을 사이에 두고서 농도 대칭 형태를 띄고 있다(**그림 3-52**). 세포 외액의 나트륨 이온이 세포 내로 들어가면, 세포 내액의 칼륨 이온은 세포 밖으로 나온다. 그러나 세포막에 존재하는 나트륨/칼륨 ATPase가 3분자의 세포내 나트륨을 세포 밖으로 배출하고, 동시에 2분자의 칼륨 이온을 세포 밖에서 세포 내로 흡수함으로써, 세포 내외의 나트륨, 칼륨의 농도를 일정하게 유지하게 된다. 이 나트륨/칼륨 ATPase에 의한 세포막을 가로 지르는 나트륨 및 칼륨의 수송을 1차 수송이라고 부른다. 이렇게 형성된 세포 내외의 나트륨 농도 구배와 내부의 음의 전위차를 원동력으로 해서 세포막을 가로지르는 물질의 수송이 이루어진다(2차 수송, ☞ 제2장 3. "식물 영양소의 수송"). 이처럼, 동물에서는 막을 가로지르는 나트륨의 농도 구배가 막통과 물질 수송의 원동력이 된다.

그러나 많은 식물에서는 나트륨 함량이 낮고, 나트륨/칼륨 ATPase도 존재하지 않으며, 나트륨의 농도 구배에 의존하는 물질 수송계의 존재 여부가 아직 증명되지 않았다. 식물의 막수송은 막을 가로막는 H^+(양성자) 농도의 기울기, 즉 pH의 차이에 의해서 일어난다(그림 3-52). 식물 세포의 세포질은 pH 7~8, 액포는 pH 5~6, 세포벽은 pH 6 이하로서, 세포질은 양성자 농도가 약 100~1,000배 높은 외부액에 둘러싸여 있으며, 양성자는 세포질로 확산된다. 세포막 양성자

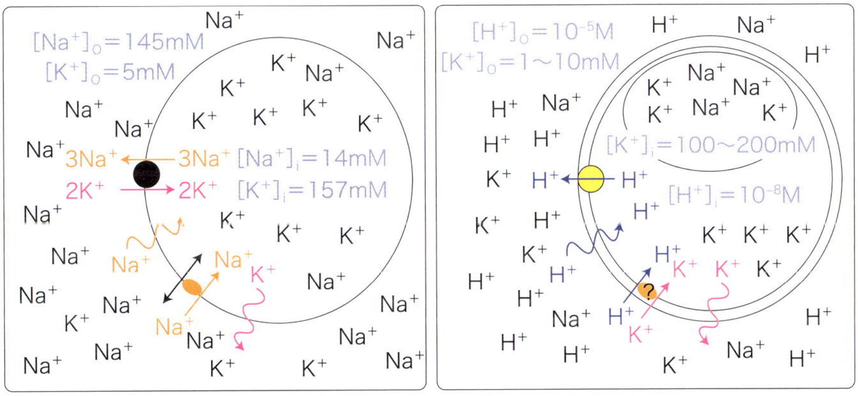

그림 3-52 사람과 식물의 세포막을 가로지르는 칼륨, 나트륨, 양성자의 분포 왼쪽: 사람의 조직에서는 혈장과 세포 내 나트륨 이온과 칼륨 이온이 대칭적으로 분포한다. 막을 사이에 둔 농도 구배에 의해 나트륨 이온, 칼륨 이온은 각각 낮은 방향으로 확산되지만, 나트륨/칼륨 ATPase(검은 원)가 ATP를 사용하여 Na^+와 K^+의 능동수송이 일어난다. 주황색의 수송체 단백질은 Na^+농도 구배를 이용하여 용질을 수송한다(제2장 3. "막수송의 기초 지식"). 오른쪽: 식물 세포에서는 양성자가 외부에서 내부로 유입하고, 칼륨 이온의 유출이 내부에서 외부로 일어나지만, H^+-ATPase(노란색)에 의해 양성자가 능동적으로 유출되어 막 내외의 pH 구배가 유지되며, 칼륨 이온이 칼륨 채널에 의해서 안쪽으로 능동수송된다.

ATPase와 액포막 양성자 ATPase는 세포질에 침입하는 양성자와 대사 반응에서 생성되는 양성자를 흡수 또는 방출하여 세포질의 pH를 유지한다. 식물에서는 막 내외의 양성자 농도 구배를 구동력으로 삼아서 칼륨 이온도 수송된다. 식물 세포와 동물 세포은 세포질의 칼륨 이온 농도가 거의 같지만, 동물에서 세포는 혈장과 림프액 등의 나트륨 이온이 풍부한 외부 액에 둘러싸여 있다. 식물 세포에는 외부액이 없고 나트륨과 칼륨의 수송에 나트륨 요구성이 명백하지 않는 등 동물과는 시스템 자체가 다르다.

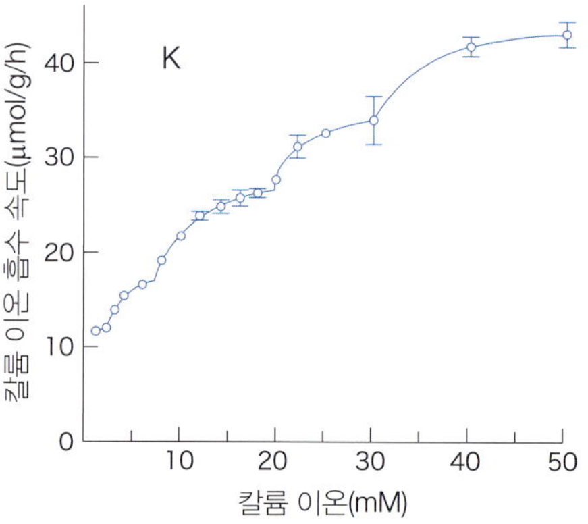

그림 3-53 보리 뿌리의 절단면에서 칼륨 흡수 속도(y축)와 배지 내 칼륨 이온 농도의 관계 복수의 수송체가 관여하고 있음을 나타낸다. (Epstein, E. : Nature 212, 1324-1327, 1966)

뿌리에서 칼륨 흡수 속도는 배양액의 칼륨 농도에 비례한다(그림 2-20, **그림 3-53**). 이러한 현상은 다양한 특성을 가지고 있는 칼륨 이온 수송체가 존재하기 때문이라고 생각된다. 두 경우 모두에서, 1분자의 칼륨 이온은 1분자의 양성자와의 교환으로 막을 가로 질러서 흡수되므로 전하의 순이동은 없다.

이러한 수송체들의 실체는 오랜 기간 동안 밝혀지지 않았었지만, 애기장대에서 칼륨 수송 능력을 가지고 있는 다수의 단백질들이 발견되었고, 이렇게 동정된 유전자들을 이용하여 칼륨 흡수 능력이 없는 돌연변이 효모 개체를 이용한 상호보완 실험을 통해서 기능이 밝혀졌다. 또한, 사상균이나 박테리아에서 동정된 칼륨 수송체 유전자의 단백질 정보를 기반으로 하여 애기장대에서 27종류의 유전자를 동정하였다. 하지만, 동정된 유전자의 단백질을 효모와 개구리 난모세포에서 발현시켜 식물 뿌리에서의 칼륨 수송에 대한 실험을 수행하여도 식물 뿌리의 세포막에서 역할을 수행하는 칼륨 수송체 단백질의 본 기능을 밝혀내기가 어려워서, 이러한 문제점을 개선시킨 실험 시스템을 개발 중에 있다. 칼륨 이온은 토양 용액에서 뿌리 세포막을 통해 흡수되고, 물관을 통해 지상부로 이동하며, 엽신에서는 기공의 개폐와 삼투압의 형성에 관여하고, 일부는 체관을 통해서 다시 뿌리로 돌아오는 체내 순환이 이루어진다. 이처럼, 개체의 다양한 부위에서 작동하기 때문에 다양한 다수의 칼륨 이온 수송체가 존재하는 것이다.

3) 칼륨의 생리 기능

칼륨 이온은 식물 세포 내에서 양이온으로 존재하고, 세포의 수분 포텐셜을 유지시키며, 대사 반응에 필요한 적절한 이온 환경을 조성하여 칼륨 의존성 효소를 활성화시킨다. 칼륨 이온은 식물에서 일반적으로 체내 농도가 가장 높은 양이온이다. 식물에서의 흡수는 엽신의 수분 포텐셜과 근권 수분 포텐셜의 차이에 따라 발생한다(☞ 제2장4 “물의 흡수와 수송”). 칼륨 이온은 엽신부에서

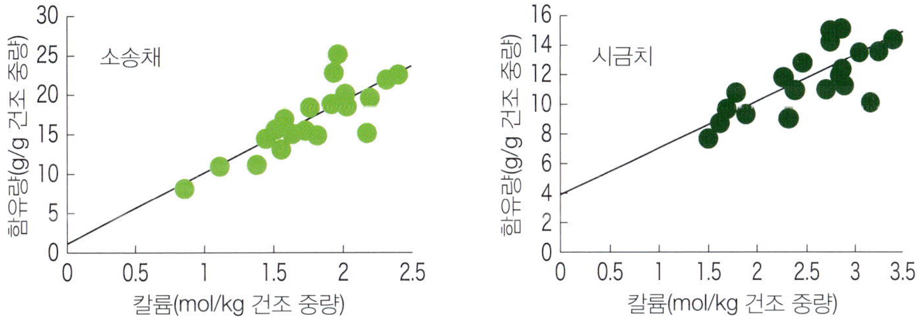

그림 3-54 소송채(왼쪽)와 시금치(오른쪽)의 건조 중량당 칼륨 함유량과 수분 함유량의 관계

축적되면서 수분 포텐셜 유지에 관여한다. 소송채와 시금치 잎 건조 무게당 수분과 칼륨 양에는 양의 상관관계가 있어서(**그림 3-54**), 칼륨 함량이 많아지면 수분도 많아지게 된다. 기공의 개폐나 콩류(미모사)에서 엽침의 수면 운동은 공변세포와 기동 세포의 팽창 수축에 의해서 일어난다. 즉, 칼륨 이온이 이온 채널을 통해 이동하고, 그 농도 상승에 따라 수분 포텐셜이 저하되면, 그것이 구동력이 되어 물은 아쿠아포린을 통해서 이동하게 되고, 최종적으로 세포의 형태 변화가 일어나게 된다. 기공의 개폐에 관여하는 양이온은 칼륨 이온이며, 다른 양이온으로 대체될 수 없다. 공변세포의 칼륨 이온 채널의 전기화학적 분석에 따르면, 공변세포의 칼륨 채널은 막 전위가 −120 mV 이하로 과분극하면, 개공해서 칼륨 이온을 세포 안쪽으로 수송한다. 한편, −40 mV 이상이 되면 바깥쪽에서 칼륨 이온의 수송이 일어난다. 이러한 수송은 별도의 채널에서 발생했지만, 두 채널 모두 바륨 이온으로 억제된다(**그림 3-55**). 또한, 나트륨 이온의 10배의 선택성을 나타냈다. 말산 이온과 염소 이온이 쌍이온으로 이동한다.

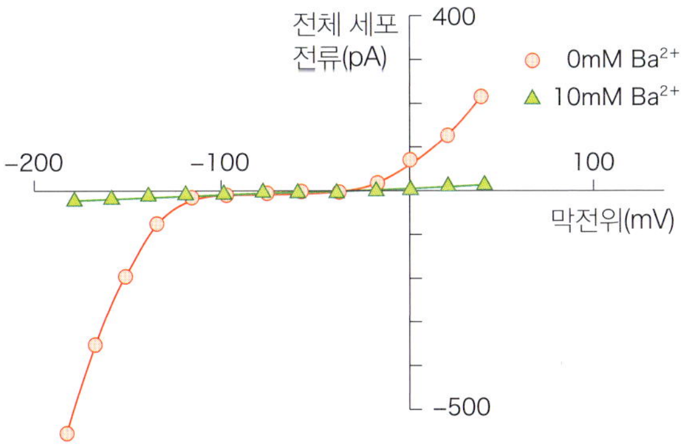

그림 3-55 공변세포의 칼륨 이온 전류 바륨 이온(Ba^{2+})은 칼륨 이온 채널의 저해제이다. (島崎研一郎: 식물생리학 강좌 5 환경 반응, 2001)

피루브산 키나아제는 50~100 mM 농도의 칼륨 조건에서 활성화가 가장 높으며(**그림 3-56**), 루비듐은 칼륨으로 대체될 수 있지만, 나트륨을 대체할 수는 없다. 식물에서는 피루브산 키나아제처럼 칼륨 이온에 의해 활성화되는 효소가 40가지 이상 보고되고 있다. 칼륨 이온과 이온 반경이 비슷한 암모늄 이온은 특정 효소의 활성화 부위에 결합하여 효소를 활성화시킨다. *in vitro*에서 단백질 간의 폴리좀 형성에도 칼륨이 영향을 미친다. 이와 같이, 칼륨은 식물 내의 반응에서 가장 중요한 양이온으로 수분 포텐셜을 형성하고, 세포질의 전해질 농도 유지와 세포 활성에 필요한 이온의 농도 및 상태를 최적화시킨다. 또한, 물관에서 질산 이온이나 유기산의 수송에도 관여한다.

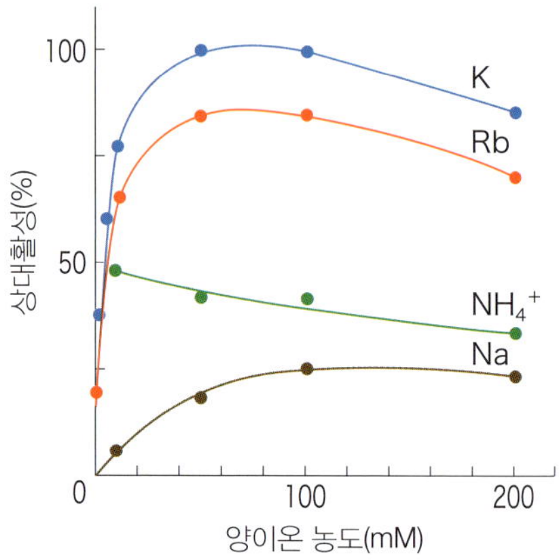

그림 3-56 피루브산 키나아제 활성에 대한 양이온의 영향

칼륨이 부족해지면, 식물체의 성장이 지연되어 왜소해지고, 나트륨, 칼슘, 마그네슘의 함량이 증가한다. 결핍 현상이 지속되게 되면, 아미노산, 가용성 당이 증가하고, 퓨트레신, 스페르미딘 등의 폴리아민이 증가한다. 칼륨 부족 상태에서의 아미노산과 당의 증가는 삼투압 유지에 필요하며, 폴리아민의 증가는 양전하 감소에 따른 적응 반응으로서 일어나게 된다. 칼륨의 공급이 부족할 때, 비트, 시금치, 벼, 보리, 이탈리안 라이그라스, 목화, 양배추에서는 나트륨의 흡수가 촉진되고, 칼륨 결핍 증상이 완화된다(**그림 3-57**). 한편, 옥수수, 유채, 대두 등에서는 이러한 현상이 일어나지 않는다. 벼과 식물인 이탈리안 라이그라스와 옥수수를 일정한 나트륨 농도에 칼륨 농도를 변화시키면서 재배하면, 경엽부의 칼륨 농도가 저하됨에 따라 이탈리안 라

그림 3-57 저농도의 칼륨 농도에서 재배한 벼 이삭(가운데)과 저농도의 칼륨 조건에 나트륨으로 보완시킨 벼 이삭(오른쪽) 왼쪽은 칼륨 염을 처리한 대조구.

이그라스에서는 경엽부 나트륨 농도가 증가하지만, 옥수수에서는 증가하지 않는다(**그림 3-58**). 칼륨 결핍 조건에서 나트륨의 보완 작용은 나트륨의 경엽부로의 이동에 의해 일어나게 되는 것 같다. Japonica 벼와 Indica 벼에서도 낮은 칼륨에서의 나트륨 흡수량이 품종 간에 차이가 있는데, Indica 벼에서는 거의 흡수되지 않는다(**그림 3-59**).

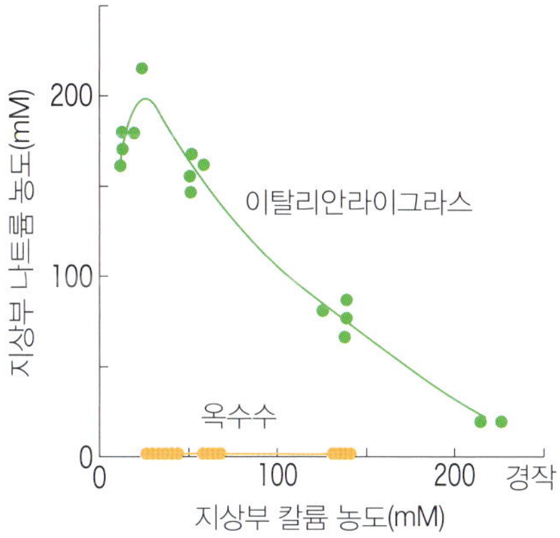

그림 3-58 옥수수와 이탈리안 라이그라스의 지상부 칼륨 농도와 나트륨 농도의 관계 배양액 중의 나트륨 이온을 1 mM 농도를 유지한 상태에서 칼륨 이온 농도를 0.01 mM부터 3 mM으로 변화시켰다.

4) 나트륨

지금까지의 재배 시험에서, 일부 식물을 제외하고는 나트륨의 필수성이 입증되지 않았다. 사탕무(명아주과)는 칼륨이 충분히 시용되는 조건하에서 나트륨에 의한 생육 촉진 효과를 볼 수 있는 작물이다. 따라서 사탕무 재배가 활발한 재배지역(독일, 일본 등)에서는 칠레초석(질산나트륨)이 주로 사용된다. 명아주과 식물들에는 나트륨을 좋아하는 식물이 많지만, 나트륨 이온의 작용 메커니즘은 잘 알려져 있지 않다. 나트륨은 고등식물계에서는 필수원소가 아니지만, 특정 작물의 칼륨 결핍에 의한 생육 저하의 보완에 유용하게 이용될 수 있다. 이러한 원소를 농업적 유용원소라고 부른다.

C_4 광합성 식물에는 나트륨을 특정적으로 요구하는 식물이 있는데(**그림 3-60**), 이러한 식물을 수경재배하면서 수용액에서 나트륨을 제거하면 식물체는 고사하게 된다. C_4 식물의 엽육 세포 엽록체에서는 피루브산 인산 키나아제에 의해서, 피루브산에서 PEP 카복실화 효소의 기질이 되는

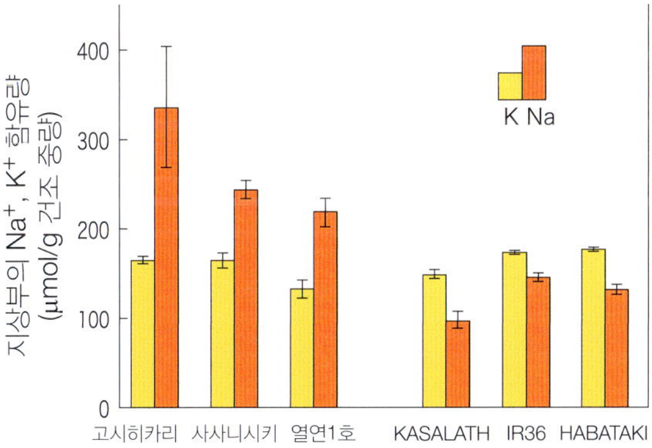

그림 3-59 저농도의 칼륨을 처리한 벼의 나트륨 흡수 차이 왼쪽의 자포니카종에서는 칼륨보다 나트륨을 많이 흡수하였으나, 오른쪽의 인디카 종에서는 낮은 농도의 칼륨 처리에서도 나트륨 흡수량이 낮다.

그림 3-60 버팔로 그라스(*panicum maximum*)에서의 나트륨 첨가 효과 왼쪽은 대조구이며, 기본 배양액에 0.5 mM의 황산칼륨을 추가했다. 오른쪽은 0.5 mM의 황산나트륨을 보충한 후 5일이 경과한 모습이다.

포스포엔올피루브산이 합성된다. 이때 이러한 식물을 수경재배하면서 수용액에서 나트륨을 제거하면 식물체가 고사하게 되고, 나트륨을 필수로 하지 않는 NADP-ME형 C_4 식물(옥수수)에서는 피루브산이 양성자와 엽록체로 공동수송되는 반면에, NAD-ME형(비름, 수수)과 PCK형의 C_4 식물에서는 피루브산이 나트륨과 같이 엽록체로 수송된다(**그림 3-61**). 따라서 NAD-ME형과 PCK형 C_4 식물에서는 나트륨이 필수원소이지만, 식물 배양 조건에서는 나트륨이 0.1 mM 정도 함유되어 있으면 정상적인 성장이 가능하다.

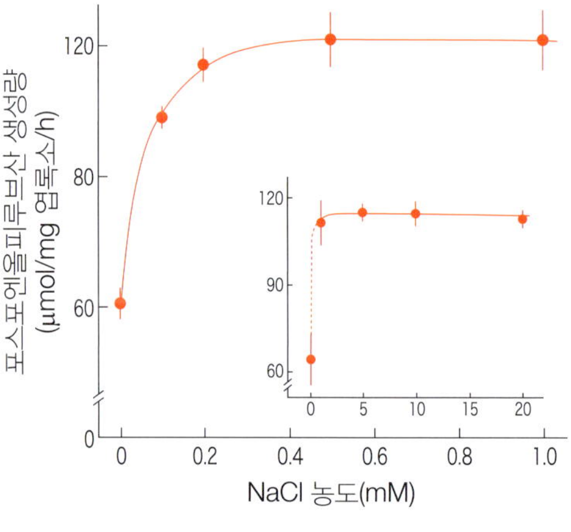

그림 3-61 나트륨을 요구하는 수수의 엽육세포 엽록체에서 포스포엔올피루브산의 생성에 대한 나트륨 이온의 효과

동물에게는 나트륨이 필수원소이므로, 나트륨 함량이 높은 목초와 기타 작물이 동물에게 나트륨 공급을 원활하게 하기 위해 사료로서 이용되고 있다. 이는 일반 식물종에서는 나트륨 함량이 낮기 때문에 나트륨 함량이 높은 작물이 사료작물로 선정되어 이용되고 있는 것이다. 밀 뿌리의 칼륨 수송체로 발견된 HKT1 단백질은 칼륨과 나트륨을 특이적으로 수송한다는 것이 밝혀졌다. 사탕무와 일부 C_4 식물은 특이적인 나트륨 흡수 수송체를 가진 것으로 여겨진다.

4. 칼슘과 마그네슘

칼슘, 마그네슘은 알칼리 토류 금속으로, 2개의 전자를 방출해서 안정한 2가 양이온이 된다. 이들은 주로 이온과 결합하여 특정 생리작용을 활성화시킨다. 칼슘은 칼모듈린 등의 단백질과 결합하여 활성화를 촉진시키며, 마그네슘은 엽록소와의 결합을 통해 세포 내에서의 특이적 기능을 수행하고 있다.

1) 토양 중 칼슘[8)]

칼슘은 지각 중에 산소, 규소, 알루미늄, 철 다음으로 많이 존재한다. 탄산칼슘을 주성분으로 하는 석회암 외에, 장석, 인산의 칼슘염, 조개 화석 등이 토양 칼슘의 주요 공급원이다. 대기 중의 이산화탄소가 토양 용액의 pH를 저하시키므로, 칼슘이 탄산수소 이온의 짝이온으로서 가용화된다. 또한, 토양 유기물의 무기화와 질산화 과정에서 발생하는 질산 이온과 양성자도 칼슘의 가용화를 촉진시킨다. 따라서 칼슘 이온은 산성 토양을 제외하면, 토양 용액 중에 가장 많이 존재하는 양이온이다. 그러나 토양의 풍화가 진행됨에 따라서 칼슘이 점차 감소되고 있다. 특히, 질소 비료 및 유기물의 대량 투입과 산성비 등에 의해서 토양이 산성화되면 칼슘이 용탈되기 쉬워진다.

2) 식물의 칼슘 영양

속씨식물은 건조 무게당 1.8% 정도의 칼슘을 함유하고 있다. 명아주과, 십자화과, 가지과 등의 쌍떡잎 식물에서는 함량이 높지만, 벼과 식물에서는 낮다. 석회암을 모재로 하는 토양은 칼슘 함량과 pH가 높을 수 있는데, 이러한 토양에서는 호석회식물(calcicole, 석회를 좋아하는 식물)이 우점종으로 군락을 이루는 특별한 식생이 발달한다. 한편, 벼과 식물처럼 낮은 pH와 칼슘을 좋아하는 식물을 혐석회식물(calcifuge)이라고 한다.

칼슘 이온은 나트륨 이온의 과잉으로 인한 피해나 산성 토양에서의 양성자, 알루미늄 이온의 과도한 손상을 완화한다. 예를 들어, 수경액의 칼슘 농도가 0.1 mM일 때, 50 mM의 나트륨은 녹두의 생육을 크게 저해하지만, 칼슘 농도를 10 mM로 높이면 저해가 경미해진다(**그림 3-62**). 알루

[8)] 間藤 徹

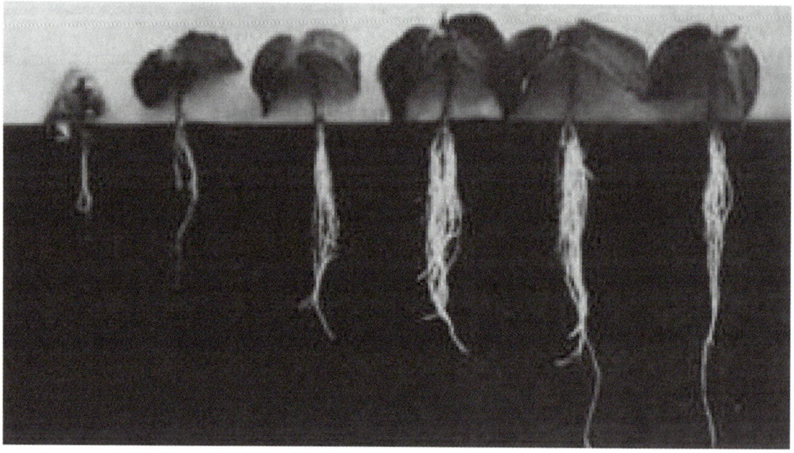

그림 3-62 NaCl을 50 mM 첨가하여 1주간 재배한 강낭콩의 모습 왼쪽부터 황산칼슘을 0, 0.1, 0.3, 1, 3, 10 mM을 첨가한 후 강낭콩의 성장 결과. (Lahaye, P.A. and Epstein, E., 1966)

미늄에 의해서 발생하는 뿌리의 신장 저해도 칼슘 이온 농도가 상승하면 완화된다. 즉, 최적의 칼슘 농도는 나트륨 농도, pH 및 알루미늄 농도 등 환경 조건에 따라서 달라진다. 토마토 유식물을 칼슘이 없는 배양액으로 옮기면, 뿌리의 신장은 즉시 정지되고(**그림 3-63**), 붕소가 제거되어도 뿌리의 신장이 정지된다. 또한, 칼슘 이온과 붕소는 화분관 신장에 필수이다. 식물을 재배할 때 칼슘

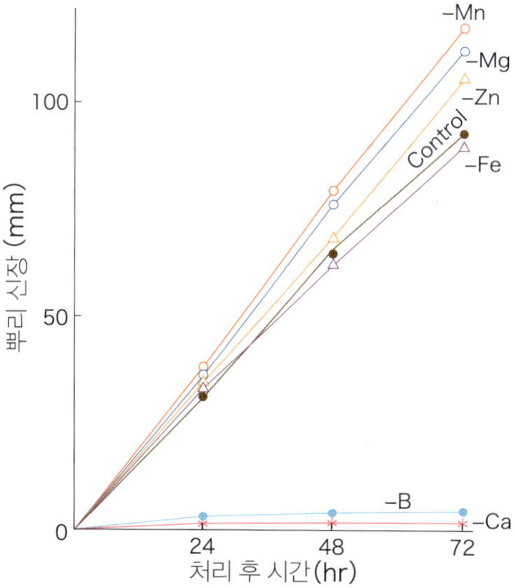

그림 3-63 토마토의 뿌리 신장에 대한 칼슘, 붕소 결핍의 영향 x축은 처리 후의 시간, y축은 뿌리의 신장률(mm). 전성분을 포함하는 대조구와 비교했을 때, 망간, 마그네슘, 아연, 철은 거의 영향을 미치지 않지만, 칼슘과 붕소를 배제하면 신장이 즉시 정지된다. (Kouchi, H. and Kumazawa, K., 1975)

그림 3-64 칼슘을 제거한 오이의 신엽 모습 배양액으로부터 칼슘을 제거한 후 2일째의 모습. (사진 제공: 間藤　徹)

이온의 지속적인 공급은 식물의 뿌리 발달과 화분관 신장에 필수적인 재배 요소이다.

칼슘 결핍에 의한 상해는 빠르게 발달하는 부위인 (세포 분열 및 신장에 의한 기관이 빠른 속도로 발달하는 부위) 상위 잎 부분에서 나타나게 된다(그림 3-64). 실제 생산 현장에서는 칼슘 저해로 인해 토마토의 배꼽썩음병, 배추와 양배추의 심부병(그림 3-65), 무의 바람들이 등이 발생하게 된다. 토양에 충분한 양의 칼슘이 존재하고 있는 경우에도 이런 현상이 나타나게 되는데, 이러한 조건에서 칼슘 결핍 증상이 나타나는 경우는 토양 중 칼슘을 식물이 흡수하지 못하기 때문이다.

식물의 인산과 칼륨 이온 흡수는 뿌리 전 부분에서 일어나지만, 칼슘은 근단과 측근 발생 부위에서만 일어난다. 또한, 흡수 속도는 외부의 칼슘 농도에 의존하는데, 외부의 칼슘 농도가 낮은 경우에는 흡수 속도도 낮다. 이것은 칼슘의 흡수가 확산이나 증산에 의해서 생기는 질량 유량(Mass Flow)에 따라 수동적으로 흡수되고 있기 때문이다. 따라서 증산이 억제되는 조건(어두운 곳, 고습도)에서는 칼슘의 흡수가 저하된다. 또한, 칼슘 이온은 주로 물관을 통해서 체내를 이동하기 때문에, 일단 흡수되어 잎에 분배된 대부분 칼슘은 최상위 잎과 지하부로 다시 전류하지 않는다. 따라서 숙성 중인 자실 및 결구 부분 등과 같이 증산이 적고, 세포가 급격하게 성장하는 경우에는 칼슘이 부족해지기 쉽다. 이러한 기관에서는 칼슘이 뿌리압과 확산에 의한 분배에 의해서 공급된다.

3) 칼슘 이온의 기능과 흡수[8)]

식물 체내에서 칼슘의 대부분이 세포벽을 구성하는 펙틴의 카르복실기에 결합하여 존재하

[8)] 間藤　徹

그림 3-65 칼슘 결핍에 의한 토마토 배꼽썩음병과 배추의 심부병 (사진 제공: 渡辺和彦)

기 때문에(그림 3-66), 칼슘의 함유량은 펙틴질 다당류의 함량과 양의 상관관계를 가진다. 그러므로 세포벽의 조성에서 펙틴 함량이 높은 쌍떡잎식물에서는 칼슘 함량이 높고, 낮은 벼과 식물에서는 칼슘 함량이 낮다. 세포벽을 낮은 pH, 고농도 NaCl, 킬레이트제 등으로 처리하면, 칼슘 이온이 분리되면서 펙틴질 다당이 가용화된다. 칼슘 이온은 펙틴질 다당류 사슬을 가교하여 펙틴을 겔화시켜서 세포벽에 고정시키는 기능을 한다. 작물에서, 세포벽에 칼슘 이온이 많이 있으면, 대두에서는 줄기 역병, 가지에서는 풋마름병에 내성을 갖고, 담배에서는 진딧물에 대한 기피 효과를 갖는다.

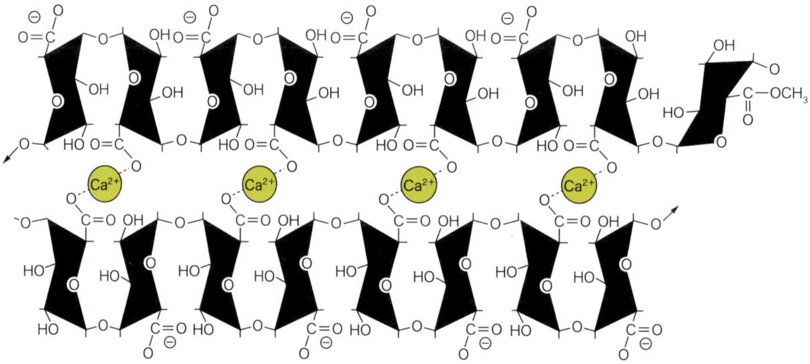

그림 3-66 펙틴과 칼슘 결합 모식도 칼슘 이온은 갈락투론산의 6번 카르복실기와 이온 결합하여, 2개의 펙틴 사슬을 가교한다.

또한 수선화의 액포에는 옥살산 칼슘 결정이 축적되게 되며, 가용성 칼슘염을 다량으로 가지고 있는 다육식물도 있다.

어떤 경우에라도, 칼슘은 세포벽과 액포에 존재하며, 세포질에서의 칼슘 농도는 낮다. 칼슘 이온은 인산 이온, ATP 및 DNA의 구성 요소인 인산기와 불용성의 칼슘염을 형성하기 때문에 세포질의 칼슘 이온 농도는 낮게 유지될 필요가 있다. 세포막에는 칼슘 이온을 능동적으로 잡아둘 수 있는 메커니즘이 없다. 확산에 의해서 세포 외액에서 세포 내로 유입하는 칼슘 이온은 세포막의 배출 기구에 의해서 항상 세포 밖으로 배출된다. 또한, 미토콘드리아와 소포체 등의 칼슘을 통합하는 세포내 소기관이 세포막의 칼슘 이온 배출 펌프와 상호적으로 작용하여, 세포질의 농도를 0.1 μM(10^{-7} M) 정도로 낮게 유지한다.

식물체에서는 세포질의 낮은 칼슘 농도 조건하에서 세포질 칼슘 농도를 일시적으로 상승시킴으로써 세포의 생리 활성을 제어하는 구조가 발달했다. 칼슘은 이온 결합하여 염을 만들지만, 입체 구조가 허용하는 경우에는 전이 금속 원소처럼, 아미노기 질소 원자 그리고 카르복실기 산소 원자와 배위 결합한다(그림 3-67). 칼슘이 결합하는 단백질로서 처음으로 발견된 칼모듈린은 분자량이 17,000이고, 1분자당 4개의 칼슘 이온이 배위 결합한다(그림 3-68). 그 후에도 칼시뉴린(Calcineurin) 등 많은 칼슘 결합 단백질이 발견되었다. 칼슘 이온이 이와 같은 단백질에 결합하면, 단백질의 입체 구조가 변화하고, 효소가 활성화된다(그림 3-69). 세포내 칼슘 이온 농도가 저하되면, 칼슘 이온은 단백질로부터 신속하게 분리되고, 칼슘 결합 단백질은 불활성 형태로 돌아온다. 이러한 단백질은 식물 세포에도 존재하는데, 칼슘 이온 농도에 의한 생리 활성의 조절은 식물과 동물에서 작용하는 메커니즘이 같다. 앱시스산에 의한 신호나 특정 양분의 결핍 등도 칼슘 농도의 변화에 기인하여 세포에 전달된다. 동물의 혈액과 같은 순환계가 없는 식물에서는 세포벽 내 칼슘 이온이 동물 혈액에서의 칼슘 기능을 수행한다. 칼슘 이온처럼, 세포에서 외부로부터의 신호를 전달하는 물질을 2차 전달자라고 하며, 그 밖에 cAMP 및 1,4,5-트리포스포이노시톨 등이 있다.

칼슘은 식물 세포에서 2가지 중요한 기능을 담당하는데, 하나는 세포벽 펙틴질 다당류를 가교

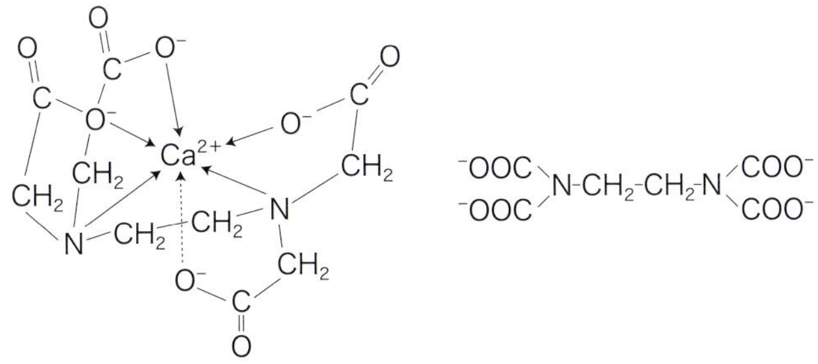

그림 3-67 에틸렌디아민테트라아세트산(Ethylenediaminetetraacetic acid, EDTA)의 구조식(오른쪽)과 칼슘-EDTA 착화합물의 구조 칼슘 이온은 6개의 배위 위치를 갖고 있다.

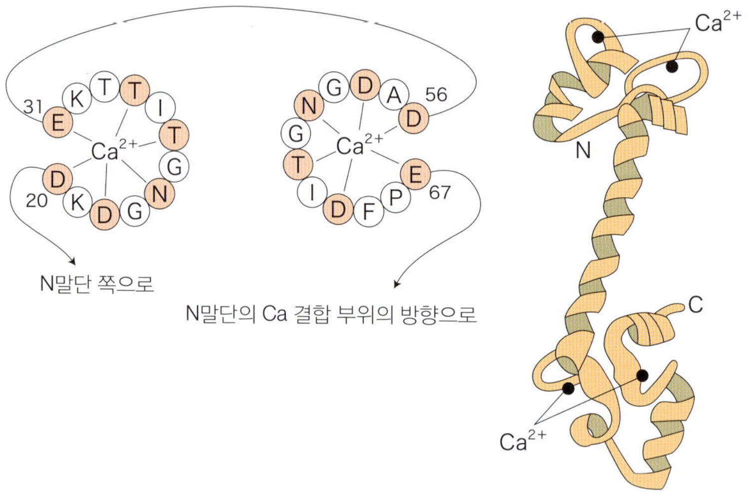

그림 3-68 칼모듈린(오른쪽)과 칼슘 결합 부위의 확대 그림(왼쪽) 칼슘 이온에 아스파트산 (D), 글루타민산(E), 트레오닌(T), 아스파라긴(N)의 질소 원자로부터 원자가 공급되어 배위 결합하고 있다. (吉岡 亨: 칼슘 신호전달, 培風館, 1997)

하여 튼튼한 세포벽을 구축하는 것이고, 다른 하나는 세포 내에서의 정보 전달을 수행하는 것이다.

4) 토양 중 마그네슘[9)]

토양 중 마그네슘은 토양 종류에 따라 0.05~0.5% 함유되어 있다. 토양 성질에 따라 함유되어 있는 마그네슘 농도는 다르다. 산성 토양에서는 0.125 mM 정도 함유되어 있으며, 알칼리성 염류 집적 토양에서는 8.5 mM 정도의 농도를 유지하고 있다. 마그네슘은 토양 중에 교환성 마그네슘으로 존재하는데, 그 양은 칼슘보다 적지만 양이온 교환 용량의 10~30%를 차지한다. 그러나 마그네슘 이온은 토양에 고정되어 있지 않고 용탈되기 쉬운 형태로 존재하기 때문에 물의 움직임을 따라 토양에서 용탈되기 쉽다. 특히, 비가 많이 내리는 지역의 토양과 산성 토양, 모래 토양에서는 물의 흐름에 따라 이동하기 쉽다. 마그네슘

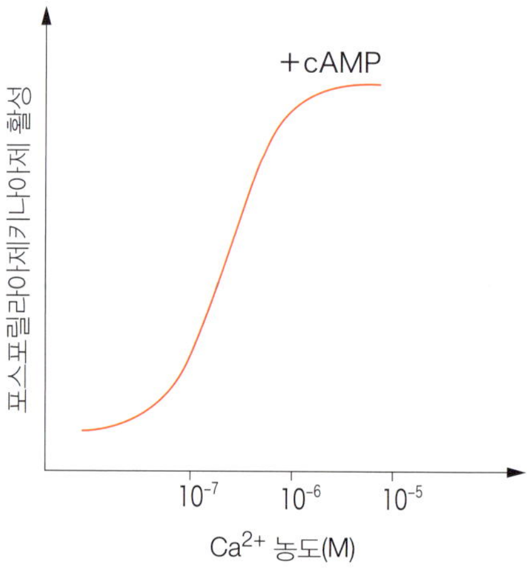

그림 3-69 동물 포스포릴라아제키나아제(Phosphorylase kinase)의 칼슘 이온에 의한 활성 조절 cAMP 존재에서 칼슘 농도의 상승이 효소 활성을 항진시킨다. 이 활성화는 가역적으로, 칼슘 농도가 저하하면 효소 활성을 저하시킨다. (小島 至: 칼슘과 세포 정보, 羊土社, 1992)

9) 中西友子

은 고회암(백운석 등)으로부터 토양에 공급되면서 토양의 pH를 조절하는 역할을 하게 된다(백운석, 칼슘 및 마그네슘의 탄산염). 한편, 마그네슘이 충분히 포함된 토양에서도 칼륨-칼슘-마그네슘의 균형이 깨지면, 식물에 마그네슘 결핍이 발생할 수 있다.

5) 마그네슘의 기능[9)]

식물체에서 차지하는 마그네슘의 양은 건조 무게당 0.3~1.0%이다. 다른 필수원소에 비해서, 종, 품종 간 변동이 적기 때문에, 마그네슘 농도를 일정하게 유지하는 특정 기구가 여러 식물종에 걸쳐 공통적으로 존재하는 것으로 추측된다.

녹색 잎에서, 마그네슘의 10~20%는 엽록소의 포르피린 고리의 중심 금속 원자로서 존재하고(**그림 3-70**), 그밖에는 엽록체 스트로마와 세포내 소기관, 유기산 및 ATP와 결합한 염이나 이온의 형태로 존재한다. 특히, 호분 과립에는 피트산염으로서 존재한다.

마그네슘은 인산 이온의 산소 친화력을 이용하여 배위 결합하게 된다. 이에 따라, ATP 인산화의 보조 인자로서 작용하고, 세포막과 리보솜 표층의 인산기를 결합해서 입체 구조를 유지하며, 단백질 합성을 포함한 생화학 반응에서 중요한 역할을 하고 있다. 특히, 식물에서는 캘빈-벤슨 회로에서 Rubisco의 탄소 고정 반응에 관여하며, 이 반응은 pH 8.5의 약 알칼리성에서 가장 촉진된다. 스트로마의 pH는 빛에 의해 제어되는데, 명조건에서는 스트로마의 양성자가 틸라코이드로 이동하여 스트로마 내부가 염기성 조건이 되고, 산성화된 틸라코이드에서는 마그네슘 이온이 스트로마로 유출되어 농도가 상승하면서, Rubisco가 활성화된다. 반대로 암조건에서는 틸라코이드로부터 양성자가 유출되면서 스트로마 내부의 마그네슘 이온이 감소하므로, 효소는 가역적으로 불활성화된다. 그 외에, Ru-5-P 키나아제, PEP 카복실화 효소 등처럼 탄소 고정에 관여하는 많은 효소가 ATP와 함께 마그네슘을 보조 인자로 사용한다. 또한, 마그네슘은 해당계와 TCA 회로의 효소, 질소 대사계의 효소 등에서 보조 인자로서 작동한다.

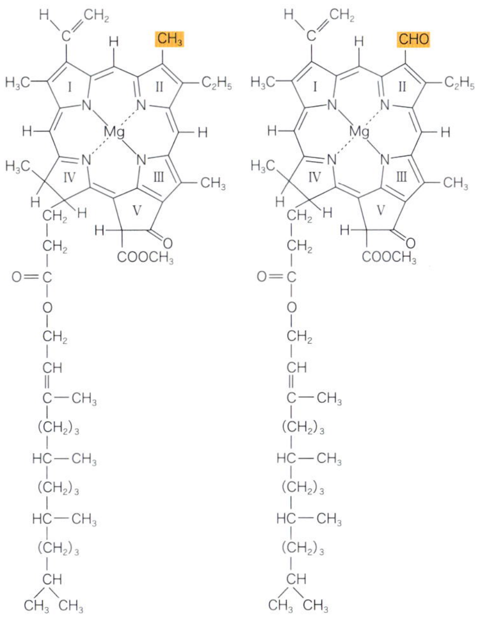

그림 3-70 엽록소 *a*와 엽록소 *b*

식물의 마그네슘 결핍 증상은 황백화가 대표적이며, 하위 잎부터 증상이 나타난다. 잎 전체가 황색을 나타내지만, 엽맥 부분에 녹색이 남는 것이 특징이다(**그림 3-71**). 이 증상은 철 결핍과 비

그림 3-71 마그네슘 결핍에 의해 발생된 오이의 황백화 현상 (사진 제공: 間藤　徹)

슷하지만, 철 결핍의 경우에는 증상이 새로운 잎에서 나온다. 이는 마그네슘이 하위 잎에서 상위 잎으로 이동할 수 있기 때문이다. 마그네슘이 부족하면 열매는 작고 단단해진다. 생육 중기부터 후기에 걸쳐서, 과실이 비대해지는 시기에는 하위 잎의 마그네슘 이온이 과실 쪽으로 전달된다. 그러나 식물이 잠재적인 마그네슘 결핍 상태에 있고, 하위 잎의 마그네슘 함유량이 낮으면, 이 시기에 급격한 결핍 증상을 보이고 과실의 수확량이 감소하게 된다.

마그네슘 결핍증이 발생한 직후라면, 마그네슘염의 엽면 살포만으로도 결핍 증상이 회복된다. 잠재적인 마그네슘 결핍 토양이라면, 장기적인 대책으로서 백운석과 용성인비, 마그네슘이 포함된 복합비료 시용, 칼륨의 시비량을 줄이는 등의 방법을 사용하면 된다.

6) 마그네슘의 흡수[9)]

세포내 마그네슘 농도는 0.4 mM 정도이며, 토양의 마그네슘은 뿌리 세포에 능동적으로 흡수된다. 이 흡수에는 수송체가 관여하는데 애기장대에서는 10종류, 벼에서는 9종류의 마그네슘 트랜스포터가 존재하고, 동정된 식물의 트랜스포터는 세균에서 분리된 CorA와 높은 상동성을 가지고 있다.

애기장대에서는 6종류의 마그네슘 트랜스포터가 뿌리에서 특이적으로 발현하며, 마그네슘 흡수와 뿌리로부터 지상부로의 수송에 관여하고 있다. 그중, AtMGT1, AtMGT7과 AtMGT10의 기능이 잘 밝혀져 있다. AtMGT1는 식물 세포막에 특이적으로 위치하는데, 이 유전자를 담배에서 과발현시키면 마그네슘 흡수 효율이 상승하고, 저농도의 마그네슘 배지 조건에서도 정상적인 생육 상태를 보여준다. 한편, AtMGT7과 AtMGT10는 각각 ER막과 엽록체막에 특이적으로 위치하며,

9) 中西友子

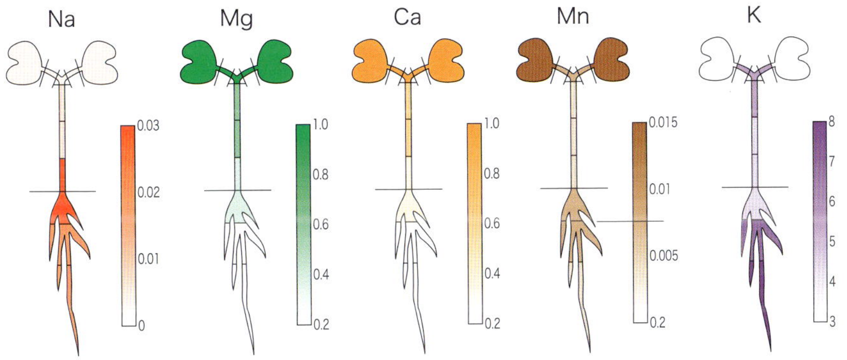

그림 3-72 발근 후 일주일 간 나팔꽃의 원소 농도 분포(mg/g 생중량)

뿌리의 마그네슘 흡수에는 직접적으로 관여하지 않지만, 특정 기능을 가지고 있을 것으로 추측하고 있다.

나팔꽃에서 마그네슘 농도는 뿌리에서 지상부의 정아까지 점차적으로 높아져서, 정아 부분에서의 마그네슘 농도가 뿌리 농도의 2배 이상에 달하게 된다(**그림 3-72**). 새롭게 발달된 조직의 마그네슘 농도 변화는 뿌리와 달리 일주 변화를 나타내며, 낮에는 높아진다. 정아의 마그네슘을 형광 염색하면, 영양성장기 상태의 정아(shoot tip) 중앙 부분에 마그네슘이 집적되는것으로 보아서, 세포 분열이 활발하게 일어나는 곳에는 마그네슘이 필수원소로서 필요한 것으로 추정된다. 꽃눈이 단일 처리에 의해서 유도되면, 중앙에 집적된 마그네슘이 주위 조직으로 분산되면서 마그네슘 농도가 낮아지는데, 이는 주위 조직의 화성 관련 유전자 및 효소의 작동에 마그네슘이 필요함을 나타내고 있다(**그림 3-73**).

벼에서는 뿌리에서 흡수된 마그네슘을 지상부로 신속하게 이동시킨다. 마그네슘이 부족하면,

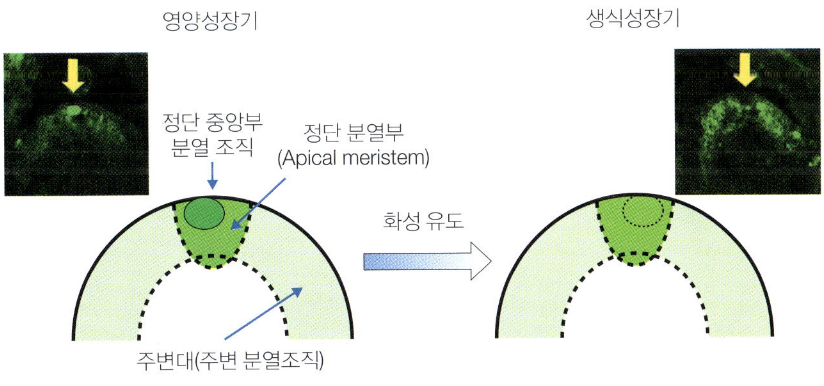

그림 3-73 나팔꽃 정아(shoot tip) 부분의 $Mg2^{+}$농도 변화 화아가 유도되면, 정단 중앙부 분열조직에 존재하는 고농도의 $Mg2^{+}$가 급격히 감소한다.

하위 성숙한 잎으로부터 새롭게 발달하고 있는 새로운 잎 부분으로 마그네슘이 능동적으로 이동하게 된다. 수경액 중의 마그네슘 농도가 낮은 경우(1 mM 이하)에는 능동수송이 실시되고, 고농도에서는 수동수송이 일어나고 있는 것으로 추측하고 있지만, 수동수송이나 능동수송에 관련된 수송체에 대해서는 아직 밝혀지지 않았다.

최근, 반감기가 9.5분의 ^{27}Mg를 이용하여, 식물에서 마그네슘의 흡수 경향 및 정량적 분석이 이루어지고 있고, 이 실험을 통하여 좀 더 정확한 마그네슘의 흡수, 수송 과정 등이 밝혀질 것으로 예상된다.

5. 철, 구리, 망간, 몰리브덴

철, 구리, 망간, 몰리브텐은 모두 전이 금속 원소로, 생체 내에서 전자의 전달, 즉 산화 환원에 관여하지만, 각 원소의 특정 반응에 관여하므로 서로의 기능을 대체할 수는 없다. 이들 원소는 토양의 산화, 환원 상태와 pH에 따라 용해도가 변하고, 이들 원소의 결핍, 과잉에 의해 상해 반응을 나타내게 된다.

1) 철[10)]

(1) 토양 중에서의 철

예전 지구의 대기에는 산소가 거의 없었고, 바다에는 대량의 철 이온(2가)이 녹아 있었다. 식물의 광합성을 통해 산소가 생성되면서 2가 철 이온이 산화되어 용해도가 낮은 3가 철 이온으로 변환되어 침전되었다. 현재에는 대부분의 철이 수산화 제2철과 3산화 2철(Fe_2O_3) 등 난용성의 형태로 존재한다. 철은 산소, 규소, 알루미늄에 이어 지각을 구성하는 주요 원소이다. 그러나 용해도적(**그림 3-74**)으로 추정하면, pH 7에서 3가 철 이온은 10^{-17}M 밖에 녹지 않기 때문에, 식물은 알칼리성 토양에서 철의 결핍 증상이 나타나기 쉽다. 이러한 알칼리성 토양이 전체 육지의 30%를 차

$$Fe^{3+} + 3OH^- \rightarrow Fe(OH)_3$$

$$\text{용해도} = [Fe^{3+}][OH^-]^3 \approx 10^{-38}$$

$$[Fe^{3+}] = \frac{10^{-38}}{[OH^-]^3}$$

$$[Fe^{3+}] = \frac{10^{-38}}{(10^{-7})^3} = 10^{-17}\text{M (pH 7)}$$

그림 3-74 중성(pH7)의 수용액에서 3가 철 이온의 용해도

10) 中西啓仁

그림 3-75 철의 결핍과 과잉일 때의 벼의 형태 석회질 알카리 토양에서 철 결핍 황백화를 나타내는 벼(왼쪽)와 필리핀에서 재배되고 있는 벼의 하위 잎에 다갈색의 반점을 나타내는 철 과잉 증상(오른쪽). (사진 제공: 岡田謙介)

지하고 있다.

철이 부족하면, 엽맥 간 황백화(chlorosis) 현상이 나타난다(**그림 3-75**). 철은 생체 내에서 이동성이 낮기 때문에, 생체 내에서의 기동성은 낮기 때문에, 마그네슘 결핍과는 다르게 철 결핍 황백화는 상위 잎부터 나타나게 된다. 결핍 증상이 일어난 식물체에 철염을 살포하면 황백화가 빨리 회복되며, 엽면 살포제로는 EDTA 철이 사용된다. 한편, 토양 pH가 감소하면 철의 용해도는 증가한다. 또한, 토양이 혐기성이 되면 3가 철은 용해도가 높은 2가 철로 환원되어 토양 중의 철의 농도가 상승한다. 따라서 작물은 토양의 산성화와 습기에 의해서 철의 과다 피해를 입을 수 있다(그림 3-75).

(2) 철의 생리 기능

철 이온은 질소, 산소, 황 원자와 배위 결합하여 착화합물을 만들어 2가 철 이온과 3가 철 이온 사이에 전자를 전달하고, 생체의 산화 환원 반응에 관여한다.

$$Fe^{2+} \rightleftarrows Fe^{3+} + e^{-}$$

포르피린 고리에 철 이온이 배위 결합한 것을 헴(heme)이라고 하는데, 많은 효소의 보결 분자족 역할을 한다. 또한, 헤모글로빈은 산소를 운반한다. 그러나 철 이온, 특히 유리의 2가 이온이 존재하면, 펜톤 반응

$$H_2O_2 + Fe^{2+} \rightarrow Fe^{3+} + OH^{-} + OH^{\cdot}$$

에 의해 히드록실 라디칼을 생성한 후 막지질 과산화 등을 일으키므로, 철 이온은 생체 내에서 헴, 유기산, Nicotianamine 등과 결합하여 안정화된다. 세포내 철을 포함한 생체 물질과 그와 관련된 주요 반응은 다음과 같다.

a. 헴(heme) 단백질

헴을 포함한 단백질을 헴 단백질이라고 부른다. 헴과 결합한 철은 보통 6개의 리간드를 가진다.

① **시토크롬(cytochrome):** 헴 주변의 단백질이 조금씩 다른 여러 가지 종류가 있으며, 이를 통해서 다양한 산화 환원 전위를 갖는다. 산소 호흡과 광합성에서 전자 전달을 수행한다.

② **페록시다아제(peroxidase):** $H_2O_2 + AH_2 \rightarrow 2H_2O + A$의 반응을 촉매한다.

③ **카탈라제(catalase):** 과산화수소의 분해 반응인 $H_2O_2 + H_2O_2 \rightarrow 2H_2O + O_2$을 촉매한다. 페록시다아제와 함께 산소 중독에 대한 방어를 담당하고 있다.

④ **헤모글로빈(hemoglobin):** 식물에서는 콩과식물의 뿌리혹 레그헤모글로빈, 벼, 밀 등 비콩과식물의 헤모글로빈이 알려져 있다.

⑤ **시토크롬 P-450 모노산소화효소:** 게놈 분석에서, 벼에는 400개 이상의 P-450 유전자가 있는 것으로 추정하고 있다. 시토크롬 P-450은 분자 내에 철·포르피린 착화합물의 일종인 프로토헴(protoheme)을 1분자 보유하는 산화 효소의 총칭으로, P-450 단백질에 보존된 시스테인 잔기가 프로토헴의 제5배위자로서 결합하고, 제6배위자 측이 효소 반응의 장소가 되어, 다양한 식물 호르몬과 이차 대사산물의 생합성과 대사에 관여한다. 피튜니아와 팬지의 P-450 유전자를 이용한 유전자 도입 기술에 의해서 파란색 카네이션(Moon dust)과 장미(Applause)(https://www.suntory.com/sic/research/s_bluerose/story/)가 (주)산토리에서 만들어졌다.

b. 철-황 단백질(비-헴 철단백질)

철-황 단백질은 효소의 활성 중심에 철-황 복합체(클러스터)를 갖는 단백질이다. 철-황 클러스터는 철 1원자와 황 4원자로 구성된 FeS_4에서부터 Fe_2S_2, Fe_3S_3, Fe_3S_4, Fe_4S_4 등이 있다. 기본적으로 $(Fe_m{}^{2+} + Fe_n{}^{3+}S_1) + e^- \rightarrow (Fe_{m+1}{}^{2+}\ Fe_{n-1}{}^{3+}\ S_1)$ 형태로 산화 환원 반응을 한다. 광합성, 질소고정, 질산 환원에 관한 페레독신, 질소고정효소(nitrogenase), 수소화효소(hydrogenase) 등이 있다.

c. 광합성

식물체 내 철의 80%는 엽록체에 존재한다. 엽록체에서 이루어지고 있는 광합성은 빛 에너지를 엽록소가 흡수하여 화학 에너지로 변환시킨다. 철은 전자전달계를 구성하는 중요한 역할을 하

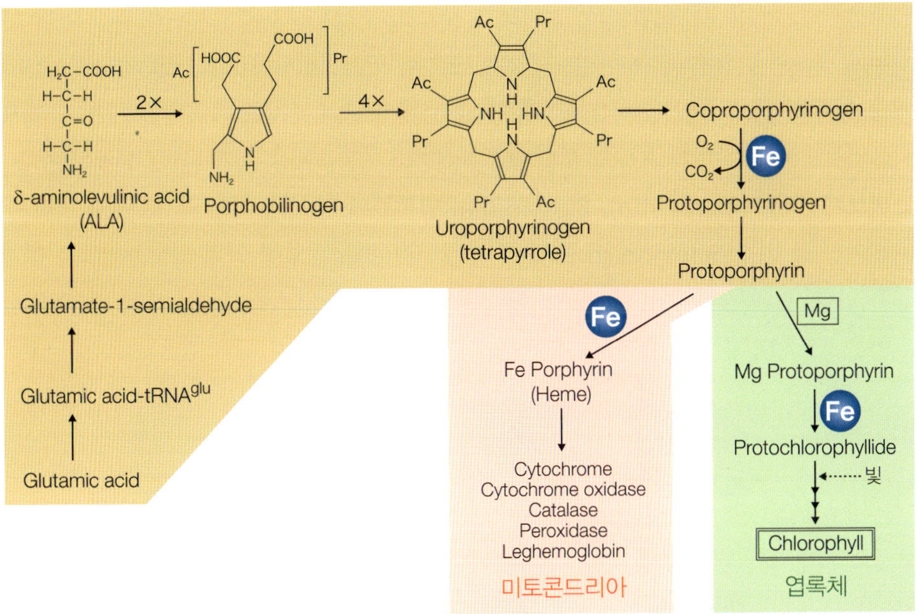

그림 3-76 엽록소와 헴의 생합성 경로

고 있으며, 철은 엽록소 생합성에서도 필수적이다. 고등식물에서는 엽록체의 글루탐산에서 δ-아미노레불린산(Amino Levulinic Acid)을 통해 포르피린이 합성되지만(**그림 3-76**), 그 생합성 경로의 두 가지 반응에는 철이 필요하다. 철 결핍시 나타나는 증상 중에 잎의 엽맥간 황백화 증상(chlorosis)이 발생하는 이유이기도 하다.

d. 호흡

해당과정과 TCA 회로에서 발생한 전자를 마지막으로 산소에 전달하며, 물이 되는 과정에서 ATP를 합성한다. 미토콘드리아에서 포르피린 고리가 합성되고, 여기에 2가 철이온이 합성되면서 시토크롬에 필요한 헴이 완성되게 된다.

e. 철을 필요로 하는 그 밖의 효소, 철의 저장

① **슈퍼옥시드 디스무타아제(Superoxide dismutase, SOD):** SOD는 활성산소의 소거 반응

$$2 \cdot O_2^- + 2H^+ \rightarrow O_2 + H_2O_2$$

을 촉매하는 효소로서, 구성 금속에 따라 Fe-SOD, Cu-Zn SOD, Mn-SOD와 같은 3종류가 있다. Fe-SOD는 엽록체에 존재한다.

② **모노산소화효소, 2산소화효소(monooxygenase, dioxygenase):** 모노산소화효소는 산소 분

자 하나를 기질(유기 화합물)에 첨가하고, 또 다른 1개의 산소를 환원하여 물로 만든다. 에틸렌의 생합성을 촉매하는 1-아미노시클로프로판-1-카르복실산(Aminocyclopropanecarboxylic acid) 산화 효소 등이 있다. 2산소화 효소는 2개의 산소 분자를 기질에 첨가한다. 지베렐린, 플라보노이드, 무지네산 등의 생합성에 관여한다. 모든 활성 중심에는 2가 철이 있다.

③ **피토페리틴(Phytoferritin):** Phytoferritin 엽록체에 있으며, 직경 약 13 nm, 24량체로 이루어진 공 껍질(Spherical shell) 모양의 단백질로서, 내부에 최대 철 4,500원자를 축적할 수 있다. 철의 공급량이 증가하면, 페리틴(ferritin) 함량이 증가하여 생체 내 유리화된 철 이온 농도를 조절하게 된다.

(3) 철의 흡수

고등식물은 식물 종에 따라 특이적으로 2가지 흡수 방법을 가지고 있다(**그림 3-77**).

a. 흡수 방법 I

벼과 이외의 식물은 철이 부족하면, 근단이 굵어지고, 많은 뿌리털이 뿌리 선단부로부터 지상부의 2 mm에서 10 mm 정도의 사이에서 발달하게 된다. 이 뿌리털에서는 3가 철을 2가 철로 환원시키는 철 환원 효소가 강하게 발현하게 된다. 또한, 난용성의 철 화합물을 용해하는 킬레이트 능력을 갖는 페놀 화합물을 근권에 분비한다. 뿌리는 세포막 양성자 펌프에서 근권으로 양성자를 방출하고, pH를 저하시켜서 철을 용해시킨다. 그림 3-74의 식에 따르면, pH가 1단위 낮아질 때, 3가 철 이온은 1,000배의 용해도가 증가한다. pH 저하 및 킬레이트 화합물에서 가용화된 3가 철 이온은 뿌리의 표피 세포 세포막의 3가 철 환원 효소(ferric reductase)에 의해 2가 철 이온으로 환원되고, 2가 철 이온은 2가 철 이온 트랜스포터를 통해 세포질에 포함된다. 양성자 펌프, 3가 철 환원

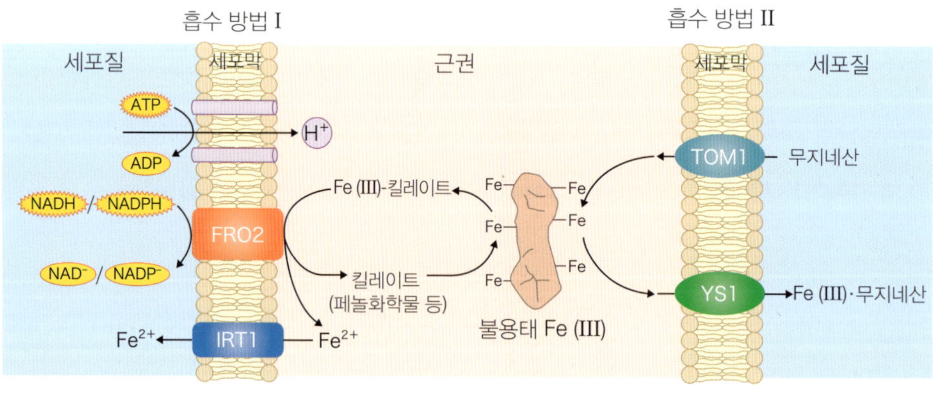

그림 3-77 식물 뿌리에 의한 철 흡수의 2가지 방법 흡수 방법 I(왼쪽)과 흡수 방법 II(오른쪽).

효소, 2가 철 이온 트랜스포터의 활성 및 발현량은 철분 결핍 상태에서 발현량이 수배에서 수십배로 되고, 이러한 메커니즘과 연관된 유전자인 *FRO2*, *IRT*을 애기장대에서 분리 동정하였다.

b. 흡수 방법 II

보리가 난용성 철 화합물을 용해하는 신규 물질을 분비하고 있는 것을 발견하고서, 이 물질을 무지네산이라고 명명하였다(**그림 3-78**, ☞ 칼럼). 미생물이 균 체 외에 철 용해성 물질(사이드로포어, Siderophore)을 방출하여 난용성 철을 가용화하기에, 무지네산과 같은 식물 기원의 철 용해 물질을 피토시데로포어(Phytosiderophore)라고 부른다. 무지네산은 3가 철 이온을 3개의 카르복실기 산소 원자, 2개의 질소 원자와 1개의 수산기 산소 원자에 의해 킬레이트화되고, 정8면체 구조의 철 착화합물을 형성한다. 무지네산은, 메티오닌(Methionine) → Nicotianamine → 케톤산(Keto acid) → Deoxymugineic acid의 경로로 합성되고(**그림 3-79**), 합성 경로와 합성을 담당하는 효소군의 유전자도 발견되었다. 벼과 식물의 서로 다른 종간에서도 특성이 다른 9가지 무지네산 유사체가 발견되었다.

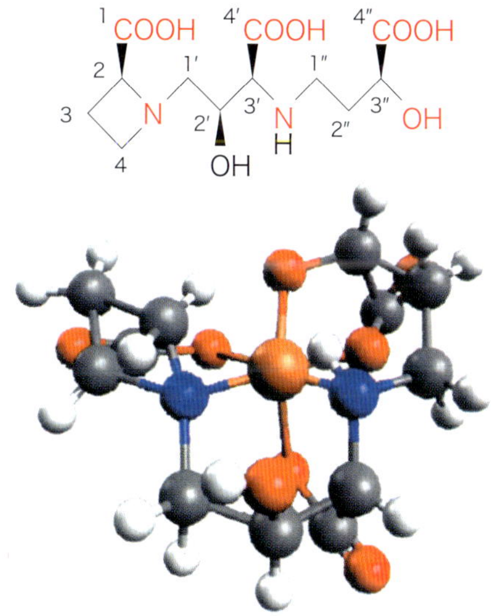

그림 3-78 무지네산의 화학식(위)과 Fe(III)-무지네산의 입체 구조(아래) 무지네산은 3개의 카르복실기(COOH), 2개의 N과 1개의 수산기(OH)에 의한 Fe^{3+}를 킬레이트화하여, 정8면체의 구조를 형성한다.

무지네산의 분비는 일주리듬을 가지고서 이른 아침과 일출 직후부터 2~3시간 내에 한 번에 분비되며, 분비는 같은 몰 단위의 칼륨 이온이 동반 분비되는데, 이러한 분비 메커니즘은 TOM1 트랜스포터에 의해 이루어진다.

분비된 무지네산은 근권에서 3가 철 이온과 착화합물을 만들어 금속 이온-무지네산 착화합물에 특이적인 세포막 트랜스포터에 의해 흡수된다. 이 트랜스포터 유전자는 옥수수에서 처음으로 농정되어, *YS1*라고 명명하였고, 보리와 벼에도 존재한다는 것이 밝혀졌다. 이 유전자의 발현은 철 제거 처리에 의해서 몇 배로 상승한다. 논에서 자라는 벼에서는 2가 철 이온 트랜스포터 *OsIRT1*가 뿌리 표피에서 강하게 발현한다(**그림 3-80**).

(4) 식물체 내에서의 철의 이동

흡수된 철은 근단 분열조직에 저장되었다가 엽록소 합성이 활발한 지상부의 분열조직(단자엽의 경우는 경엽 기부, 쌍떡잎은 정아 부분)이나 새롭게 출아하는 잎으로 빠르게 이동하게 된다. 철 이온은 쌍떡잎식물의 물관에서는 구연산과 회합하고, 체관에서는 Nicotianamine과 회합하고 있

는 기능을 한다(☞ 제2장 2. "광합성과 호흡"). Cu-Zn SOD 단백질은 구리의 영양 상태에 의해 증감된다. 이 효소는 유리 상태의 구리 이온을 제거하고, 다른 분자로의 전달에 관여하는 구리 샤페론의 기능도 갖고 있다.

③ **구리를 포함한 그 밖의 산화환원효소** 복수의 구리 원자를 포함하는 산화효소를 multi copper oxidase라고 부른다. 여기에는 아스코르브산 산화효소, 라카아제(Laccase), 아민 산화효소(amine oxidase) 등이 있으며, 이들 모두는 세포벽에서 리그닌 생성에 관여하고 있다.

c. 구리를 포함하는 그 밖의 단백질

구리는 에틸렌 수용체 ETR1 단백질의 에틸렌 센서 부분에 결합한다. 애기장대에서 분리된 *ran1*(responsive to antagonist 1) 돌연변이는 에틸렌과 반응하지 못한다. 이는 ERT1이 구리와 결합하는 장소인 트랜스 골지망에 구리를 사로잡는 P형 ATPase인 RAN1 단백질이 결합하여야 정상적 기능을 수행하는데, 돌연변이체에서는 이 부분의 형성이 정상적으로 이루어지지 않아 에틸렌에 반응하지 못하는 것이다.

구리는 철 트랜스포터와도 결합한다. 효모 세포막에 존재하는 multi copper oxidase는 철의 트랜스포터 역할을 수행하는데, 이러한 철 수송체는 조류(algae)에서도 발견되었다.

(3) 구리의 흡수

애기장대의 게놈 DNA 서열이 밝혀진 2000년 이후, 대장균이나 효모에서 동정된 구리 트랜스포터 단백질을 기반으로 상동성이 높은 유전자의 분석이 진행되었다. 구리는 필수원소이지만, 유리 이온은 독성이 높다. 이에 따라서 트랜스포터에 의한 흡수 및 배출과 구리 샤페론 단백질과의 결합에 의한 세포내 구리 이온 농도는 낮은 수준에서 유지되고 있는 것이다.

a. 구리 트랜스포터

애기장대에서 6개의 구리 트랜스포터 유전자 *COPT* (copper taansporter)가 동정되었다. 이 유전자 산물인 단백질은 세포막과 엽록체의 막에 존재한다. 그들중 COPT 1은 뿌리 세포막에 위치한 주요 구리 트랜스포터이다(**그림 3-84**).

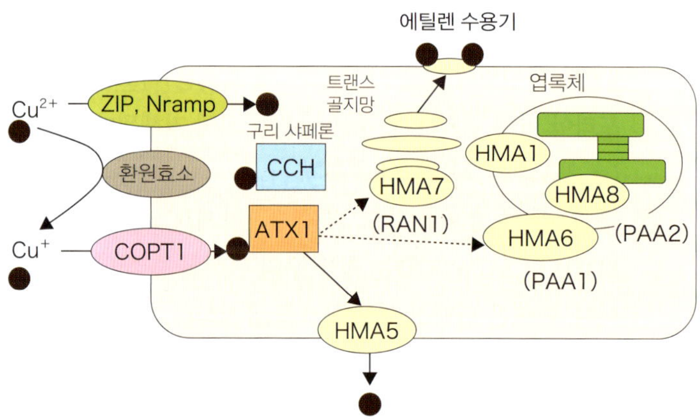

그림 3-84 애기장대에서의 구리 수송 기구 모식도

애기장대의 P1B형 Heavy Metal ATPase(HMA) 중, HMA1, 5, 6(PAA2), 7(RAN1) 및 8 (PAA1)이 구리 이온의 수송에 관여하고 있다. RAN1은 식물에서 처음 확인된 HMA 단백질로서, 앞에서 서술한 바와 같이 골시체에 구리 이온을 가둬 두는 역할을 하고 있다. HMA1과 PAA1는 엽록체 외막에 위치하는 단백질이고, PAA2는 틸라코이드 막 내부에 구리 이온을 수송하는 단백질이다. 이러한 단백질이 결손된 돌연변이에서는 플라스토시아닌으로의 구리 이온 공급이 부족하므로, 광계 I과 II의 사이의 전자 전달이 정상적으로 수행될 수 없다.

애기장대의 *HMA5* 결손 돌연변이체에서는 구리가 뿌리에 축적되어 순환되지 못하게 되므로, 낮은 농도의 구리를 처리한 경우에도 뿌리 신장이 저해된다. 뿌리에서 흡수된 구리를 HMA5가 물관에 로딩시키지 못하기 때문에, 구리가 뿌리에 축적되어 뿌리 신장이 저해되는 현상이 나타난다(**그림 3-85**). 실제로 뿌리의 신장은 낮은 농도의 구리 이온에 의해서도 저해되기 때문에, 돌연변이체에서는 뿌리가 낮은 농도의 구리에 노출되는 경우 비정상적인 HMA5가 제대로 작동하지 못해 뿌리가 정상적인 발육을 하지 못하게 되는 것이다. 또한, 고농도의 구리 농도에서 *COPT1* 유전

	CPC(X)$_6$P		N(X)$_6$YN(X)$_4$P	
AtHMA5	C P C A L G L A T P	626	N Y V W A L G Y N L M G I P	936
AtPAA1	C P C A L G L A T P	563	N L W W A F G Y N I V G I P	878
HsWND	C P C S L G L A T P	992	N L V L A L I Y N L V G I P	1337
HsMNK	C P C S L G L A T P	1009	N F V F A L I Y N L V G I P	1371
ScCcc2	C P C A L G L A T P	592	N L F W A L C Y N I F M I P	914
BsYvgX	C P C A L G L A T P	465	N L F W A L G Y N S L G I P	769

HsMNK C1000R; AtHMA5 P626L, HsWND P992L; AtHMA5 P923T; HsMNK A1362D, A1362V

그림 3-85 HMA 단백질에 돌연변이를 가진 식물과 HMA 돌연변이체의 유전자 돌연변이 위치 (Kobayashi, Y. et al., 2008)

자를 억제시킨 식물체에서는 구리에 대한 내성이 향상되었다. 이러한 결과는 구리의 흡수와 배출 균형이 세포질의 구리 농도 조절에 있어서 중요하다는 것을 의미한다. 구리를 수송하는 HMA은 Ag^+와 같은 다른 1가 양이온도 수송하기 때문에, 이 단백질에서는 구리 이온을 Cu^+의 상태로 수송한다고 추측된다.

옥수수 등에서 철-Nicotianamine 착화합물의 흡수에 관여하는 YSL(yellow stripe like) 단백질은 구리-Nicotianamine 복합체도 수송한다.

b. 구리 샤페론과 구리 결합 저분자 화합물

구리 이온과 결합하는 특정 단백질을 구리 샤페론이라고 부른다. 구리 샤페론은 처음 효모에서 확인되었고, 애기장대에서는 효모의 단백질 정보를 이용하여 상동유전자를 분리하였다. 애기장대 ATX1은 반응성이 높은 1가 구리를 보유하고, 구리 수송 단백질과 구리 효소로 운반하는 기능을 가진다. 식물 고유의 구리 결합 모티프를 가진 *CCH*(copper chaperon) 유전자의 발현은 고농도의 구리 조건에서 증가한다. COX나 Cu-Zn SOD 등도 고농도의 구리 조건에서 발현이 증가한다. 한편, 구리가 부족하면 이러한 단백질을 코딩하는 mRNA가 감소한다. 구리 샤페론 단백질은 유리 상태의 구리 이온의 농도를 제어하는 역할을 한다.

구리는 저분자 화합물과도 착화합물을 형성한다. 메탈로티오네인(metallothionein)은 많은 시스테인 잔기를 가지는 폴리펩티드로, 많은 생물 종에 유사성이 높게 보존되어 있다. 구리를 과잉으로 처리하면, 메탈로티오네인 유전자의 전사량이 증가한다. 중금속 집적 식물인 패랭이속의 식물은 메탈로티오네인을 증가시켜서 구리 내성을 획득하고 있다. 또한, 파이토킬레틴(Phytochelatin) 합성도 구리 처리에 의해 유도된다. 구리는 물관을 통한 장거리 수송에서는 저분자 화합물과 착화합물을 형성하여 수송된다. 위의 *YSL* 돌연변이는 구리의 부족에 감수성이므로, Nicotianamine은 구리의 수송에도 작동하는 것으로 추정된다.

3) 망간[12)]

(1) 식물의 망간 영양

건전한 식물 잎의 망간 함량은 건중량당 수십~수백 mg/kg으로, 10~20 mg/kg 이하가 되면 결핍 증상이 나타난다. 망간이 부족하면, 채소류에서는 상위 잎에서, 밀류에서는 하위 잎에서 엽맥간 황백화나 갈색 반점 및 선형의 괴사가 발생한다. 망간의 결핍증상이 나타나면, 황산 망간의 엽면 살포를 통해 해결할 수 있으며, 토양의 pH가 높은 경우에는 망간 결핍이 발생하기 쉽다. 또한, 퇴비를 연속적으로 다량 사용한 토양에서도 망간 부족이 발생하는데, 이러한 조건에서의 망간 부

12) 岩崎貢三

족 현상은 유기물이 많은 토양에서 pH 6.5 정도가 되면, 망간 산화균 활성이 상승하고, 망간 이온이 불용성의 이산화망간이 되기 때문이다. 또한, 토양을 건조시키면 수용성, 교환성 망간 함량이 현저히게 증가한다. 따라서 토양 망간의 식물에 대한 효율성에 대해 진단을 하기 위해서는 신선한 토양을 이용하여 분석할 필요가 있다.

망간 과잉에 의한 작물의 장해는 산성 토양, 광산 부지 토양, 배수 불량 토양 등에서 발생한다. 특히, 산성 토양에서 발생하는 망간 과잉은 알루미늄 과잉에 의한 장해와 함께 식물 생육에 영향을 준다. 또한, 증기 소독 및 열수 소독을 실시한 토양에서도 망간 과잉 피해가 발생한다. 이러한 과잉피해 현상은 토양 소독에 의해 분해 생성되는 역분해성 유기물에 의해서 망간 산화물이 환원되어 망간 이온이 증가하고, 미생물의 사멸로 망간 이온의 산화가 어렵게 되기 때문이다.

망간에 의한 과잉 피해가 발생할 때, 망간의 농도는 식물종 간, 품종 간에 크게 다르다. 예를 들어, 생육량(건조량)이 10% 감소할 때의 망간 함량이 옥수수에서는 망간 200 mg/kg 건조 중량인 반면에, 대두에서는 600 mg, 해바라기에서는 5,300 mg이다. 망간의 과잉 장해 현상은 엽맥, 엽병, 모용 기부의 흑갈색 반점, 엽신의 작고 불규칙한 갈색 반점, 잎 가장자리의 황백화 등으로 나타난다. 망간을 과도하게 흡수한 식물에서는 아포플라스트, 심플라스트에서는 페록시다아제 등의 활성이 비정상적으로 높아지고, 산화된 페놀성 화합물의 집적으로 인해 잎에 갈색 반점 증상이 나타난다(그림 3-86, 그림 3-87).

망간이 토양 중에 집적되거나 고농도일 때는 토양 pH를 상승시키면 되지만, 규산염의 시용으

그림 3-86 동부(*Vigna unguiculata*)의 망간 과잉 증상 동부의 망간 과잉의 초기 증상으로서, 하위 잎에서 작고 불규칙한 갈색 반점이 나타난다(왼쪽). 증상이 진행되면 갈색 반점의 증가와 함께 엽신 전체에 황백화 증상이 나타난다.

그림 3-87 증기 소독 후 포장에서 발생한 멜론(*Cucumis melo*)의 망간 과잉 증상 멜론 재배 농가에서 증기 소독 후 발생한 망간 과잉 증상이다. 멜론, 호박, 오이 등의 박과 식물에서는 잎과 엽병, 엽신의 잎털(trichome) 기부의 갈변 또는 괴사가 전형적인 과잉 증상으로 나타난다.

로도 망간 과잉 증상을 완화시킬 수 있다. 벼의 경우에, 규산은 망간 산화물이 뿌리 표면에 침착하도록 촉진하고, 지상부로 망간이 수송되는 것을 억제한다. 한편, 콩, 호박, 오이에서는 잎의 망간 함량이 감소하지 않지만, 장해는 완화된다(**그림 3-88**). 후자의 경우, 규산을 시용하면 세포벽에 망간의 흡착량이 증가해서 과도한 피해가 경감될 수 있다.

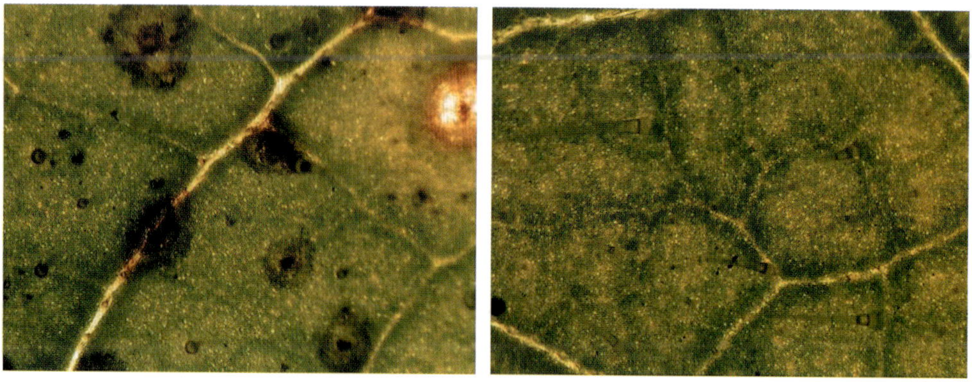

그림 3-88 망간 과잉 조건에서 수경재배한 호박(*Cucurbita moschata*)에서 제2엽의 확대사진 실체 현미경에서 촬영. Si 0 mM, Mn 250 ìM에서 2주간 처리한 경우(왼쪽)에는 트리콤 (trichome) 기부에 현저한 갈색이 관찰되지만, 수경액에 Si 1.67 mM을 처리한 다음 동일한 Mn 농도에서 같은 기간 동안 처리한 경우(오른쪽)에 잎의 망간 함량은 저하하지 않았지만, 과잉 증상이 거의 관찰되지 않는다(사진에서 잎의 생중량당 원소 농도. 왼쪽: Si 110 mg/kg, Mn 835 mg/kg, 오른쪽: Si 1,029 mg/kg, Mn 976 mg/kg).

(2) 망간의 생리 기능

고등식물의 조직에 존재하는 망간을 포함하는 효소 단백질로서 잘 알려져 있는 것은 광계 II 복합체를 구성하는 망간 단백질과 슈퍼옥시드 디스뮤타아제(Superoxide dismutase, SOD)이다.

엽록체 내 망간의 대부분은 틸라코이드 막에 결합하여 존재하고, 광합성 반응의 과정 가운데 광계 II에서의 물 분해와 산소의 발생에 관여하고 있다. 망간은 반응 중심을 구성하는 단백질 복합체의 틸라코이드 막 루멘 쪽에 노출된 영역에 결합하며, 4원자의 망간이 클러스터 구조를 띠게 된다(**그림 3-89**). 반응 중심이 빛 에너지를 흡수하여 여기된 전자가 방출되면, 전자가 보충된 티로신 라디칼이 D1 단백질의 티로신 잔기에서 생성된다. 이 티로신 라디칼의 전자 결손이 망간 클러스터의 산화에 의해 보충된다. 망간 클러스터는 2분자의 물에서 4전자를 사로잡고, 기저 상태(환원형)로 돌아가면 O_2가 부산물로 생성된다. 이처럼, 망간은 물 분자에서 광계 II의 반응 중심의 전자 전달 사슬에 중요한 역할을 하고 있다. 망간이 부족하면, 광합성의 전자 전달 기능이 손실되어 산소 발생이 억제된다.

한편, 광계에서 발생하는 활성 산소종의 제거에는 SOD가 작용한다. SOD는 호기성 생물의 세포에 보편적으로 존재하지만, 잎에 존재하는 SOD는 90% 이상이 엽록체에 존재하고, 4~5%가 미토콘드리아에 존재한다. Mn-SOD는 주로 미토콘드리아와 퍼옥시좀에 분포하고, 망간이 결핍되면 미토콘드리아의 활성산소 제거 기능이 저하되어 호흡 기능에 장해를 입는다.

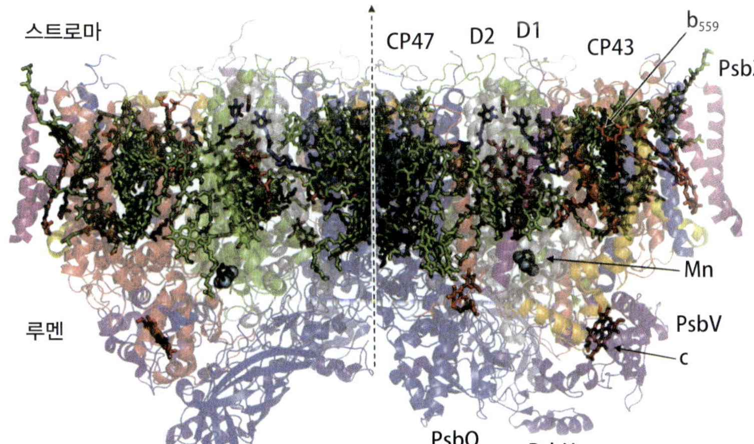

그림 3-89 시아노박테리아의 광계 II 복합체의 구조 반응 중심인 D1 및 D2 단백질, 중심 안테나 단백질 CP43 및 CP47, 헴 단백질 b559 및 c550, 복합체를 구성하는 단백질군(Psb 단백질)의 입체 구조. Mn 클러스터는 하늘색으로 나타나 있다. 점선은 이량체를 구성하는 각 단량체 서브유닛 간의 유사 C2 대칭축을 나타내고, 고등식물에서는 PsbV, PsbU가 PsbP, PsbQ라고 불리는 단백질로 치환되어진다. (Annual Review of Plant Biology, Volume 57. © 2006 by Annual Reviews, www.annualreviews.org)

망간은 TCA 회로에 관여하는 말산 탈수소효소(malate dehydrogenase), 이소시트르산 탈수소효소(isocitrate dehydrogenase), 질소 대사에 관여하는 아르기나아제(arginase), 시킴산 회로 및 리그닌 등의 페놀성 화합물의 대사에 관여하는 페닐알라닌 암모니아 분해효소(phynylalanineam-monia-lyase, PAL)와 페록시다아제(peroxidase) 등의 효소를 활성화한다. 망간에 의한 영양 장해에 의해서 기형이나 성장 저해가 발생하는데, 이러한 현상은 아마도 오옥신(IAA)의 대사과정 중에 망간이 관여하고 있기 때문일 것으로 추측하고 있다. 망간 이온에 의한 효소의 활성화는 마그네슘 이온으로 대체할 수 있는 경우가 많다. 그러나 PEK형 C_4 식물의 유관속초세포 엽록체의 탈탄산에 관여하는 PEP 카르복시키나아제(PEP carboxykinase)에는 망간 이온이 필수이기 때문에, 마그네슘 이온으로는 대체할 수 없다.

(3) 망간의 흡수와 이동

토양 중의 망간은 수용성, 교환 상태, 산화물 상태, 유기물 흡수 및 저장 상태, 점토 광물의 구성 성분 등 다양한 형태로 존재하고 있지만, 호기성 환경에서는 불용성 산화물의 형태로 존재하는 비율이 높다. 망간 산화물은 식물 뿌리와 토양 미생물에 의해 분비된 저분자 유기화합물(유기산, 아미노산, 페놀성 화합물)의 작용을 받으면, 가용화된 망간 이온으로 환원된다. 토양 용액 중의 망간 이온은 질량 유량(mass flow) 또는 확산에 의해서 뿌리 표면으로 이동된 후 식물 뿌리에 흡수된다.

식물의 망간 수송에 관여하는 트랜스포터에는 ZIP(ZRT/IRT-related protein) 패밀리, Nramp(natural resistance-associated macrophage protein) 패밀리, CAX(cation exchanger) 패밀리, CDF(cation diffusion facilitator) 패밀리 등이 있다. 이들 중 세포막에서의 망간 수송에 관여하고, 뿌리에서 망간 이온의 세포 안으로의 이동에 중요한 역할을 담당하고 있는 트랜스포터는 ZIP 패밀리에 속하는 IRT1이다. IRT1은 망간 이온 이외에 철 이온(2가), 아연 이온, 카드뮴 이온도 수송하는 넓은 기질 특이성을 가지고 있으며, *IRT1* 유전자는 철 결핍 조건에서 발현량이 강하게 증가한다. 한편, Nramp가 망간을 수송하는 역할을 하는 것이 효모에서 밝혀졌다. 벼, 대두, 토마토, 애기장대에서도 *Nramp* 유전자의 발현이 확인되고 있지만, 지금까지는 *Nramp*가 세포막에 특이적으로 위치하여 망간 수송에 관여하고 있는지에 대해서는 확인되지 않았다. AtNramp3은 세포막보다 액포막에 특이적으로 위치하고 있으며, 액포에서의 금속 이온의 수송에 관여하는 것으로 생각되고 있다. *AtNramp*도 철 결핍 조건에서 발현량이 강하게 증가하고, 식물체 내의 철 항상성 유지에 연관되어 있지만, 망간의 항상성 유지에도 중요한 역할을 하고 있다.

액포는 고등식물 세포의 전체 부피의 약 90%를 차지하는 중요한 세포소기관으로, 많은 독성 물질의 싱크 역할을 하고 있다. 망간 등 다양한 금속 이온의 액포 저장 및 액포 내에서의 구획화는 금속 이온의 독성에 대한 내성을 부여하는 중요한 메커니즘 중 하나이다. 최근 액포막에 위치하고 있는 있는 양이온/양성자 역방향 수송(antiport)인 CAX2과 CAX와 같은 트랜스포터가 액포로의 망간 이온 수송에서 중요한 역할을 하는 것으로 밝혀졌다. CAX2는 낮은 친화력의 트랜스포터로서, 세포질의 망간 농도가 상승할 때 망간 이온을 액포로 수송하고, 이 유전자가 과잉발현된 담배에서는 고농도의 망간에 대해 내성을 가지게 된다. 또한, CAX2은 유관속 체관으로의 망간 이온 로딩과 언로딩에도 관여하고 있을 가능성이 제시되었다. 한편, 망간 내성을 가진 열대성 콩과식물인 *Stylosanthes hamata*에서는 망간 이온이 액포로 수송되는데, 이러한 수송에는 CDF 패밀리에 속하는 ShMTP1(metal tolerance protein)이 관여하고 있다. ShMTP1은 양성자를 망간 이온과 공동 수송(symport)하는 것으로 추정되고 있다. 애기장대와 벼에서도 ShMTP1과 아미노산 서열이 유사한 트랜스포터의 존재가 발견되었지만, *S. hamata* 이외의 식물에서는 CDF 트랜스포터가 망간 이온을 수송하고 있는지에 대한 결과는 아직 알려지지 않았다.

고등식물의 엽록체는 원핵생물인 사이노박테리아의 세포내 이동으로 인한 공생관계에서 유래되었다고 알려져 있다. 시아노박테리아에서 망간이 부족해지면, ATP결합 카세트형(ATP-binding cassette, ABC) 패밀리에 속하는 망간 이온 트랜스포터가 유도된다. 효모의 미토콘드리아에서는 MTM1라는 단백질이 내막에 존재하고, 매트릭스에 위치하는 SOD에 망간을 운반하는 샤페론으로서의 기능을 가지고 있다고 추축하고 있다. 또한, 골지체로의 망간 수송에는 P형 ATPase가 관여한다는 것이 밝혀지고 있다. 그러나 고등식물의 엽록체, 미토콘드리아, 골지체로의 망간 수송 메커니즘은 밝혀졌다. 소포체로의 망간 수송에 관해서는 애기장대의 소포체에 특이적으로 위치하는 칼슘 ATPase(ECA1)가 관여하고 있을 것으로 추정된다. 한편, 세포 내에서 외부로의 망간 이온의 유출에는 P형 ATPase와 ABC 패밀리 트랜스포터의 관여가 제시되었지만, 지금까지 식물에서의 자세한 메커니즘은 밝혀져 있지 않다.

현재까지 약 400종류의 금속 집적 식물이 보고되었는데, 이 중에서 망간 집적 식물로는 12종류 밖에 알려져 있지 않다. 망간 집적 식물은 지상부 건조 무게 1 kg당 10,000 mg 이상의 망간을 집적할 수 있는 식물을 말하며, 대부분은 아열대 지역에 서식하는 목본 식물이다(**표 3-6**). 그 중에서도 *Eleutherococcus sciadophylloides*는 일반 토양에서도 망간만을 특이적으로 집적한다. 근권부에서 양성자 방출에 의한 낮은 pH로서 망간 산화물이 가용화되어, 식물체 내에 옥살산과 결합된 망간이 세포벽과 액포에 집적된다. 식물의 게놈 분석 및 유전자 기능 연구가 진행되면서 망간 집적 기능과 내성 메카니즘이 보다 더 자세하게 밝혀질 것으로 예상된다.

4) 몰리브덴[5)]

(1) 토양 중의 몰리브덴

식물의 필수원소 중 요구량이 가장 적은 원소가 몰리브덴이다. 몰리브덴은 토양에 2 mg/kg 정도 존재하지만, 기타 필수 금속이 토양 내에서 양이온으로 존재하는 반면에, 음이온 형태인 몰리브

5) 藤原　徹

표 3-6 망간 집적 식물과 망간 함량

학명	망간 함량 (mg/kg)	참고문헌
Apocynaceae(협죽도과)		
Alyxia rubricaulis	14,000	1)
Araliaceae(두릅나무과)		
Eleutherococcus(Acanthopanax) sciadophylloides	7,900	2)
Celastraceae(노박덩굴과)		
Maytenus bureaviana	33,750	1)
M. pancheriana	16,370	1)
M. sebertiana	22,500	1)
Clusiaceae(물레나물과)		
Garcinia amplexicaulis	10,500	1)
Myrtaceae(도금양과)		
Eugenia clusioides	10,880	1)
Eugenia spp	13,700	3)
Austro myrtus bidwillii	19,200	4)
Phytolaccaceae(자리공과)		
Phytolacca acinosa Roxb.	19,300	5)
Proteaceae(프로테아과)		
Beaupreopsis paniculata	12,000	1)
Macadamia angustifolia	11,590	1)
M. neurophylla	55,200	1)

1) Reeves, R. D. & Baker, J. M. (2000)Metal Accumulating Plants, In "Phytoremediation of Toxic Metals: Using Plants to Clean Up the Environment", (Eds) Raskin, I. & Ensley, B. D., pp.193-229, John Wiley & Sons, Inc., NJ, USA.
2) Memon, A. R. & Yatazawa, M. (1982): Chemical nature of manganese in the leaves of manganese accumulator plants. Soil Sci. Plant Nutr., 28, 401-412.
3) Proctor, J. et al. (1989): Ecological studies on Gunung Silam, a small ultrabasic mountain in Sabah, Malaysia: II Some forest processes. J. Ecol., 77, 317-331.
4) Bidwell, S. D. et al. (2002): Hyperaccumulation of manganese in the rainforest tree *Austromyrtus Bidwillii* (Myrtaceae) from Queensland, Australia. Funct. Plant Biol., 29, 899-905.
5) Xue, S. G. et al. (2004): Manganese uptake and accumulation by the hyperaccumulator plant *phytolacca acinosa* Roxb. (Phytolaccaceae). Environ. Pollut., 131, 393-399.

덴산 MoO_4^{2-}으로 존재한다. 몰리브덴산 이온은 정사면체 구조를 가지고 있으며, 인산 이온 및 황산 이온과 토양 내에서의 화학적 물리적 반응이 유사하다. 즉, 토양에서는 인산 이온처럼 점토 광물과 토양 유기물에 강하게 흡착되어 철이나 알루미늄 이온과 결합하여 불용성 염을 만든다. 따라서 토양의 pH가 감소하면, 철과 알루미늄의 용해도가 상승하여 몰리브덴산과 화합하므로 식물이 이용하기 어려워진다. 한편, 토양 pH가 상승하면 용해도가 상승하여 식물로의 몰리브덴 공급량이 증가하게 된다. 몰리브덴을 많이 포함한 모암에서 생성된 토양에서는 몰리브덴 농도가 높아지고, 식물이 몰리브덴을 과다하게 흡수하지만 큰 피해를 입지는 않는다. 하지만 이런 토양에서 자라난 목초를 먹은 소는 몰리브덴 과잉 장해를 받을 수 있다.

(2) 몰리브덴의 흡수와 생리 기능

암모늄 이온을 몰리브덴 결핍 토양에 공급한 경우에는 질산 이온을 공급한 경우보다 증상이 덜 나타난다. 이는 몰리브덴이 질산 환원 효소의 구성 금속이기 때문이다. 몰리브덴은 식물에서 질산 환원효소, 알데히드 산화효소, 아황산 산화효소, 크산틴 산화효소/탈수소효소의 구성 금속이다. 알데히드 산화효소는 앱시스산 합성의 1단계를 담당하고 있다. 아황산 산화효소는 독성이 높은 아황산을 황산으로 산화하는 효소로서, 대기 오염의 원인 물질 중 하나인 아황산가스에 대한 내성에 중요한 역할을 담당하고 있다. 크산틴 산화효소/탈수소효소는 퓨린 분해에 관여하고 있다.

이러한 4개의 효소에서 몰리브덴은 몰리브덴 조효소(MoCo)라는 프테린(Pterin) 골격을 가진 화합물(**그림 3-90**)에 결합하여 존재하며, 전자 전달을 담당하고 있다. 하지만 MOCo가 형성될 때 몰리브덴과 결합하는 메커니즘에 대해서는 아직 알려져 있지 않다. 뿌리혹박테리아의 니트로게나아제도 몰리브덴을 포함하여, 철 이온과 함께 전자 전달 기능을 한다. 그러나 니트로게나아제의 몰리브덴은 MoCo 형태가 아니고, 아조토박터(Azotobacter) 내 니트로게나아제의 몰리브덴은 황과 히스티딘 잔기에 보존되어 있으며, 호모 구연산(Homocitrate)이 회합하고 있다.

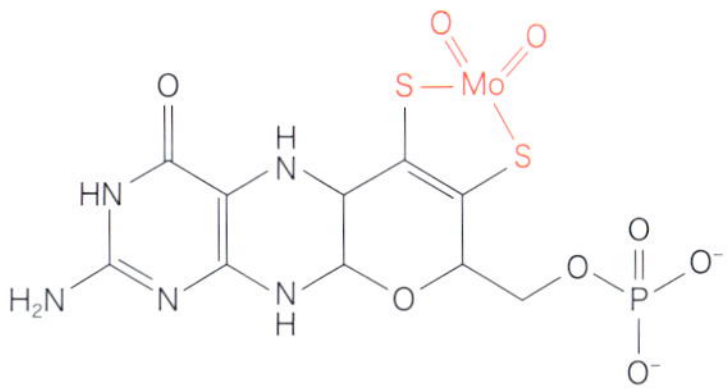

그림 3-90 몰리브덴 조효소 몰리브덴은 프테린(Pterin)과 결합하여 몰리브덴 조효소(MoCo)를 형성하고, 이 형태로 효소와 결합한다.

몰리브덴 결핍 증상은 새로운 잎보다 오래된 잎에서 발생한다. 식물 종에 따른 결핍 증상은 다양한 형태로 나타나지만, 그 중에서 십자화과 식물에서 발견되는 whiptail이라는 잎 위축 현상이 잘 알려져 있다(**그림 3-91**). 컬리플라워 등의 십자화과 식물에서 몰리브덴이 결핍되면, 잎의 면적이 적어지고, 좌우 비대칭의 이상한 모양이 된다. 결핍의 정도가 강한 경우에는 주맥 밖에 없는 잎이 형성될 수도 있다. 몰리브덴 결핍이 whiptail을 일으키는 과정에 대해서는 아직 밝혀지지 않았고, 몰리브덴 결핍 식물은 질소 결핍과 비슷한 장해 현상을 나타낸다.

그림 3-91 Mo 결핍 식물
(사진 제공: 水野直治)

식물은 몰리브덴 농도 구배에 역행하여 흡수한다. 세균에서 처음으로 몰리브덴의 수송에 관여하는 ABC 트랜스포터인 modABC가 1990년대에 보고되었다. 진핵생물에서는 애기장대에서 2007년에 동정되었다. 몰리브덴 트랜스포터는 황산 이온 트랜스포터와 유사한 아미노산 서열을 가지는 막 단백질이지만, 황산 이온 트랜스포터에 존재하는 특유의 C말단 도메인(STAS 도메인)이 존재하지 않고, 황산 이온을 수송할 수도 없다. 몰리브덴 트랜스포터는 주로 뿌리에서 발현한다. 효모에서 발현시키면, 효모의 몰리브덴 농도가 수십 배로 증가한다(**그림 3-92**). 또한, 이 트랜스포터의 몰리브덴산 이온에 대한 Km 값은 약 20 nM으로 친화성이 높고, 토양 내 낮은 농도로 존재하는 몰리브덴산의 흡수에 안성맞춤이다. 몰리브덴 트랜스포터가 결손된 애기장대 돌연변이는 몰리브덴 결핍 조건에서 생육이 나쁘고, 잎의 몰리브덴 농도가 야생형의 10% 정도로 저하되는 결과로 보아서(**그림 3-93**), 이 트랜스포터가 식물의 몰리브덴 흡수 기능을 갖고 있다고 볼 수 있다. 이 트랜스포터의 발현은 배지의 몰리브덴 농도에 의한 영향을 받지 않는다. 또한 수송 활성은 고농도의 황산 이온이 공존해도 억제되지 않는다.

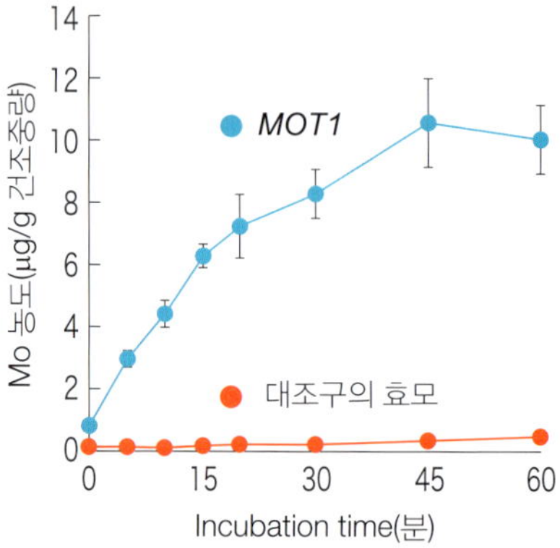

그림 3-92 몰리브덴 트랜스포터 *MOT1*을 발현하는 효모에서의 몰리브덴산 흡수 애기장대 유래의 MOT1을 발현하는 효모와 발현하지 않는 대조구를 몰리브덴이 포함된 배지에 옮긴 뒤에 세포내 몰리브덴 농도를 측정한 것이다. MOT1를 발현하는 효모는 대조구에 비해 수십 배 높은 몰리브덴을 흡수하였다.

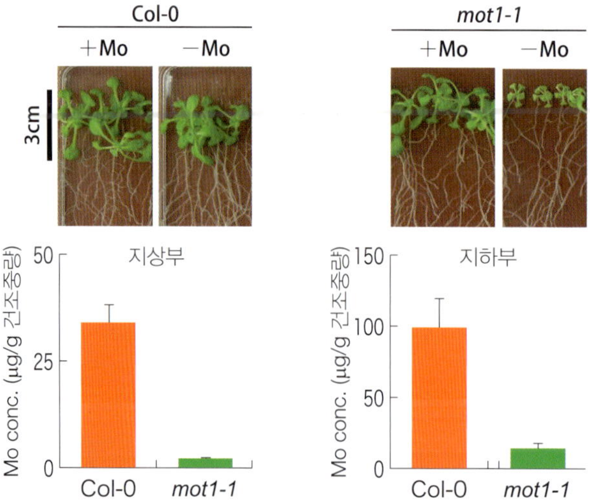

그림 3-93 몰리브덴 트랜스포터 *MOT1*을 결손한 애기장대의 특성 결손 돌연변이(*mot1-1*)는 배지에 몰리브덴을 첨가하지 않으면 대조구의 야생형(Col-0)에 비해서 생육이 악화된다. 지상부와 지하부의 몰리브덴 농도는 1/10 정도로 저하된다.

식물의 계통 차이에서 중요한 유전자를 찾는다

COLUMN

식물의 붕소 트랜스포터가 발견되었을 때(2003년경), 해당 원소를 수송하는 트랜스포터의 존재가 밝혀지지 않은 원소는 몰리브덴뿐이었다. 몰리브덴 트랜스포터는 세균에서 그 기능과 유전자가 동정되었지만, 진핵생물에서는 메카니즘이 알려져 있지 않았다. 애기장대의 계통 간 몰레브덴 흡수 능력의 차이를 이용함으로써, 몰리브덴 트랜스포터의 존재를 처음으로 알 수 있었다.

애기장대에서 몰리브덴의 함유량의 차이가 큰 계통들을 알아내었고, 이러한 계통 중 실험실에서 자주 사용되는 2가지 계통인 Col-0 및 Ler 사이에서, 잎에서의 몰리브덴 농도가 3배 정도의 차이가 있음을 발견하였다. 이 원인을 유전학적으로 확인하기 위해서, 2개의 계통을 교배시켜 F_2 식물을 만든 후에 그 잎에서의 몰리브덴 농도를 측정한 결과, 농도가 낮은 계통이 16주 중 3주였고, 농도가 높은 계통이 13주였다(그림). 이러한 결과는 잎에서 몰리브덴 농도를 조절하는 유전자가 하나이고, 농도 조절 유전자가 우성 유전자임을 암시한다. 이 잎의 농도를 높게 하는 유전자가 많은 F_2의 분석에서 밝혀졌다. 이 유전자는 막 단백질을 코딩하고, 황산의 트랜스포터와 비슷한 유전자이었지만, 효모에서 발현시키면 황산 이온의 수송 활동은 보이지 않았고, 높은 몰리브덴산의 수송 활성이 있었다. 이것이 진핵생물에서 처음 발견된 몰리브덴 트랜스포터(MOT1)이다.

같은 식물 종이라도 계통에 따라서 성질이 다른 것은 자주 볼 수 있다. 품종 개량의 노력은 같은 식물 종에서 새로운 성질을 가진 계통을 만들어내는 노력이기도 하다. 이러한 계통 간의 차이를 이용하여 유전자를 동정하는 것은 농업 형질에 유용한 유전자를 동정하는 데 유효한 수단이다. 앞으로 유전자 서열 분석 기술이 발전하면, 다양한 식물의 게놈 배열을 결정하는 것이 더욱 용이해질 것이라고 기대된다. 그렇게 되면, 현재 알려진 많은 농업 형질에 대해서 분자생물학 수준에서 설명과 예측을 할 수 있게 될지도 모른다(藤原 徹).

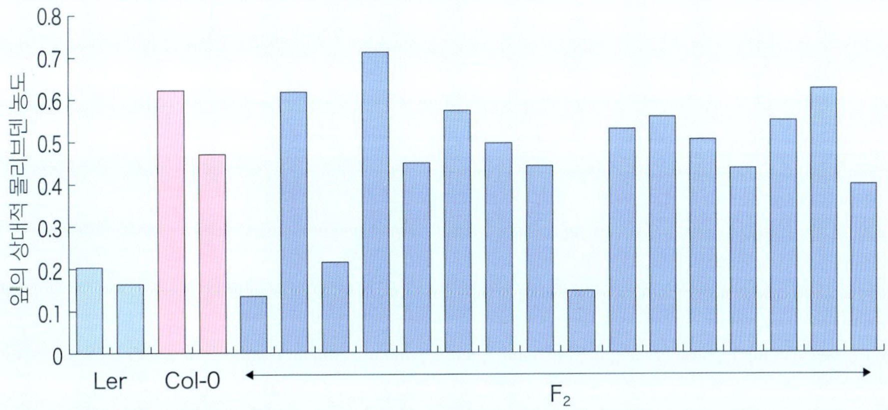

한편, 열대 콩과 식물인 *Stylosanthes hamata*의 황산 이온 트랜스포터는 몰리브덴산을 수송할 수 있다. 개체 수준에서 관찰되는 몰리브덴산 이온과 황산 이온 흡수의 경합이 어떻게 발생하는지 밝혀내는 것은 앞으로의 과제이다.

식물에 흡수된 몰리브덴은 재전류가 쉽게 일어나기 때문에, 결핍현상시에는 엽면 살포를 통해서 결핍 현상을 해결할 수 있다.

6. 아연, 붕소, 니켈, 염소

아연, 니켈은 금속 원소이지만, 단백질의 입체 구조를 유지하고, 효소 단백질의 기질 결합 부위가 되는 등의 산화 환원 반응 이외의 기능을 수행하고 있다. 붕소는 칼슘과 함께 세포벽의 필수 구성 요소이다. 하지만 염소가 식물체 내에서의 필수 요소인지에 대해서는 아직 검토가 필요하다.

1) 아연[13)]

(1) 식물체 내에서의 아연

고등식물에서 아연의 필수성은 1926년 서머(Sommer AL)와 리프만(Lipman CB)에 의한 수경재배에 의해 밝혀졌다. 작물의 아연 영양 진단으로서의 식물체 건조 중량당 함량 기준은 “부족: 15 mg/kg 이하, 적정: 25~100 mg/kg 초과: 200 mg/kg 이상”이다. 아연 결핍 증상은 먼저 상위 잎(새로운 잎)에 나타나서 하위 잎으로 결핍 현상이 진행된다. 식물체 아연 농도는 현삼과와 꿀풀과 식물에서 높으며, 콩과 및 가지과 식물에서는 적은 함량을 포함되어 있다(**표 3-7**). 벼에서는 아연이 뿌리 > 줄기 > 엽초 > 엽신 > 현미 순으로 축적된다.

식물의 아연 결핍 증상에는 3가지 특징이 있다. ① 엽신이나 절간의 신장이 억제되고, 잎이 옆으로 퍼지는 형태가 되며(로제트화), 특히 상위 잎은 소엽이 된다. ② 갈색의 작은 반점이 엽병과 엽맥 사이에 발생하는데, 이러한 증상은 토마토, 오이 등 과채류에서 많이 나타난다. 갈색 반점은

표 3-7 각종 식물의 아연 농도

과	아연 농도[mg/g(건중량)]	
	지상부	지하부
현삼	1.73	7.98
차조기	0.69	2.39
미나리	0.35	3.35
유채	0.28	1.04
벼	0.50	2.02
비름	0.75	1.17
콩	0.05	0.37
가지	0.18	0.50

아연 50 μM에서 수경재배한 유식물의 분석 결과. N은 공시한 시료 수. (吉原利一, 2008)

13) 関本　均

눈에 별로 띄지 않으며, 하위 잎에 황백화(chlorosis)가 발생할 수 있다. 벼에서는 상위 잎의 엽신 기부에서 중륵(main vein) 부위에 황백화가 나타나고, 하위 잎에 갈색 반점이 생긴다. ③ 엽맥 사이에 현저한 황백화가 생긴다. 감귤에서는 이러한 현상을 호랑이 반점이라고 부른다.

토양 중 아연은 pH 7.7 이하에서는 아연 이온(2가)으로 존재하지만, pH 7.7 이상에서는 식물이 이용할 수 없는 수산화 아연이 된다. 식물의 아연 결핍의 원인은 ① 토양에서 아연의 절대량 부족, ② 토양 pH의 상승과 인산의 과잉 시용에 의한 아연의 불가급태화, ③ 토양 환원에 의해 황산 이온에서 생성하는 황화수소에 의한 황화아연 생성의 불가급태화, ④ 니켈 함량이 높은 사문석과 감람암을 모재로 하는 토양에서 니켈에 의한 아연 흡수 저해 작용 등이다. 아연이 토양 중에 부족하면, 토양 pH의 적정한 관리와 황산 아연의 시용 등으로 아연을 보충해 줄 수 있다. 필리핀과 미얀마 내륙의 아연 부족 지역에서는 아연 결핍 현상을 극복하기 위해, 모내기 전날 밤에 벼 모종을 0.1% 황산 아연 수용액에 침지하는 아연 시용법을 사용하고 있다.

(2) 아연의 생리 기능

아연 결핍에 의해 발생하는 엽신과 절간의 신장 억제와 잎의 로제트화는 오옥신 결손 돌연변이의 형태적인 특징이므로, 아연은 오옥신의 생합성과 직접적으로 관련이 있을 것이라고 추측하고 있다. 그 후, 아연 결핍시 반드시 IAA 함량 자체가 저하되지는 않는다는 것을 알게 되었지만, 지베렐린 함량은 저하됨이 밝혀졌다. 하지만 아직까지 아연과 식물 호르몬과의 연관성에 대해서는 밝혀지지 않고 있다. 또한, 지베렐린 함량도 아연 결핍에 의해 저하되지만, 아연과 식물 호르몬과의 관계는 정확하게 밝혀지지 않고 있다.

아연은 80개 이상의 효소에 구성요소로서 작용한다. 이 효소들 중에는 알코올 탈수소효소와 글루타민산 탈수소효소 등의 산화 환원효소, 카복시 펩티데이스 및 알칼리 포스파타아제 등의 가수분해효소, 탄산 무수화효소, Cu-Zn 수퍼옥시드 디스무타아제(SOD), RNA 중합효소, DNA 중합효소 등이 있다. 탄산 무수화효소는 $CO_2 + H_2O \rightleftarrows HCO_3^- + H^+$를 가역적으로 촉매해서, 식물 체내의 CO_2와 HCO_3^- 평형에 관여하고, 엽록체 스트로마 효소는 Rubisco의 기질이 되는 CO_2의 공급에 관여한다.

유전 정보의 발현과 관련된 단백질 중 아연을 포함하는 단백질은 DNA 또는 RNA와 결합하는 특수한 구조, 즉 아연에 시스테인의 티올기와 히스티딘의 이미다졸기가 2개씩 배위 결합하여 10여 개의 아미노산이 손가락처럼 돌출되는 구조를 만들게 된다. 이러한 구조를 아연 핑거(zinc finger)라고 하며, 이 구조를 가진 단백질은 전사 인자로서 식물체 내에서 하위 유전자의 발현을 조절한다(그림 3-94).

아연 핑거(zinc finger)

단백질의 접힌 부분을 안정시키기 위해 하나 이상의 아연 이온(Zn^{2+})이 결합하는 단백질 구조 모티브다.

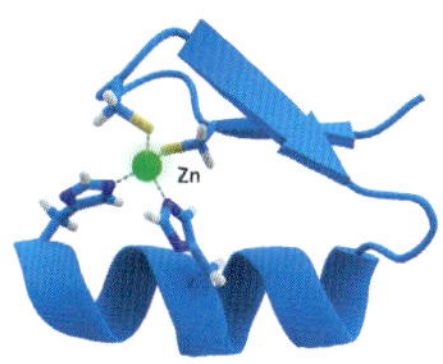

많은 전이 금속 원소와 달리, 아연은 전자 전달(산화환원)보다도

기질 결합 부위로서, 또한 효소 단백질의 입체 구조를 유지하는 역할이 크다. 아연은 식물의 생리 활성에서 중요한 기능을 수행하기 때문에 아연의 부족은 복합적으로 대사 장애를 초래하게 된다.

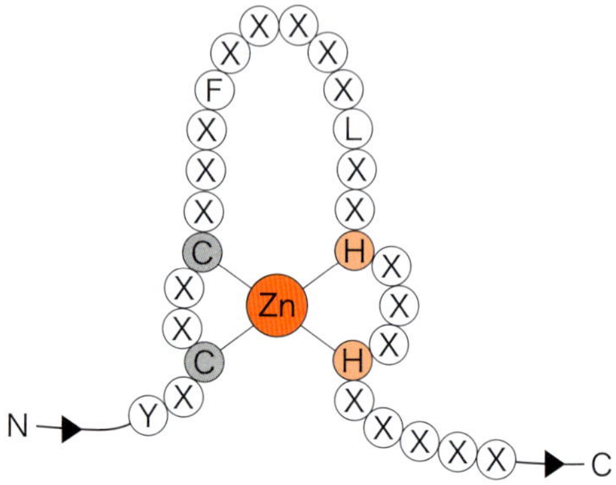

그림 3-94 아연 핑거 모티브 아프리카발톱개구리 난모세포의 5S 리보솜 RNA 중의 유전자 전사를 제어하는 단백질 전사인자(TF) Ⅲ A의 아연 결합 부위. (松本和子(번역 및 감수): Lippard & Berg 무기생화학으로부터)

(3) 아연의 흡수

아연은 2가의 아연 이온 형태로 식물체 내에 흡수된다. 아연 트랜스포터는 흡수량과 식물체 내, 세포 내에서의 분배를 제어하고, 아연의 결핍 내성이나 과잉 내성을 규정하는 큰 요인이다. 식물의 아연 트랜스포터는 ① ZIP(ZRT-IRT protein), ② YSL(YS1-like), ③ HMA(heavy metal ATPase), ④ CDF(cation diffusion facilitator protein)와 같이 크게 4가지 패밀리로 분류된다.

ZIP(ZRT-IRT protein) 패밀리는 zinc regulated transporter(ZRT) protein과 iron regulated transporter(IRT) protein의 총칭으로, 토양 중의 아연을 식물 세포 내로 운반하는 트랜스포터이다. 애기장대의 2가 철 이온 트랜스포터인 IRT1 역시 아연 이온을 수송한다. 철 결핍 황백화를 나타내는 옥수수 돌연변이(*ys1*, yellow stripe1)는 철 킬레이트제인 무지네산류와 철 복합체 트랜스포터의 결손 돌연변이체이다. 이러한 철–무지네산류 복합체 트랜스포터를 YS1 트랜스포터라고 부르고, YS1 트랜스포터는 아연-무지네산류 복합체도 수송한다. YS1와 상동성이 높은(YS1-like) 트랜스포터들을 YSL 패밀리라고 한다(**그림 3-95**). 또한, 무지네산의 전구체인 Nicotianamine는 철, 아연, 망간 등과 착화합물을 형성한다. 철과 망간의 Nicotianamine 착화합물의 트랜스포터가 존

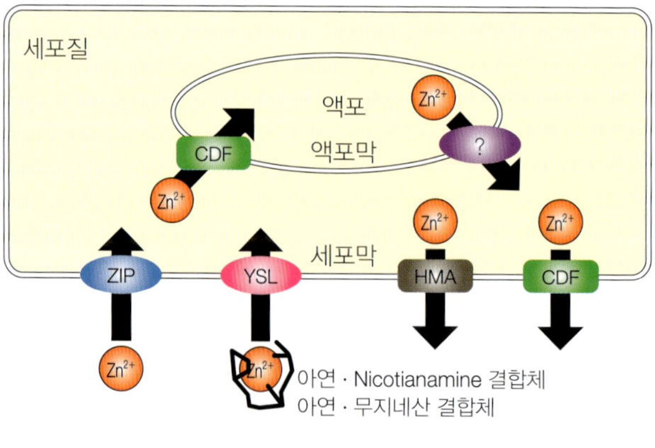

그림 3-95 아연 흡수 모식도 (鈴木基史 · 西澤直子, 2006)

재하기에, 아연-Nicotianamine 복합체 트랜스포터가 존재할 가능성이 높으며, 아연 수송에 깊게 관련되어 있을 것으로 추정된다. HMA(heavy metal ATPase)은 중금속 이온을 능동 수송하는 ATPase이다. ZIP이나 YSL은 이온 유입형 트랜스포터이지만, HMA 패밀리는 이온 방출형 트랜스포터이다. CDF 패밀리는 세포질의 바깥쪽으로 2가 금속 이온을 방출하는 트랜스포터로서, 액포막에서는 액포 내부로 아연 수송을 수행한다.

십자화과 말냉이속의 *Thlaspi caerulescens*은 아연과 카드뮴의 집적 식물로 알려져 있으며, 지상부 건조 중량당 약 30,000 mg/kg 아연과 약 1,500 mg/kg의 카드뮴을 축적한다. 이 식물에서는 ZIP 패밀리인 ZNT1, 액포막의 CDF 패밀리인 MTP1, 물관에 아연을 유입하는 HMA 패밀리인 *HMA4* 유전자가 강하게 발현하고 있으며, 그 결과 아연이 고농도로 식물체 내에 축적된다. 이러한 식물을 이용해서 식물 환경 복원(Phytoremediation)도 가능할 것으로 보고 있다.

(4) 인간에서의 아연 영양

1934년에, 동물에서 아연의 필수성이 쥐를 이용한 결핍 실험에서 증명되었다. 1960년대에 들어서 인간에서의 아연 필수성이 확인된 후, 아연이 항산화 기능을 갖고 있고, 유전 정보의 발현에 관여하는 단백질의 대부분이 아연과 연관된 단백질이라는 것이 밝혀짐에 따라 아연의 중요성이 인정받게 되었다.

아연이 많이 포함된 식품으로는 생선과 해초, 육류, 곡류 및 콩류 등을 들 수 있다. 동물 자원의 아연은 식물 자원의 아연보다 흡수되기 쉬운 것으로 알려져 있다. 개발도상국에서는 식물성 단백질에 대한 의존도가 높고, 아연 섭취량이 적지 않지만, 흡수율과 이용 효율이 낮다. 한편, 식량 사정이 좋은 국가에서는 아연이 부족하지는 않을 것으로 생각하지만, 비교적 아연 농도가 높은 쌀, 콩, 고기의 섭취를 억제하는 다이어트와 아연 농도가 낮은 기호 음료, 야채 및 과일 섭취가 많아지고 있기 때문에, 젊은 층을 중심으로 아연 결핍에 의한 미각 이상이 발생하고 있다. 특히, 패스트푸드 식습관이 정착되어 있는 미국에서는 전체 인구의 50%가 아연의 권장영양소요량(성인 남성: 11 mg/일, 성인 여성: 8 mg/일, 또한 한국: 성인 남성: 9 mg/일, 성인 여성: 7 mg/일) 이하여서 아연 부족이 일상화되고 있다. 따라서 아연 섭취 식량 자원인 곡류, 콩류와 아연 함유율이 낮은 채소류에서 아연 함량을 향상시키는 것은 사람의 아연 영양 개선과 직접적인 연관성을 가지고 있는 것이다.

2) 붕소[14)]

붕소가 식물의 필수원소인 것이 1923년 와링턴(Warington)에 의해 발표되었지만(**그림 3-96**), 1996년이 되어서야 붕소가 세포벽을 구성하는 펙틴의 가교 역할을 하고 있다는 것이 밝혀졌다. 붕

[14)] 小林　優

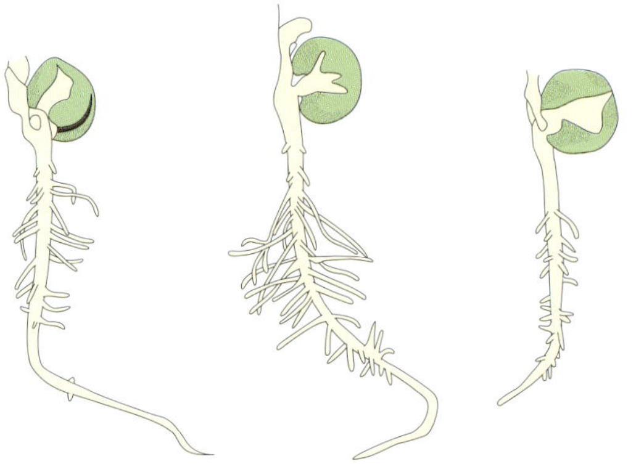

그림 3-96 와링턴(Warington)에 의한 필수원소, 붕소의 발견 Annals of Botany지 27권 633(1923)에 게재된 잠두콩 뿌리의 붕소에 대한 반응 그림. 오른쪽: 붕소 무첨가, 가운데: 붕산 20 mg/L 첨가구, 왼쪽: 200 mg/L 첨가구. (Oxford University Press)

소는 토양에 붕산으로 존재하는데, 붕산의 해리상수 pKa는 9.25이다. 약산성~중성에서는 대부분 분리되지 않은 채 전하를 갖지 않는 분자로 존재하므로, 식물은 전하가 없는 붕산을 흡수하게 된다.

(1) 붕소의 생리 기능[14)]

식물체에 포함된 붕소는 물로 추출되는 붕소와 추출되지 않는 붕소로 나뉜다. 수용성 붕소는 붕산의 형태로 존재하고, 불용성 붕소는 식물 세포벽에 결합되어 있다. 식물을 다양한 농도의 붕소를 포함한 배양액에서 재배하면, 엽신의 수용성 붕산은 배양액 배지의 붕소 농도에 대응하여 증감하지만, 불용성의 붕소 농도는 거의 일정하게 유지된다(**그림 3-97**). 붕소 결핍 증상이 나타나게 되면 불용성 붕소가 감소한다. 따라서 세포벽에 결합된 불용성 붕소가 수용성 붕소로 전환되어 생리 기능에 사용된다고 생각된다.

붕산 $B(OH)_3$은 수용액에서 OH^-와 결합하여 정사면체형의 붕산 이온 $B(OH)_4^-$가 된다. 붕산 이온은 인접한 2개의 수산기를 갖는 다이올(diol) 화합물과 1 : 1 또는 1 : 2의 비율로 에스테르

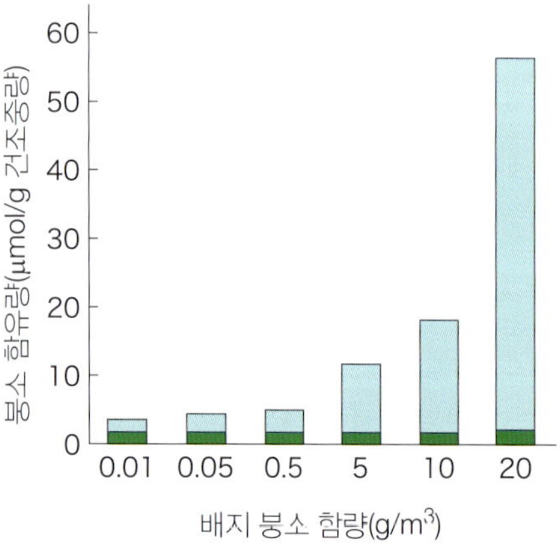

그림 3-97 다양한 붕소 농도에서 재배한 근대(beetroot 또는 beet, *Beta vulgaris* var. *cicla*) 엽신에서 수용성 붕소와 불용성 붕소 함량 분포 □: 수용성 B, ■: 불용성 B. (Matoh, T. et al., 2001)

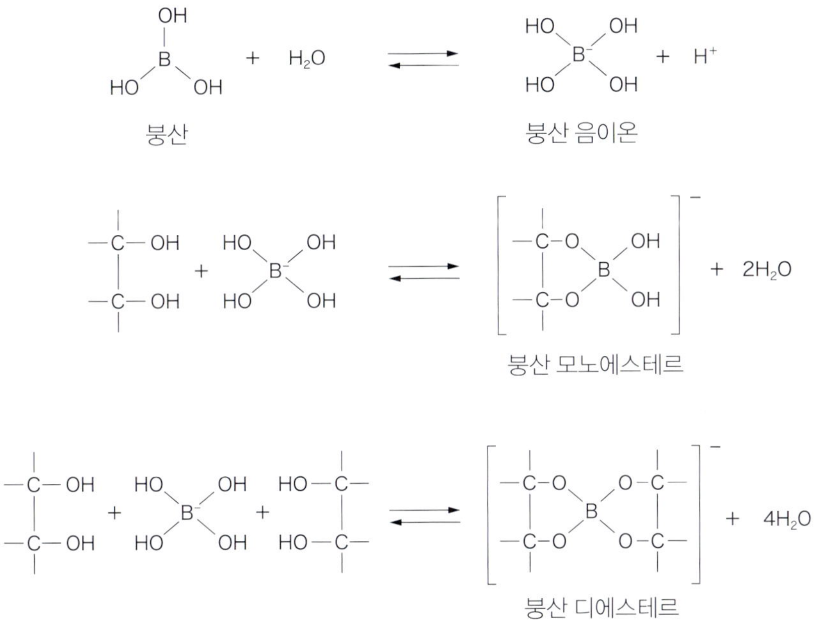

그림 3-98 붕소와 다이올(diol) 화합물의 에스테르 형성

를 형성하는 능력이 있다(**그림 3-98**). 에스테르의 안정성은 pH와 다이올 화합물의 구조에 따르며, pH가 높을수록 안정적이다. 또한, 수산기끼리 시스에 배위한 화합물, 특히 푸라노오스형의 당과 안정적인 결합을 형성한다. 붕소가 축적된 세포벽은 다이올 화합물인 당에 형성된 다수의 붕소 결합 부위가 있는 것처럼 보이지만, 아포플라스트 용액의 pH는 약산성이므로, 대부분의 당은 붕산과 안정한 에스테르를 형성할 수 없다. 붕소 과잉의 상황을 제외하면, 세포벽에 존재하는 당 잔기 안에 아피오스(apiose, 푸라노오스형 시스 배위 결합 형태의 다이올기를 갖는다) 만이 안정적인 붕산 에스테르를 형성한다. 아피오스(apiose)을 포함하는 세포벽 다당류에는 모든 식물 종에 존재하는 Rhamnogalacturonan II(RG-II, 후술)와 개구리밥(*Lemna*)에서 발견되는 Apiogalacturonan이 있어서, 붕산의 결합 부위를 제공하고 있다.

세포벽에 펙틴 분해효소를 처리하면, 크기가 약 10 kDa의 붕소-다당류 복합체가 가용화된다. 담배 배양 세포에서는 세포에 포함된 붕소의 70% 이상이 이 형태로 회수된다. 이 복합체는 산성 다당류의 일종인 RG-II2 분자가 붕산 디에스테르(diester)로 가교돼서, 더욱 안정화 상태로 되어 Ca^{2+}가 결합된 것이었다. RG-II는 분자량 5 kDa의 다당류 조각에서 10~15잔기의 갈락투론산이 중합한 주사슬에 희소 당을 포함한 13종류의 당으로 이루어진 4개의 곁사슬(측쇄)이 결합한 것이다(**그림 3-99**). 이 구조는 다당류로서는 예외적으로 복잡한 구조를 가지고 있음에도 불구하고, 식물 종간에 잘 보존되어 있다. RG-II는 세포벽 다당류가 특정 효소로 부분 분해되어 발생하는 다당

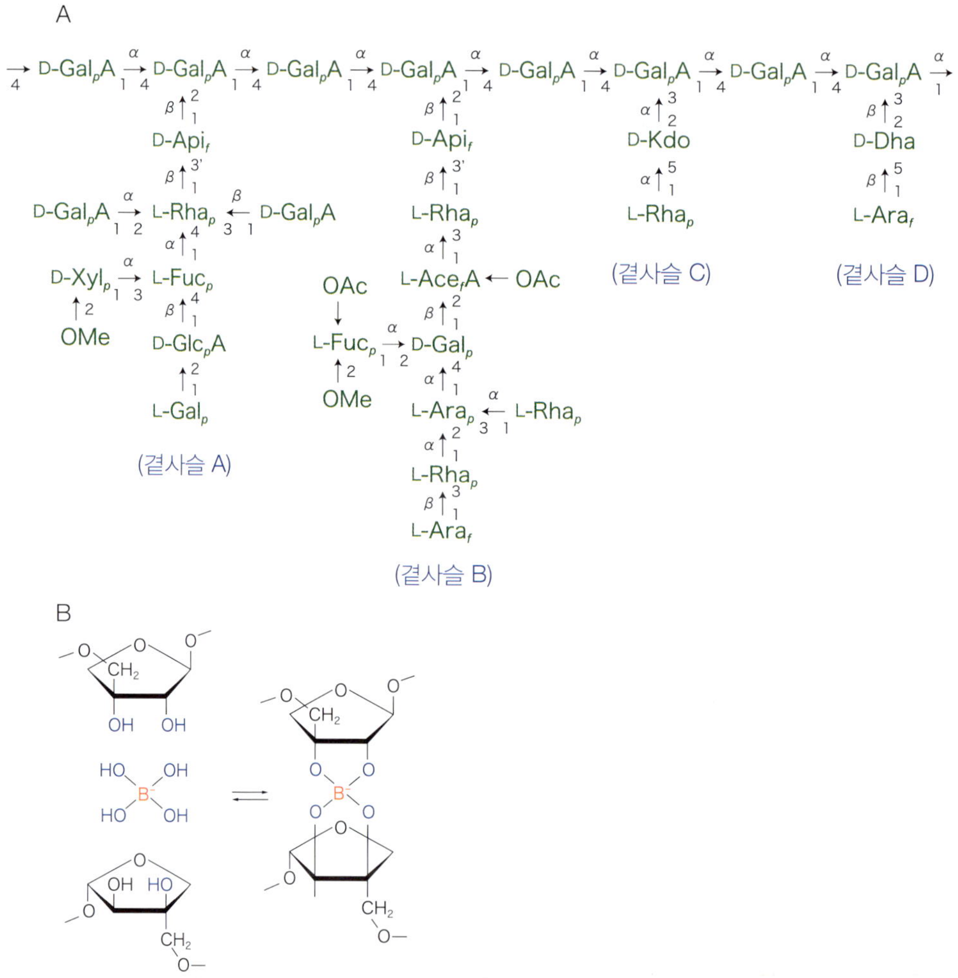

그림 3-99 RG-II의 일차 구조(A)와 붕산 에스테르 형성(B) A…주 사슬의 정확한 길이와 곁사슬 결합 부위는 분명하지 않다. AceA: Aceric acid, Api: Apiose, Ara: Arabinose, Dha: 3-deoxy-D-lyxo-2-Heptulosaric acid, Fuc : Fucose, Gal: Galactose, GalA: Galacturonic acid, GlcA: Glucuronic acid, Kdo: 3-deoxy-D-manno-2-octulosonate, Rha: Rhamnose, Xyl: xylose, Ome: *O*-methyl group, OAc: *O*-Acetyl group. 첨자 p, f는 각각 Pyranose(피라노오스)형과 Furanose(푸라노오스)형을 나타낸다(O'Neill, M.A. et al.에 의함). B…붕산은 2개의 RG-II 영역의 Apiose 잔기(곁사슬 A)와 디에스테르를 형성한다.

류 조각으로, 실제로는 고분자의 펙틴 부분 영역에 해당한다. 붕산을 포함하는 펙틴질 다당류로서 동정된 RG-II는 이량체이다. 따라서 붕산은 펙틴의 RG-II 영역과 에스테르 결합에 의해, 펙틴 분자간 가교를 형성하고 있다(**그림 3-100**).

펙틴은 수용성 다당류이지만, 분자간 가교가 형성되면 겔화되어 세포벽에 침착된다. 이 겔은 셀룰로오스 골격의 간극을 충전하고, 세포벽공 지름의 조절에 의한 물질 투과 제어, pH와 이온 완

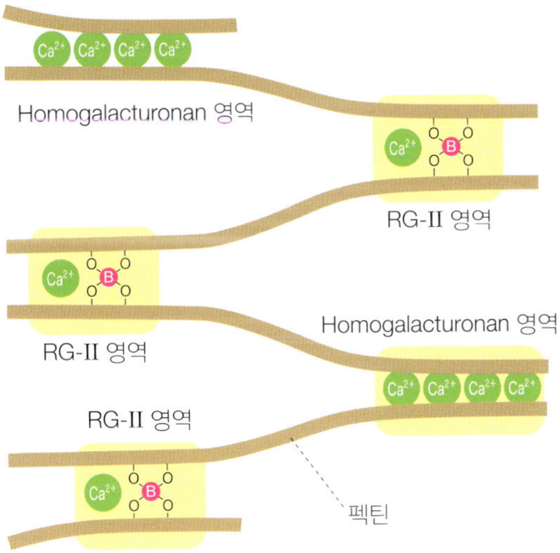

그림 3-100 세포벽에서의 펙틴의 존재 형태

충 작용, 세포 접착, 세포의 기계적 강도 유지 등 다양한 기능을 수행한다. 기존 펙틴은 주로 Homogalacturonan 영역과 칼슘 이온의 정전기 상호작용으로 형성되어 있을 것으로 생각되어 왔다. 그러나 무 뿌리 부분의 세포벽을 이용한 실험에서, RG-II-붕산 에스테르 가교를 파괴하지 않는 한 대부분의 펙틴이 세포벽에서 추출되지 않았다. 따라서 붕소는 붕산의 형태로 칼슘 이온과 함께 펙틴을 겔화시키는 가교 인자로서, 세포벽 구축에 중요한 부분을 차지하고 있는 것이다.

RG-II-붕산 에스테르 가교의 생리적 중요성은 RG-II의 구조에 변이를 가진 돌연변이 식물체의 분석을 통해서 밝혀졌다. RG-II의 구성 당인 푸코오스(fucose)의 생합성 대사 경로가 망가진 애기장대 *mur1* 돌연변이에서는 RG-II 곁사슬(측쇄)의 푸코오스 잔기가 다른 당으로 치환된다. 또한, 담배의 일종인 *Nicotiana plumbaginifolia*의 *nolac-H18* 돌연변이체는 RG-II의 곁사슬(측쇄)에서 글루쿠론산(glucuronic acid) 잔기가 손실된다. 이러한 불완전한 구조의 RG-II는 입체 구조가 정상형과 다르기 때문에 붕산과의 결합이 불안정하고, 세포벽 중의 RG-II 영역의 절반 이상은 붕산에 가교되지 않은 단량체로 존재하게 되므로, *mur1*는 잎이 완전하게 전개되지 않은 왜성 형태를 띄게 된다. 또한, *nolac-H18*에서는 캘러스의 세포 접착성이 저하되고, 부정아 형성 능력이 손실된다. 이러한 연구 결과는 식물체의 정상적인 발달에 RG-II-붕산 에스테르 가교의 형성이 필수적임을 보여주고 있다.

(2) 식물의 붕소 영양[14)]

토양은 건조 토양 1 kg당 평균 10 mg 정도의 붕소가 함유되어 있지만, 산성 토양과 강우량이

14) 小林　優

많은 토지에서는 용탈에 의해 손실되기 쉽고, 토양 pH가 높으면, 붕산은 붕산 이온이 돼서 토양 유기물 등에 흡착되므로, 식물에 공급 가능한 붕소량이 토양 중에서 감소하게 된다.

붕소의 함유량과 요구량은 식물 간에 차이가 크며, **그림 3-101**과 같이 동일한 토양에서 재배된 식물에서도 붕소 함량은 2 mg/kg(보리)에서 95 mg/kg(양귀비)까지 수십배 차이가 난다. 이러한 붕소 함량은 세포벽 펙틴 함량과 상관관계가 있으며, RG-II 영역을 붕산으로 가교하는 데 필요한 양을 반영하고 있다. 벼과 식물은 쌍떡잎식물과 벼과가 아닌 외떡잎식물에 비해서 펙틴이 적은 독특한 세포벽 구조를 가지고 있어서, 붕소 함량과 요구량이 낮다. 어떤 작물에게 필요충분한 양의 붕소를 공급할 수 있는 토양일지라도, 다른 작물에서는 결핍 증상이나 과잉 피해가 발생할 수 있으므로 붕소 비료의 시용에 주의가 필요하다.

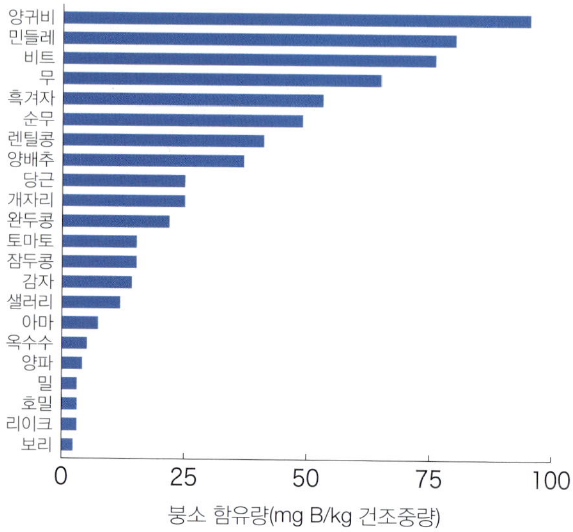

그림 3-101 동일 토양에서 재배한 작물의 붕소 함유량
(Bell, R. W., 1997)

붕소는 식물체 내에서 재전류되는 것이 어렵기 때문에, 결핍 증상은 어린 조직에서부터 나타나게 된다. 붕소 결핍에서는 절간 신장이 저해되는 것, 급속히 신장 또는 비대하는 조직(예를 들면, 괴경 및 괴근, 과실, 경정 분열 조직)의 괴사가 일어난다(**그림 3-102**). 이 결과, 사탕무, 감자 등의 괴근·괴경 내부의 괴사, 상추와 배추의 내부 갈변 현상 및 괴사 등의 장애가 발생한다. 또한, 생식성장기에는 붕소 요구성이 특히 높고, 부족하면 불임 현상이 나타나게 되는데, 이러한 결핍 현상은 붕산-RG-II 복합체의 형성이 화분관 신장에 필수이기 때문이다.

붕소 결핍에 대한 세포 수준의 반응과 장애 발생 메커니즘은 많이 밝혀져 있지 않다. 붕소가 결핍된 식물체의 세포에서 원형질막의 탈분극과 이온의 선택적 수송 능력이 저하되는 것으로 보아서, 붕소가 막의 여러 가지 대사과정에 관여할 것이라 추측하고 있다. 그러나 붕소를 함유한 막성분은 발견되지 않았고, 붕소 결핍 식물체의 세포에 활성 산소종이 축적하여 산화 장해가 발생한 것으로 보았을 때, 막 기능의 저하가 붕소 결핍의 직접적인 효과가 아닌 산화적 스트레스 조건에서의 막 손상에 의한 것일 가능성이 높다. 앞서 서술한 바와 같이, 붕소는 세포벽의 필수 구성 요소이기 때문에, 붕소 결핍은 우선 세포벽의 구조에 이상을 가져올 것으로 추측된다. 사실, 붕소 결핍 식물의 세포벽에서는 물리적 성질과 미세 구조의 변화가 관찰되지만, 붕소 결핍으로 세포벽의 가교 구조가 불완전해짐으로 인해 활성 신소종이 생성되고, 축적되는 대사과정은 아직 밝혀지지

그림 3-102 작물의 붕소 결핍 증상 왼쪽 위: 해바라기 꽃과 신엽, 오른쪽 위: 토마토의 붕소 결핍 잎(오른쪽)과 대조구(왼쪽), 왼쪽 아래 : 잠두콩의 붕산 결핍 잎, 목이 부러져서 신엽이 전개되지 않는다. 오른쪽 아래: 잠두콩의 붕소 결핍 뿌리, 발근은 하지만 신장하지 못한다. (사진 제공 : 間藤　徹)

않았다. 또한, 담배 배양 세포에서 붕소 결핍 처리 30분 이내에 스트레스 반응 유전자의 발현이 증가하고, 동시에 아포플라스트에서 붕소 결핍에 따른 신호전달이 일어나는 것으로 보아, 이러한 신호전달체계에 의한 스트레스 반응 유전자의 발현 증가에 대한 과정의 규명 및 유도 유전자의 기능적 해석도 필요하다.

건조·반건조 지역에서는 토양의 붕산염이 강우에 의해 용탈되지 않고, 작물의 생육에 장해를 줄 정도로 축적되는 경우가 있다. 붕소를 과도하게 흡수한 식물에서는 하위 잎의 선단이나 잎의 가장자리 부분에 황백화 및 괴사가 보이고, 엽신에 갈색의 반점이 나타난다. 또한 뿌리와 잎의 성장이 억제되고, 종자 수확량도 감소한다(그림 3-103).

붕소 과잉이 식물의 생육을 저해하는 메커니즘은 분명하지 않다. 앞서 서술한 바와 같이, 붕산

그림 3-103 **벼의 붕소 과잉 장애 현상** 벼의 붕소 과잉에 의해 갈색 반점이 엽신 부위에 나타나게 된다(사진 제공: 間藤 徹).

은 다이올(diol) 화합물과 에스테르를 형성한다. 붕산은 정상적인 농도 조건에서는 펙틴의 RG-II 영역에 결합하고 있지만, 펙틴이 고정할 수 있는 양을 초과해서 과다하게 존재하면, 수동 확산에 의해 원형질막을 투과하여 세포 내로 유입될 것이라 생각된다. 세포 내에는 푸라노오스(Furanose)형 다이올 화합물인 리보오스를 포함해서, ATP, NADH와 RNA 등이 존재한다. 붕산은 이러한 화합물과 에스테르를 형성함으로써 대사를 저해할 가능성이 있지만, 실제로 저해하는 대사 과정은 확인되지 않았다.

고농도 붕소에 대한 내성은 종에 따라 크게 다르고, 또한 같은 종 내에서도 품종에 따라서 현저한 차이가 난다. 보리와 밀은 지상부에서 붕소를 제거하는 능력에 따라 품종 간 붕소 과잉 내성 여부가 결정되며, 벼를 붕소 과잉 배지에서 생육시킨 경우에, 내성 품종과 감수성 품종에서는 지상부 붕소 함량에 큰 차이가 없으므로, 세포 내에 침입한 붕산에 대한 내성의 차이가 품종 간 차이의 원인이라고 생각된다.

(3) 붕소의 흡수와 이동[5)]

붕산은 약산성과 중성 pH에서는 전하를 가지고 있지 않기 때문에 세포막 통과가 쉽게 일어난다. 실제로 식물의 붕소 흡수량은 배양액의 붕소 농도에 거의 비례하고(그림 3-97), 붕산은 수동적으로 흡수된다. 붕소가 결핍 및 과잉 장해가 나오기 쉬운 원소인 이유는 붕소의 흡수가 토양에서 수동적이고 체내에서 이동하기 어렵기 때문이라고 생각되어 왔다.

5) 藤原 徹

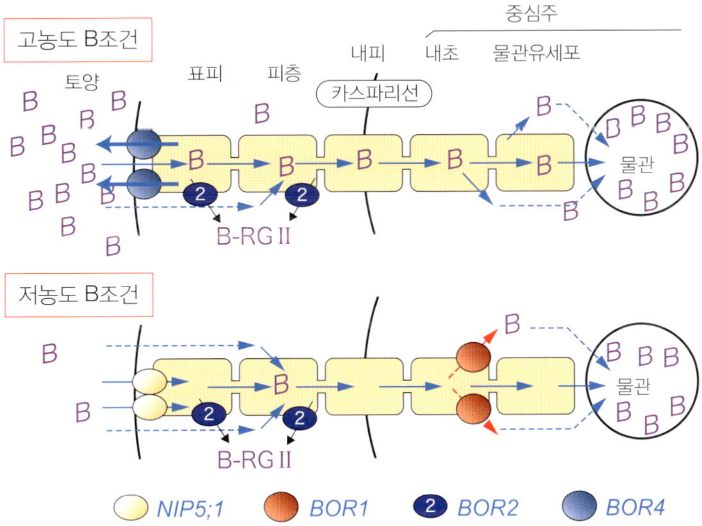

그림 3-104 붕소 수송 모델 애기장대 뿌리의 횡단면의 세포열과 발현하고 있는 4종류의 붕소 트랜스포터를 모식도로 표현하였다. 토양의 붕소 농도가 낮을 때에는 *NIP5;1*의 발현이 유도되고, *BOR1*이 축적하여 물관액의 붕소 농도를 높게 유지한다. 붕소 농도가 높을 때에는 *NIP5;1*와 *BOR1*은 발현하지 않고, *BOR4*가 표피 세포에 발현하여 뿌리와 물관액 중에 붕소 농도가 너무 높지 않도록 배출한다. *BOR2*는 RG-II 가교를 촉진한다.

그러나 최근에, 붕소 수송에 관여하는 여러 개의 트랜스포터가 동정되었다. NIP5;1이 토양의 붕소를 세포 내로 이동시키는 데 중요한 역할을 하고 있다는 것이 밝혀졌다. NIP5;1은 낮은 붕소 농도에서 재배된 애기장대의 뿌리에서 강하게 발현한다. 이 단백질은 아쿠아포린이 속한 Major Intrinsic Proteins(MIPs) 막 단백질에 해당된다. *NIP5;1*가 결손된 돌연변이체는 붕소가 충분한 배지에서는 야생형과 같은 성장상을 보이지만, 붕소 농도가 낮은 배지에서는 생육이 매우 나빠진다. 뿌리 세포에 흡수된 붕산을 물관으로 로딩하는 것을 담당하는 트랜스포터가 BOR1이다. *BOR1*은 생육에 고농도의 붕소를 필요로 하는 애기장대 돌연변이 *bor1-1*의 원인 유전자로 분리되었고, *bor1-1* 돌연변이체에서는 붕산이 물관으로 옮겨지지 못하게 되어 붕소 결핍 증상에 의해 생육이 저해된다. BOR1 단백질은 세포막에 위치하며, 뿌리에서는 물관 주위의 내초 세포 등에서 강하게 발현한다(**그림 3-104**).

*BOR1*의 상동 유전자는 애기장대에서 7가지가 존재하며(**그림 3-105**), 그 중 *BOR4*는 붕산 과잉에 대한 내성에서 중요한 역할을 하고 있다(뒷부분에서 설명). 벼에 존재하는 *BOR1* 상동 유전자(*OsBOR1*)는 애기장대의 *BOR1*와 같이, 붕소 결핍 조건에서 지상부로의 효율적인 붕산 수송에 관여하고 있다. 식물에서, *BOR1*의 상동 유전자는 낮은 붕소 조건에서 붕산 수송에 중요한 역할을 하고 있다.

물관을 통해 지상부로 옮겨진 붕소는 어린 부분(잎)에 우선적으로 분배되는데, 어린잎으로의

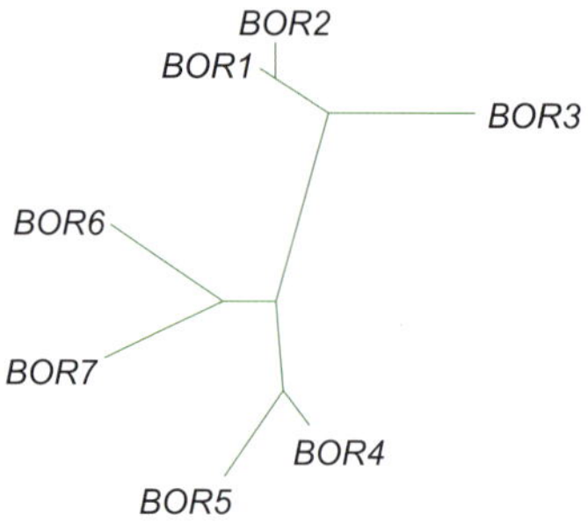

그림 3-105 애기장대에서 7가지 *BOR* 유전자의 계통도 애기장대에서 7가지 *BOR* 유전자는 배출형의 붕소 트랜스포터를 코딩한다. *BOR1*, *BOR2*, *BOR3*은 낮은 붕소의 반응에서 중요하고, *BOR4*는 붕소 과잉에 대한 내성에 관여한다. *BOR6*과 *BOR7*은 화분 및 화분관에서 발현한다.

분배에는 BOR1과 NIP6;1이 관여하고 있다. 이러한 유전자가 결손된 애기장대에서는 어린잎으로의 붕소 분배가 일어나지 않게 된다. *NIP6;1*은 지상부에서 발현하고, *NIP5;1*과 비슷한 유전자인 NIP6;1은 붕소를 수동적으로 수송하는 기능을 가지고 있어서, 물관으로부터 체관으로의 붕소 수송에 관여하고 있다(**그림 3-106**).

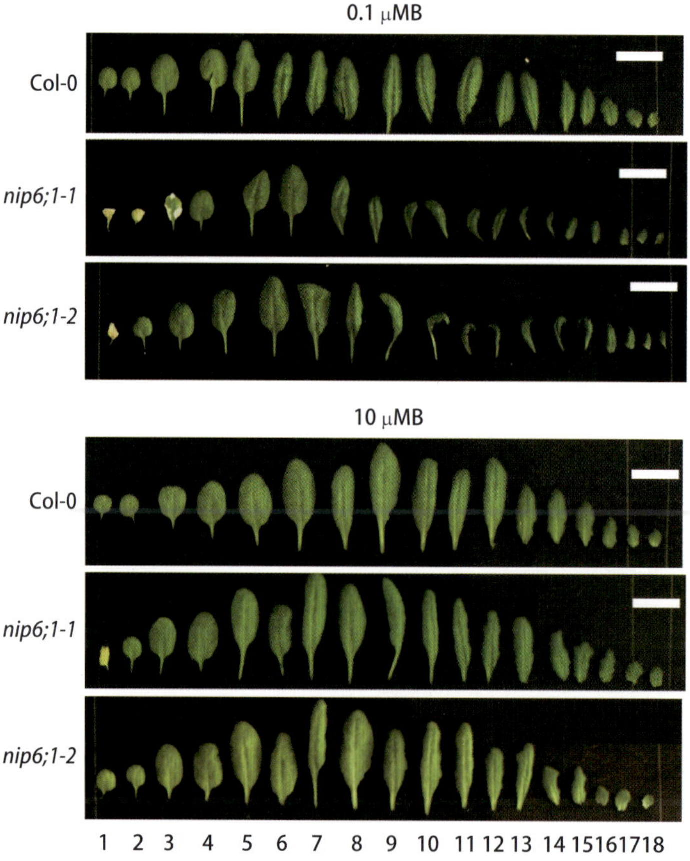

그림 3-106 *NIP6;1* 지상부에서 붕소 분배에 따른 성장상 차이 애기장대의 *NIP6;1*유전자의 돌연변이 계통(*nip6;1-1*, *nip6;1-2*)을 야생형(Col-1)과 함께 0.1 또는 100 μM의 붕소를 함유한 배지에서 수경재배하여, 5주간 후에 식물의 잎을 성숙한 잎(번호 1)에서부터 어린잎까지 나열하였다. 돌연변이 계통은 모두 붕소 농도가 낮은 배지에서 어린잎의 생육이 제어되었다. (사진 제공: 田中真幸)

우연히 발견된 애기장대의 *bor1-1* 돌연변이체

COLUMN

붕소는 식물의 필수원소 중에서는 특이하게, 전기적으로 중성인 분자로서 흡수되는 유일한 원소이다. 다른 이온은 모두 양이온 또는 음이온으로 흡수된다. 이온은 지질 이중층으로 구성된 세포막을 통과하기 매우 어렵지만, 전기적으로 중성인 붕산은 투과하기 쉽고, 식물의 요구량은 수동적인 흡수로 충당된다고 생각되었었다. 즉, 식물의 붕소 흡수는 수동적이며, 트랜스포터는 존재조차 몰랐다. 그런 상황 속에서, 애기장대의 고농도 요구성 돌연변이체인 *bor1-1*(**그림**)이 발견되었다. 이 돌연변이체의 원인 유전자로서, 붕소 트랜스포터 BOR1이 생물계에서 처음으로 동정되었는데, 이 돌연변이체의 발견 경위를 여기에 서술한다.

홋카이도대학교 농학부의 분자생물학연구실의 이시카와 마사유키 박사(현 독립 행정법인 농업생물자원연구소)는 1990년대 중반, 애기장대를 이용해서 식물 바이러스의 복제가 일어나지 않는 애기장대 돌연변이체의 연구를 진행했다. 그런데, 어느 날 이시카와 박사가 분리한 돌연변이체의 특정 계통에서 생성되지 않았다. 그전까지는 특별한 문제 없이 종자를 형성하고 있었는데, 이 계통만이 종자를 형성하지 않았다. 애기장대는 유전학의 재료로, 다음 세대(즉, 종자)가 없이는 유전학이 연구되지 못한다. 신기하게도 당시 종자를 형성하지 않게 된 것은 특정 계통뿐이었으며, 다른 계통은 문제 없이 종자를 형성하였다. 연구실의 나이토 아키라 박사는 원인을 찾기 위해 당시 연구실에서 발생한 일을 조사했을 때, 어떤 학생들이 연구실에서 공통으로 사용하는 배양액 중 하나를 바꿔서 만들었다는 것을 알게 되었다. 이에 배양액을 잘못 만든 것이라고 생각하고서, 바꿔 만든 학생에게 주의를 준 후 배양액을 다시 만들게 했지만, 불임 현상은 여전히 나타나고 있었다. 따라서 이 배양액 중 식물 미량 원소가 불임을 유도하고, 이를 바탕으로 실험한 결과에서 붕소가 원인임을 알게 되었다. 또한 불임 계통에 붕산을 주었을 때 불임이 회복됨을 알수 있었다. 이것이 저농도의 붕소에서 생육 저해 현상을 나타내는 돌연변이체의 발견이다.

이 돌연변이체는 이시카와 박사가 당시 목표로 했던 식물 바이러스의 복제를 돕는 유전자와 붕소의 수송체 유전자가 모두 우연히 들어간 돌연변이체였음이 밝혀졌다. 이 원인 유전자가 생물계에서 붕소 수송체를 처음으로 코딩하고 있었다. 즉, 이 계통에는 식물 과학에 중요한 2개의 유전자에 돌연변이가 우연히 들어 있었던 것이다. 이는 「hitotsubude-nido-oishii, 일석이조」 돌연변이체이다. 이 붕소 수송체의 발견은 Nature의 2002년 11월에 보고되었다. 같은 호의 소개 기사에서 독일 연구원이 이 발견의 소개 기사를 작성하였는데, 거기에 「hitotsubude-nido-oishii, 일석이조」 돌연변이체로부터 발견되었다고 서술하였다. 또한, 붕소 수송체는 동물의 anion exchanger 수송체와 배열이 비슷했는데, 이 anion exchanger 연구의 제1인자라고도 할 수 있는 사람은 예일대학교의 Boron 교수이다. 이 돌연변이체에서 얻은 유전자를 이용하여 붕소 결핍이나 과잉에 견딜 수 있는 식물을 만들 수 있게 되었다(그림).

식물은 광합성 산물을 설탕 형태로 이동시키지만, 사과와 배 등 장미과 과수는 마니톨 및 솔비톨 등의 당알코올을 전류물질로 이동시킨다. 붕산은 당알코올 및 시스-다이올 복합체를 형성해서 이동시키기 때문에, 붕소는 오래된 잎에서 새로운 잎으로 재전류되기 쉽다. 담배에 솔비톨 합성효소 유전자를 발현시킨 유전자 재조합 담배에서는 붕소 잔류량이 하위 잎에서 높게 나타난다.

COLUMN

높은 농도의 붕소 공급

적정량의 붕소 공급

왼쪽: *bor1-1*, 오른쪽: WT

야생형 BOR4 과잉 발현체

오른쪽은 10 mM의 붕소를 함유한 배지에서 재배한 것

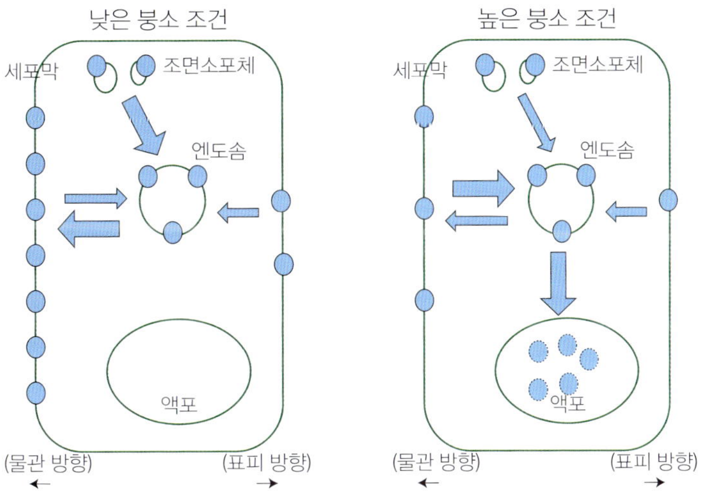

그림 3-107 저농도와 고농도 붕소 조건에서의 붕소 트랜스포터인 BOR1의 분해 경로 조면소포체에서 합성된 BOR1은 엔도솜을 경유하여 세포막으로 이동된다. 세포막의 BOR1은 일정한 비율로 엔도솜으로 반송된다. BOR1은 물관을 향한 방향으로 세포막에 위치하게 되고, 엔도솜에서의 수송이 결정되어진다. 식물을 높은 농도의 붕소에 처리하면, 세포막에 있던 BOR1은 엔도솜을 선택적으로 경유하여 액포로 수송되고, 액포에서 분해된다. 트랜스포터는 합성으로부터 세포 내의 수송을 경유하여 특정 막에 위치하고, 붕소 농도 조건에 따라 분해가 결정되는 것으로 생각된다.

(4) 붕소 수송의 제어 기구[5)]

붕산 흡수를 담당하는 *NIP5;1*는 mRNA의 축적량이 붕소 결핍 조건에서 강하게 유도된다. 그러나 붕소의 물관 로딩을 담당하는 BOR1는 붕소 결핍 조건에서 BOR1 단백질은 증가하지만, mRNA는 증가하지 않는다. GFP 융합 BOR1을 이용한 관찰에 따르면, BOR1는 배지의 붕소 농도가 높아지면 엔도사이토시스(endocytosis, 내포 작용) 작용에 의해 액포에서 분해된다(**그림 3-107**). 즉, 붕소 결핍에서는 신규 BOR1가 세포막에 오랫동안 존재하지만, 보통의 붕소 존재에서 신규 BOR1는 항상 액포로 옮겨져서 분해된다. 이러한 BOR1의 분해는 식물이 붕소 과잉에 노출되었을 때, 물관으로 붕소가 옮겨지지 않도록 도와주는 역할인 것이다. 이 *BOR1*를 애기장대에서 과발현시키면, 낮은 붕소 배지에서의 지상부 생육이 개선된다(**그림 3-108**). 또한, *NIP5;1*의 발현량을 증가시키면, 붕소 결핍에서의 뿌리 신장도 개선되므로, 붕소 결핍에 매우 강한 애기장대를 만들 수 있다. 또한, *BOR1*의 상동 유전자인 *BOR4*를 과잉 발현시키면 10 mM의 고농도 붕소 조건에서도 생육이 가능하다. 이를 바탕으로 보리와 밀에서도 BOR4의 상동 유전자를 분리하여 형질전환 작물을 이용한 붕소 과잉 내성 작물을 만들 수 있을 것으로 기대하고 있다.

[5)] 藤原　徹

그림 3-108 *BOR1*의 과잉 발현에 따른 붕소 결핍 내성 식물 제작 애기장대의 *BOR1*을 Cauliflower mosaic virus 35S RNA 프로모터의 하류에서 과잉 발현시킨 식물(왼쪽)을 비형질전환 식물(오른쪽)과 함께 0.5 μM의 붕소를 함유한 배지에서 수경재배하였다. 비형질전환 식물은 붕소 결핍 때문에 불임이 되었지만, 과잉 발현 식물은 같은 조건에서 종자가 맺힌다.

3) 니켈[15)]

(1) 니켈의 생리 기능

식물이 필요로 하는 니켈은 건조 중량당 0.1 mg/kg 이하로 적고, 또한 식물체 내에서의 존재 형태에 대해 알려지지 않는 등 기본 생리학적 연구가 더디게 진행됨에 따라 20세기 후반에야 니켈의 생리학적 역할이 밝혀지게 되었다. 1975년 작두콩에서 정제한 우레아제 활성에 니켈이 중요한 역할을 하고 있다는 것과(**그림 3-109**), 1985년 식물에 요소 생성계가 존재하고, 요소의 분해에 우레아제가 필요하며, 1987년 니켈 함량이 낮은 보리에서는 발아와 배아 형성이 저해된다는 연구 결과가 밝혀짐으로써 니켈의 중요성이 인정을 받아서, 식물 성장에 필요한 필수원소로 인정받게 되었다. 니켈 결핍 상태에서의 대두는 요소

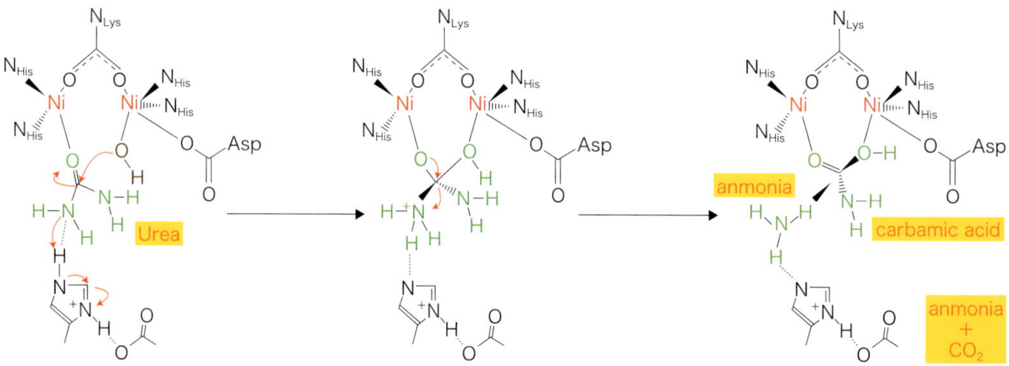

그림 3-109 우레아제에 의한 요소 가수분해 반응 니켈과 결합하고 있는 물 분자가 요소에 공여하는 것에 의해서, 요소는 암모니아와 카르바민산 (H_2NCOOH)으로 분해되고, 카르바민산은 암모니아와 이산화탄소로 자동 분해된다.

15) 水野隆文

그림 3-110 쥐의 귀(Mouse ear) 현상으로 불리는 피칸의 니켈 부족 증상(왼쪽) 우레아제 활성의 저하에 따라 축적된 요소의 독성에 의해 잎이 변형된다. (사진 제공: Wood, B.W.)

가 축적되어 황백화 현상이 나타나지만, 현재까지 니켈과 여러 작물과의 상호작용에 대한 연구는 느리게 진행되고 있다. 또한, 코발트가 우레아제에서의 니켈 촉매 기능을 대체할 수 있기 때문에 니켈을 필수원소가 아닌 유용원소로 분류해야 한다는 의견도 있다.

실제로 포장에서의 작물 재배에서는 니켈이 부족할 일이 거의 없으며, 호두과의 낙엽 교목인 피칸에서만 니켈 부족에 의해 나타나는 잎 위축 현상이 알려져 있다(**그림 3-110**). 이 증상은 니켈 부족 때문에 우레이드의 분해가 억제됨으로써, 질소 대사와 아미노산과 유기 대사가 장해를 받은 데 따른 것이다.

(2) 니켈의 과잉 장해와 집적 식물

사문암을 모암으로 하는 초염기성 토양(사문암질 토양)은 고농도의 니켈을 포함하고 있으며, 이러한 토양에서 자라는 작물에서는 니켈 과잉에 의한 장해가 발생한다(**그림 3-111**). 작물의 니켈 과잉 내성에는 종간 차이가 있으며, 귀리는 토양의 교환성 니켈 10 mg/kg에서 과잉 장해가 발생하지만, 감자나 호박 등은 50 mg/kg까지 내성을 가지고 있다. 니켈 과잉 내성의 종간 차이는 식물의 니켈 흡수량과 관계가 있고, 니켈 과잉에서 감수성의 작물은 토양의 교환성 니켈 농도 증가에 비례하여 체내 니켈 농도가 증가하는 반면, 내성 식물은 니켈의 체내 농도가 잘 상승하지 않는다. 니켈 과잉에 의해 벼는 P형 ATPase의 활성이 저하되어서 세포막에 기능 장애가 발생하고, 밀은 니켈 과잉에 의해 발생하는 과산화수소로 인해서 뿌리 신장이 억제된다. 또한, 니켈의 과잉 흡

그림 3-111 니켈의 과잉 장해 A: 순무에 발생한 니켈의 과잉 장해(엽맥간 황백화). 10 mg/kg 전후의 교환성 Ni 조건에서 생육. B: 10~15 mg/kg의 교환성 Ni 조건에서 생육한 양배추에 발생한 괴사. C: 심각한 괴사에 의한 엽맥간 고사와 결락. (사진 제공: 水野直治)

수는 철 결핍을 유도하고, 체내의 철 : 니켈의 중량비가 10~5 이하가 되면 황백화와 괴사가 발생한다. 보리 유래의 Nicotianamine 합성효소 유전자를 과잉 발현시킨 애기장대와 담배에서는 니켈 과잉에 대해 내성을 보이며(**그림 3-112**), 니켈 집적식물에서도 니켈과 Nicotianamine 양은 서로

그림 3-112 유전자 변형에 의한 니켈 과잉 내성 식물의 제작 A: 보리 유래 Nicotianamine 합성효소를 발현하는 애기장대(오른쪽)는 200 ìM의 니켈 첨가 조건에서도 생육이 가능하다. B: 고농도 니켈을 함유한 사문암질 토양에서 일반적인 담배(왼쪽)는 황백화가 발생하고 생육이 저해되지만, NAS를 발현시킨 식물체(오른쪽)는 양호하게 생육을 유지한다(B). (사진 제공: 金 秀蓮, 高橋美智子)

상관 관계가 나타나는데, 니켈을 과도하게 흡수한 식물에서는 철 수송에 이용되는 Nicotianamine이 니켈 해독에 사용됨으로써 철 결핍 증상이 나타나는 것으로 생각된다.

한편, 지상부 건조 중량당 0.1 mg/kg 이상의 니켈을 집적해도 장해를 받지 않는 니켈 집적 식물과 사문암질 토양에서 특이적으로 성장하는 사문암 식물이 있는데, 이러한 식물의 잎에서는 니켈이 구연산과 결합하여 무독화되어 버린다. 니켈 과잉 내성이 있는 담배 배양 세포에서도 세포 내의 니켈이 구연산염의 상태로 액포에 격리되게 된다. 니켈 집적 식물인 *Alyssum lesbiacum*에서는 히스티딘이 Ni의 지상부 운송 및 무독화에 관여하고 있다.

니켈 집적 능력이 높은 *Thlaspi japonicum*은 ZIP(ZRT/IRT-like Protein, 아연과 철 획득에 중요한 트랜스포터)와 Nramp(natural resistance associated macrophage protein, 액포를 통한 철의 세포내 농도 조절 작동 트랜스포터) 등 철의 흡수와 세포내 농도 조절에 작동하는 트랜스포터가 니켈을 수송하는 것으로 생각되고 있으나, 벼나 애기장대 등 일반 식물체에서는 아직 니켈 특이적 트랜스포터가 분리되지 않았다.

4) 염소[16)]

염소는 원자 번호 17, 원자량 35.5, 주기율표 제17족에 속하는 할로겐 원소이다. 염소는 물속에서 염화물 이온 Cl^-이 되고, 생물과 상호작용한다. 염소의 필수성은 1954년 Broyer가 수행한 토마토 수경재배의 영양 결핍 시험에 의해서 제기되었다. 필수성의 검증은 그 이전부터 이루어지고 있었지만, 식물의 염소 요구량이 적으므로 결핍 증상을 확인하지 못했다. Broyer은 코발트의 필수성을 확인하게 위해서, 배양액, 물, 공기 등을 정화해서 식물체를 재배하였지만, 다른 그 무언가에 의해 식물체에 결핍 증상이 나타났고, 그 원인을 찾은 결과 염소(염화물 이온)에 의한 것임을 알게 되었다.

염소는 자연 환경에 보편적으로 존재하는 원소로, 토양에는 약 100 mg/kg 정도가 존재한다. 토양에는 수용성 염화물 이온으로 존재하며, 토양에 흡착되기 어렵고 물과 함께 이동한다. 염화물 이온은 해수에 특히 많이 함유되어 있다. 이 때문에 바닷바람에 의해 염화물 이온이 옮겨져 오는 국내 서해안 인근에서 재배되는 작물에서는 염소 부족 현상이 나타나지 않는다. 한편, 바다에서 멀리 떨어진 대륙 내륙에서는 염소 결핍이 발생할 수 있으며, 곡창지대인 미국의 그레이트플레인스(Great Plains, 북아메리카의 대평원)에서는 염화물 이온을 함유한 비료 시비에 의해 밀 수확량을 높히고 있다.

(1) 식물의 염소 영양

염소가 부족한 식물은 잎 면적의 감소, 잎 시들음, 잎말림, 잎의 황화 및 갈색화(청동색의 괴

16) 落合久美子

그림 3-113 염소 결핍 증상 왼쪽: 양상추 염소 결핍. 오른쪽은 대조구, 왼쪽은 염소 제거 처리구. 오른쪽: 토마토 뿌리. 왼쪽은 대조구, 오른쪽은 염소 제거 처리구. 이때 염소 제거 처리구의 양상추의 염화물 이온 농도는 142 mg/kg 지상부 건조 중량. (Johnson, C. et al., 1957; Comparative chlorine requirements of different plant species. Plant and Soil, 8, 337-353, Plate I, Fig. II. Springer Science + Business Media의 허가를 받아 게재)

사), 뿌리의 생육 저하가 발생한다(**그림 3-113**). 작물의 염소 요구량은 종류에 따라 다르다. 양상추의 생육량이 30%로 감소하는 배양액의 염화물 이온 농도에서는 호박의 생육도 저하된다. 일부 작물의 염화물 이온의 최소 필요량을 **표 3-8**에 나타냈다. 사탕무에서의 염소 부족에 의한 생육 저

표 3-8 결핍 증상을 나타내지 않는 작물의 체내 염화물 이온 함유량

작물	생육 단계와 부위	영향이 나타나는 농도(mg Cl^-/kg)
사탕무	지상부	700
	엽신	880~1,800
	엽병	3,500~7,000
감자	지상부	1,310
듀럼밀	지상부	1,000
봄 파종 밀	출하기의 지상부	1,500
밀, 보리	출하기의 지상부	1,200~1,400
기름야자	제14 엽신	2,500
코코넛야자	엽신	6,000~7,000[a]
코코넛야자	제14 엽신	2,500[b]
기름야자	엽신	6,000[a]

[a] 생육 적정의 함유량, [b] 적정 힘유량은 4,500 mg Cl^-/kg.

하는 브로민화물 이온(Br^-)에 의해 회복된다. 그러나 듀럼밀(마카로니밀, Durhum) 엽신에서 볼 수 있는 염소 결핍에 의한 세포 괴사 반점은 브로민화물 이온에 의해서는 개선되지 않는다.

식물이 염화물 이온을 충분히 흡수하게 되면, 식물 건조 무게 1 kg당 1~10 g의 염소를 함유하게 된다. 세포내 염화물 이온의 수송은 세포막의 전기화학적 포텐셜 구배와 반대인 능동적인 과정으로서, 양성자의 공동수송에 의해 흡수된다(세포질에서 액포로의 이동이나 음이온 채널을 통한 세포 외부로의 물질 이동은 수동적 촉진 확산이다). 염화물 이온 수송체에 관한 분자 수준에서의 연구 결과는 아직 많지 않지만, 애기장대의 Na^+ : K^+ : $2Cl^-$ 공동수송체 단백질인 AtCCC (cation-Cl^--cotransporter)가 물관의 염화물 이온 로딩과 언로딩에 관여하고 있다고 알려져 있다.

(2) 염소의 생리 기능

염화물 이온은 질산 이온, 황산 이온, 인산 이온과는 다르게 대사과정에 관여하지 않는다. 염화물 이온의 중요한 역할은 삼투압 조절과 양전하의 균형, 막 전위의 안정에 국한되어 있다.

특히, 염화물 이온은 기공 개폐 기작에 관여하는데, 기공은 칼륨 이온의 이동에 따른 삼투압 변화에 의해서 개폐하지만, 칼륨 이온의 짝이온으로서 염화물 이온과 말산 이온이 이용된다. 염화물 이온을 사용할 수 있는 경우에는 말산의 필요량이 감소한다. 양파는 공변세포 엽록체에 녹말을 축적하지 않아서 말산이 부족하므로, 염화물 이온이 없을 때에는 기공이 열리지 않는다.

또한, 기공의 폐쇄에는 염화물 이온이 중요한 역할을 하고 있다. 열린 공변세포는 앱시스산 등의 기공 폐쇄 신호에 의해 음이온 채널이 활성화되고, 염화물 이온과 말산이 배출된다. 이에 따라, 막은 탈분극되고 칼륨 이온이 공변세포에서 배출되어, 팽압을 잃은 기공은 폐쇄된다. 공변세포 세포막의 음이온 채널 유전자(*SLAC1*)가 결실된 애기장대 돌연변이체는 기공이 닫히지 않게 된다.

돌연변이체와 특정 유전자 형질전환체를 이용한 실험 결과를 통해, 세포내 염화물 이온의 유입이 세포의 신장 성장과 세포 분열의 계기가 된다는 것을 알게 되었다. 염화물 이온의 이러한 작용은 식물의 염소 결핍 증상인 잎의 시듦과 뿌리 신장 저해 현상을 일으키는 원인인 것이다. 또한, 염화물 이온이 증가하면 유기산 이온을 식물의 성장으로 되돌릴 수 있다는 이점도 있다.

Warburg가 분리한 엽록체로부터, 산소 발생이 염화물 이온에 의해 증가한다는 것을 알게 된 것은 1946년에 염소의 필수성이 증명되기 전이었다. 이후 실험에서, 염화물 이온은 광계 II의 필수 보조 인자라고 생각되었지만, 구체적인 증거는 좀처럼 얻을 수 없었다. 최근에 들어서, 망간·칼슘 클러스터 근처 2개소에 염화물 이온이 결합한다는 것이 남조류 광계 II 복합체의 결정 구조 해석에 의해서 밝혀졌다(**그림 3-114**). 또한, 생리학적 실험에서 염화물 이온은 V형 ATPase과 아스파라긴 합성효소의 활성 조절에 필요한 것으로 밝혀졌다.

식물체에는 염소와 공유 결합한 유기 화합물이 미량으로 존재한다. 완두콩이나 잠두에는 오옥신의 일종인 4-클로로 인돌-3-아세트산이 해당된다. 4-클로로 인돌-3-아세트산은 인돌-3-아세트산

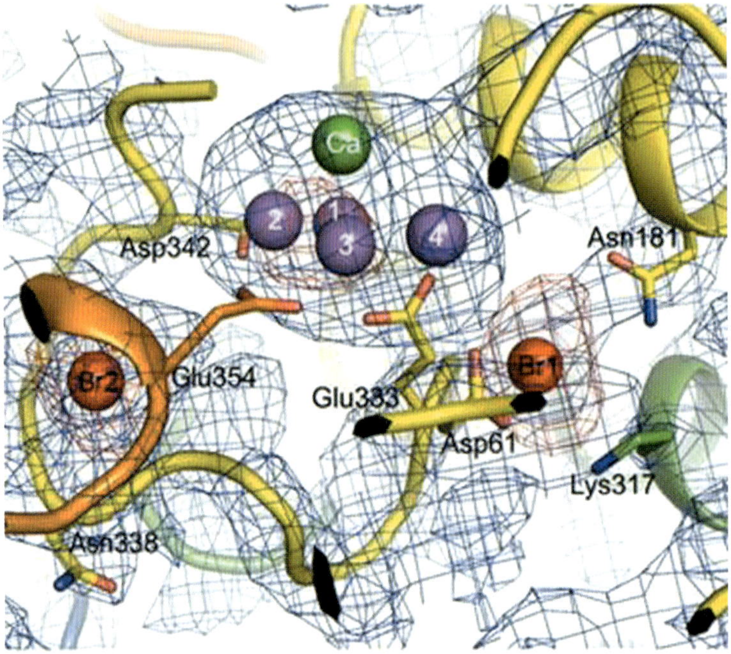

그림 3-114 시아노박테리아 *Thermosynechococcus vulcanus*의 광계 II 복합체의 염화물 이온 결합 부위 염화물 이온을 브로민화물 이온에 치환하는 것에 의해 검출된다. 식물체 내에서는 그림 중의 Br의 위치에 Cl^-가 결합하고 있다. 1~4는 망간. (Kawakami, K. et al., 2009 ; Location of chloride and its possible functions in oxygen-evolving photosystem II revealed by X-ray crystallography. PNAS, 106, 8567-8572)

에 비해서 10배 이상의 신장 촉진 활성을 나타내는데, 이 강한 활성은 염소 유도체가 된 오옥신이 분해되기 어렵기 때문이라고 추정된다. 그 외에도 폴리아세틸렌이나 티오펜(thiophene) 등의 염소 화합물이 검출되고 있지만, 두 물질과 여러 염소와 관련된 물질에서 염소의 특이적 역할은 아직 밝혀지지 않았다.

염화물 이온은 작물에 염해를 주기 때문에 문제가 되기도 한다. 염류 토양에는 염화물 이온이 나트륨 이온과 함께 다량으로 집적해 있고, 작물에 흡수되어서 과도한 해를 입힌다. 과잉의 염화물 이온에 취약한 작물에는 오렌지 등의 감귤류와 아몬드 등이 있으며, 국내에서도 태풍에 휩쓸린 바닷물이 해안가 주변에서 재배되고 있는 작물에 큰 피해를 주고 있다.

담뱃잎의 염화물 이온 함량이 높아지면, 가연성과 향미가 저하되므로, 담배 재배에 염소가 포함된 비료를 사용하지 않는다. 또한, 염소를 포함하는 비료를 주면 섬유가 많아지는 것으로 알려짐에 따라서 목화나 골풀 등에는 염소가 포함된 비료를 많이 사용하고 있지만, 전분 함량이 중요한 고구마나 감자에서는 염소 비료를 사용하지 않는다. 세포의 삼투압 형성과 양이온의 쌍이온 역할로서, 염화물 이온과 유기산 이온이 서로를 대체할 수 있기에 이 같은 현상을 볼 수 있는 것이다.

7. 규소[17)]

규소(silicon)는 원자량 28의 원소로 탄소의 동족 원소이다. 탄소와 비슷하여 안정적인 4배위형 화합물을 용이하게 만들며, 지각 중에는 산소에 이어 2번째로 많이 포함되어 있다. 규소는 산소와의 반응성이 높기 때문에 자연계에서 단독으로 존재하지 않으며, 주로 이산화규소(SiO_2) 및 규산염의 형태로 존재하고, 암석의 주요 성분으로서 토양 질량의 50~70%를 차지한다. 규소 화합물의 일부는 규산 $Si(OH)_4$으로 용출되고, pH 9 이하에서는 전하가 없는 중성 분자 형태로 토양 용액에 0.1~0.6 mM 정도 존재한다. 이는 식물이 흡수하는 주요 형태이다. 규산은 pH 9 이상이 되면, 해리되어 규산염(silicate)이 된다. 또한, 상온에서 규산의 농도가 2 mM보다 높아지면 중합하여 실리카(silica)가 된다.

흙에 뿌리를 내리는 모든 식물에는 규소가 포함되어 있다. 그러나 식물 종 또는 품종에 따라 규소의 함량은 크게 다른데, 건조 무게당 함유율은 0.1~10%로 식물이나 품종 간 차이가 크게 난다. **표 3-9**를 보면, 같은 생육 조건에서 재배된 식물의 지상부의 규소 농도가 벼에서는 4% 가까이 있는 반면에, 병아리콩에서는 0.3% 밖에 포함되어 있지 않다. 속씨식물은 벼과 및 사초과가 특히 높은 규소 집적 능력을 나타낸다. 박과와 쐐기풀과의 일부도 비교적 함유량이 높지만, 다른 쌍떡잎식물은 낮다. 대나무와 옥수수 등이 규소 집적 식물에 해당되는데, 식물체 간의 규소 집적 능력은 아마도 뿌리의 규소 흡수 능력과 상관성이 있어서 나타나는 것으로 판단된다.

1) 규소의 생리적 기능

규소는 동물에게 필수 원소이지만, 필요량은 음식으로도 충분히 섭취할 수 있다. 예를 들면, 수돗물에 5~10 mg/L 정도가 포함되어 있고, 맥주에도 수십 mg/L이 포함되어 있다(☞ 칼럼). 또한

표 3-9 동일한 밭 토양에서 재배된 작물 지상부의 규소 함유량

식물의 종류	규소(Si) 함량 (% dry wt.)
벼	3.91
밀	1.54
호박	1.34
쥬키니	1.98
병아리콩	0.30
오이	2.29
옥수수	2.10

17) 馬 建鋒

맥주와 규산 COLUMN

아래의 그림은 맥주에 포함된 규산의 농도를 나타내고 있다. 높은 것은 60 mg/L를 초과하고 있다. 이것은 규산염의 포화 농도이다. 맥주는 맥아, 물, 홉과 효모에서 만들어지는데, 맥주의 규산은 대부분 맥아에서 유래한다. 맥아는 보리 낟알에서 만들어지는데, 규소의 대부분은 껍질 부분에 축적되어 있다. 보리 낟알 껍질의 규소 농도는 품종에 따라 2~3배 차이가 난다. 덧붙여서, 벼의 왕겨에는 더 많은 양의 규소가 축적되어 있지만, 정미 과정 중 제거되므로 우리 입으로 들어가지는 않는다. 따라서 쌀을 원료로 사용하여 만든 정종같은 술에서의 규소 농도는 맥주보다 훨씬 적다. 흥미로운 점은 시중에 판매되는 맥주에 따라 규소 농도가 틀리며, 가격과 상관관계를 가지고 있다. 일반적으로 값 비싼 맥주에는 규소의 농도가 높지만, 값 싼 맥주에는 규소 농도가 낮다. 여기에는 어떤 이유가 있을까? (馬　建鋒).

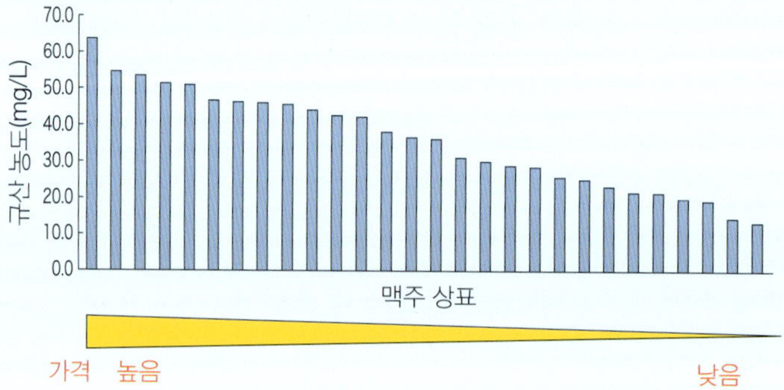

대부분의 식품에도 규소가 포함되어 있기 때문에, 동물에서 규소 결핍 증상은 거의 볼 수 없다.

한편, 규소는 식물의 필수원소로서 인정되지 않고 있지만, 규소는 많은 식물에서 생육을 개선하기 때문에 식물의 유용원소(beneficial element)로서 인정받고 있다. 식물에서 규소의 유익한 효과는 생물학적 스트레스 및 비생물학적 스트레스를 포함하는 복합적인 스트레스를 줄이는 것이다(**그림 3-115**). 따라서 규소의 효과는 스트레스를 받은 경우에 뚜렷하게 나타난다.

벼와 밀 등과 같이 규소를 많이 집적하는 식물에서는 유익한 효과가 뚜렷하게 나타나지만, 그다지 집적하지 않는 식물에서는 효과가 나타나기 어렵다. 또한, 규소는 토양에 존재하는 원소 중에서 과잉 장해가 나타나지 않는 유일한 원소이다. 이것은 규산이 생리적인 pH에서 전하를 가지지 않는 분자로 존재하며, 그 농도가 2 mM를 넘으면 중합하기 때문에 세포 내에서 높은 삼투압을 만들지 않고, 생체 분자와 결합하지 않기 때문이다.

(1) 광합성 촉진

규소 집적 식물(예를 들면, 벼)의 엽신에 규소가 대량으로 침직하면 기계적 강도가 향상돼서

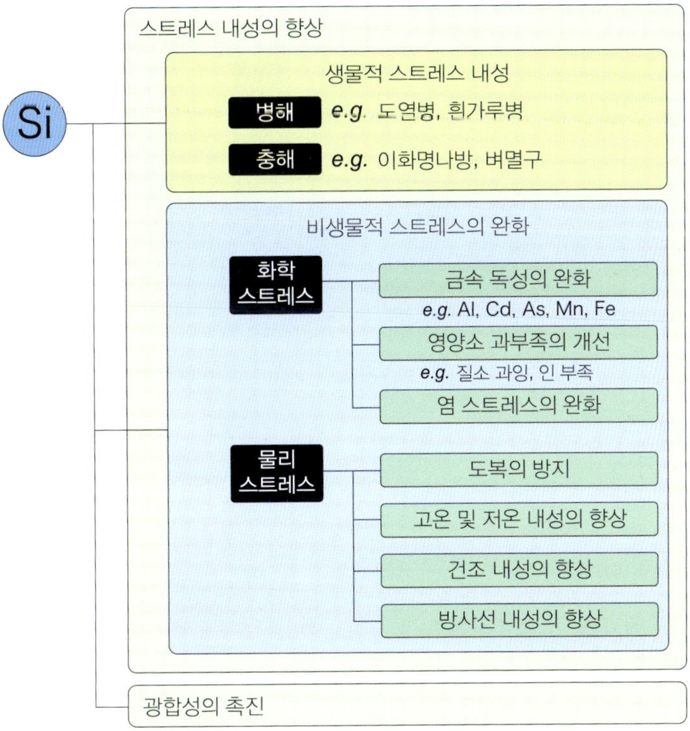

그림 3-115 식물에서의 규소의 유용 효과

잎이 늘어지는 것을 방지한다. 그 결과, 잎의 수광 태세가 개선되고, 군락의 상호 차폐가 줄어서 광합성이 촉진된다. 이 효과는 다질소 집약밀식재배의 경우에서 특히 뚜렷하다. 또한, 수분 스트레스의 감소(뒤에서 다룸)에 의해 광합성이 간접적으로 촉진된다.

(2) 생물 스트레스의 경감

규소는 진균과 세균에 의한 질병 완화에 효과적이다. 규소의 집적은 벼의 도열병과 줄기마름병, 잎집무늬마름병, 갈색무늬병 등에 대한 저항성을 증가시킨다(**그림 3-116**a). 또한, 오이, 보리, 밀의 흰가루병, 사탕수수의 겹무늬병, 동부의 녹병 등의 발생을 억제한다는 결과도 있다. 규소는 해충에 의한 식충 완화에도 효과적이다(그림 3-116b). 규소의 침적이 많아지면, 벼의 이화명나방, 벼멸구 등에 의한 피해가 줄어든다.

이러한 규소의 유익한 효과에 대하여 2개의 메커니즘이 주장되고 있다. 하나는 조직에 침적한 규소가 물리적 장벽(physical barrier)을 형성하여 사상균이나 해충의 진입을 막는다는 것이다. 다른 하나는 가용성 규산이 병원균에 대한 숙주 식물의 반응을 촉진해서 페놀 화합물 및 파이토 알렉신 같은 항균 물질의 생산을 촉진하고, 그에 따라 저항성이 증가한다는 것이다. 또한, 식물체가

그림 3-116 벼의 생육에 대한 규소의 유용 효과 a: 도열병에 대한 억제 효과(위는 낮은 규소, 아래는 높은 규소), b: 해충에 대한 효과, c: 과증산에 대한 효과(위는 낮은 규소, 아래는 높은 규소), d: 인산 결핍 및 과잉 조건에서 벼의 성장 차이.

어떤 병원균의 공격을 받은 경우에는 가용성 규산이 키틴아제(Chitinase)와 페록시다아제(peroxidase), 폴리페놀 산화효소(polyphenol oxidase) 등의 효소를 활성화한다는 보고도 있다.

(3) 비생물 스트레스의 경감

a. 물리적 스트레스

규소의 침적은 도복이나 저온, 고온, 건조 스트레스 등을 줄일 수 있다. 벼의 경우에는 수확기의 태풍 등에 의한 도복의 피해가 크지만, 규소의 침적은 줄기 벽의 두께와 유관속의 두께를 증가시켜서 내도복성을 향상시킨다. 또한, 침적한 규소가 큐티클층의 증산을 억제하여 건조 스트레스의 경감에도 기여한다. 벼의 경우, **표 3-10**처럼 잎과 줄기의 규소 농도가 증가함에 따라 증산량

표 3-10 규소 시용에 따른 벼의 증산량의 차이

지상부 Si 함량(Si %)	증산량(g H_2O/g 건조 중량/72시간)
0.01	200.3
0.74	181.7
4.81	168.0
6.18	154.4

이 감소한다. 특히, 왕겨의 규소는 과도한 증산을 억제하는 역할이 있고, 규소의 침적이 적으면 백수(white head, 제대로 영글지 못하고 하얗게 말라버린 이삭)가 발생하기 쉬워진다(그림 3-116c). 규소는 다른 필수 영양 원소와 달리, 유익한 효과의 대부분은 규소가 잎이나 줄기, 껍질 등에 다량으로 축적됨으로써 나타난다(그림 3-115).

b. 화학적 스트레스

염 스트레스의 완화, 인과 질소 등 영양분의 과부족에 따른 장해 경감, 금속 이온 과잉 장해의 경감 등 규소의 유익한 효과가 많은 식물에서 인정받고 있다.

규소에 의한 망간 과잉 스트레스의 경감 효과는 벼, 보리, 콩과 호박에서 인정받았다. 식물의 종류에 따라, 규소에 의한 망간 과잉 스트레스의 완화 메커니즘은 다르다. 벼에서는 규산이 뿌리의 산화력을 향상시킴으로써 망간의 흡수를 억제한다. 보리와 콩에서는 규산이 망간의 흡수에 영향을 주지 않지만, 체내 망간의 분포를 균일화시킨다. 호박에서는 규소가 체내의 망간을 불활성 부위(트리콤, trichome)에 국재화시킴으로써 망간의 과잉 피해를 방지한다.

알루미늄 이온(Al^{3+})은 수 μM의 농도에서 뿌리의 신장을 저해하지만, 규산 첨가에 의해서 완화된다. 이는 규산이 주로 용액의 Al^{3+}와 결합하여 Al^{3+}가 무독화되기 때문이다.

벼에서는 규산 첨가에 의해서 나트륨 이온의 체내 진입이 감소된다. 나트륨의 체내 침입은 일부가 증산에 의해서 지배되고 있기 때문에, 잎의 규소 침적에 의한 증산량 감소가 염 스트레스의 경감에 기여하고 있는 것으로 보인다. 또한, 뿌리에서 규소의 침적이 나트륨 이온의 아포플라스트를 통한 진입을 억제한다.

규소는 인 결핍과 과잉 스트레스에서도 유익한 효과가 인정된다(그림 3-116d). 인이 벼에서 결핍되어 있는 경우에, 규산은 인산의 흡수에는 직접적인 영향을 주지 않지만, 인산이 결합하기 쉬운 철과 망간의 흡수를 억제해서 체내의 인산 유효도를 간접적으로 높인다. 또한, 인산이 과잉으로 주어진 경우에는 규산이 인산의 흡수를 감소시켜서 체내의 인산 농도를 저하시킨다.

2) 식물체 내의 규소

규소는 벼의 생육에서 특히 중요하다. 벼는 대표적인 규소 집적식물로, 지상부에 규소를 5% 이상 집적하지 않으면 생산성 저하가 나타난다. **그림 3-117**은 규소 집적이 적은 벼 돌연변이를 이용한 포장 시험의 결과이다. 규소의 집적이 적으면, 뿌리의 생육에는 거의 영향이 없으나, 짚의 건조 무게가 20% 감소했으며, 가장 영향을 많이 받은 경우에는 수량이 야생형의 1/10로 감소했다. 수량 구성 요소 중 등숙 비율이 규소 결핍의 가장 많이 영향을 받게 된다(**그림 3-118**). 이러한 규소의 효과는 규소가 광합성 촉진과 스트레스 경감 등의 효과를 종합적으로 발휘한 결과라고 생각된다. 특히, 앞서 말한 바와 같이 다량의 규소를 침적하는 왕겨의 규소 부족은 지나친 증산을 증산 작용

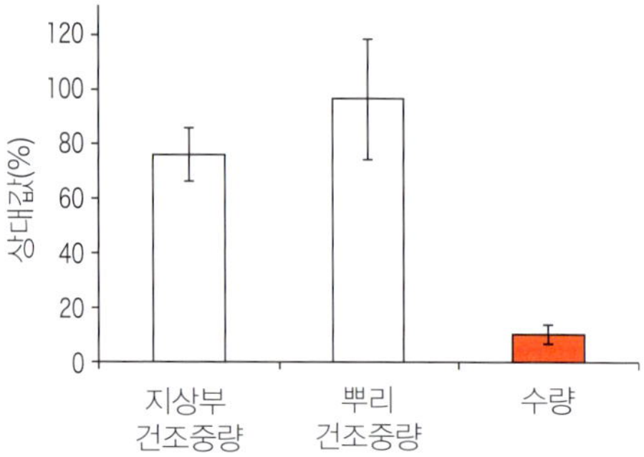

그림 3-117 벼의 생육 및 수량에 대한 규소의 영향 규소의 집적이 적은 돌연변이체에 대하여 야생형을 100으로 한 경우의 상대값으로 표시되어 있다.

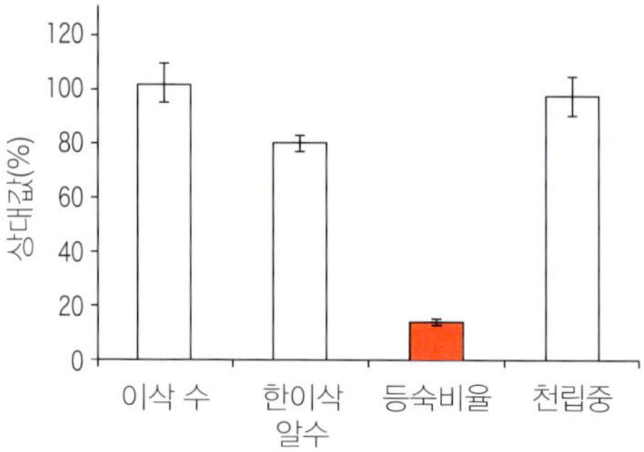

그림 3-118 벼의 수량 구성 인자에 대한 규소의 효과 규소의 집적이 적은 돌연변이체에 대하여 야생형을 100으로 한 경우의 상대값으로 표시되어 있다.

을 초래하게 되고, 병원균에 감염되기 쉬우며, 규소의 침적이 적은 이삭은 검게 변해 버린다(**그림 3-119**). 이러한 이유에서 규소는 벼의 수확량, 특히 등숙 비율에 상당한 영향을 미친다. 따라서 규소는 벼의 안정적인 수확량 증가에 중요한 영양소로서 농업에서의 작물에 필요한 필수원소로 인정받고 있다. 현재 벼농사에서 규산 비료의 사용이 적극적으로 장려되고 있다.

3) 규소의 흡수, 이동, 집적

(1) 다양한 식물의 규소 흡수 메커니즘

식물은 규소를 규산[$Si(OH)_4$]의 형태로 흡수한다. 지금까지 생리학적 분석을 통해서, 식물 뿌

그림 3-119 규소 집적 정도에 따른 벼의 발달 양상 왼쪽: 고농도 규소 시비, 오른쪽: 저농도 규소 시비.

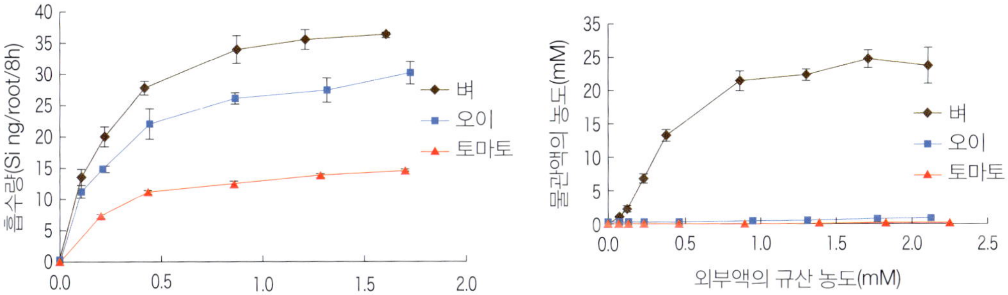

그림 3-120 외부액에서 규소 흡수 농도(왼쪽) 및 외부액과 물관의 규소 농도 비교(오른쪽) 왼쪽: 외부액의 규소 농도를 변경하였을 때 뿌리 1개에서 흡수된 8시간째 규소의 양.

리의 규산 흡수에는 적극적인 흡수, 수동적 흡수, 제거 작용이 있다고 알려져 있다. 벼의 경우에는 규산을 적극적으로 흡수하므로, 외부액의 규산 농도가 빠르게 감소한다. 이에 반해, 오이는 수동적으로 규산을 흡수하므로 외부액의 규산 농도는 거의 변하지 않으며, 오히려 토마토에서는 규산을 제거하여 물이 식물체 내로 흡수되면서 외부액의 규산 농도가 상승한다. 그러나 규산 트랜스포터가 확인됨에 따라서, 이러한 구분이 단순하지 않은 것으로 밝혀졌다.

규소 함량이 크게 다른, 벼, 오이, 토마토를 이용하여, ① 외부액에서 뿌리 세포 내로의 흡수와 ② 뿌리 세포에서 물관의 로딩이라는 2가지 과정으로 나눠서 조사한 결과, 외부액에서 뿌리 세포 내로의 획득 과정은 모든 식물에서 규산에 대해 동일한 정도의 친화력을 가진 트랜스포터를 통해서 이루어졌다(**그림 3-120** 오른쪽). 그러나 획득의 최대 속도(V_{max})는 벼 > 오이 > 토마토로 나타났고, 세포당 트랜스포터의 발현량이 다른 것으로 보인다. 한편, 물관으로의 로딩을 비교하면, 벼는 물관액 중의 규산 농도가 외부액보다 농축된 반면에, 오이는 외부액의 농도보다 약간 낮았고, 토마토에서는 더욱 낮았다(그림 3-120 왼쪽). 따라서 벼의 높은 규산 흡수 능력은 뿌리 세포에 위치한 트랜스포터의 발현량이 증가하고, 오이나 토마토에는 존재하지 않는 특이적 트랜스포터 (물관 로딩에 관여하는 트랜스포터)가 존재하여 규산의 흡수 능력이 높게 나타나는 것으로 보고 있다.

(2) 규산 트랜스포터

규산 흡수가 저하된 벼 돌연변이체를 이용해서, 지금까지 규산 흡수에 관여하는 수송체(트랜스포터)가 2개 동정되었다(☞ 칼럼). Lsi1는 규산 흡수 결핍 돌연변이 *lsi1*(low silicon 1)에서 동정된 세포 외부에서 내부로 규산을 수송하는 (내향) 트랜스포터로, 물 채널로 알려진 아쿠아포린과 같은 패밀리에 속한다. 한편, Lsi2은 세포 안에서 세포 밖으로 규산을 배출하는 (외향) 트랜스포터로서, 음이온 트랜스포터와 비슷한 구조를 가진 단백질이다. Lsi1과 Lsi2의 아미노산 서열에는 전혀 상동성이 없다. Lsi1과 Lsi2는 모두 주로 뿌리에서 발현하고, 또한 뿌리 기부 부위에서 발현량

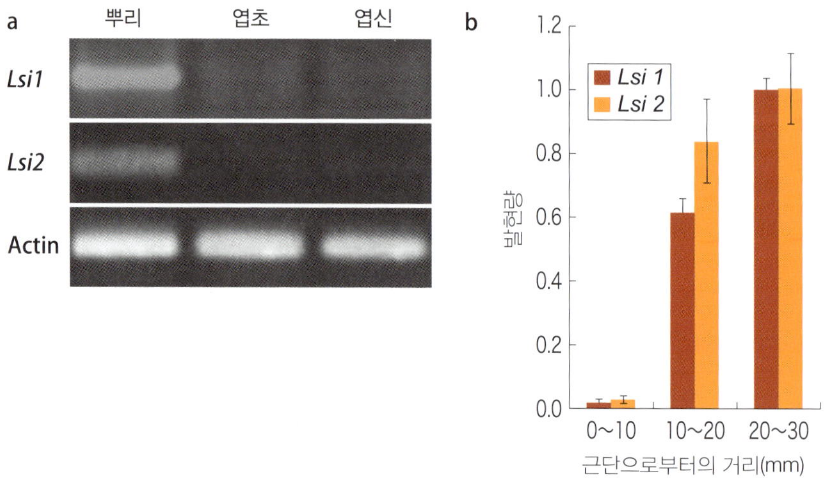

그림 3-121 ***Lsi1*과 *Lsi2*의 조직별 발현 부위(a)와 뿌리의 부위별 발현량(b)의 비교**

이 높다(**그림 3-121**). 이는 뿌리의 규산 흡수가 선단보다 기부에서 많다는 생리학 실험과 일치하는 결과이다. 또한, 2개의 트랜스포터는 측근과 주근에서 모두 발현하지만, 뿌리털이 형성되는 표피 세포에서는 발현하지 않았다. 이 또한 규산 흡수에 뿌리털이 기여한다는 생리적인 결과와 일치한다.

Lsi1과 Lsi2은 뿌리 외피(표피와 접하고 있는 외피의 최외층)와 내피(피층의 최내층으로서 중심주와 접하고 있음)에 위치한다(**그림 3-122**). 그러나 Lsi1 단백질은 어느 층에서도 세포의 원심 측에 편재하는 반면에, Lsi2는 중심 측에 편재한다(그림 3-122). 이러한 트랜스포터의 세포 내에 치우친 분포(극성 분포)는 수송의 방향성을 결정하는 데 매우 중요하지만, 트랜스포터 단백질의 분포를 제어하는 메커니즘은 아직 분명하지 않다.

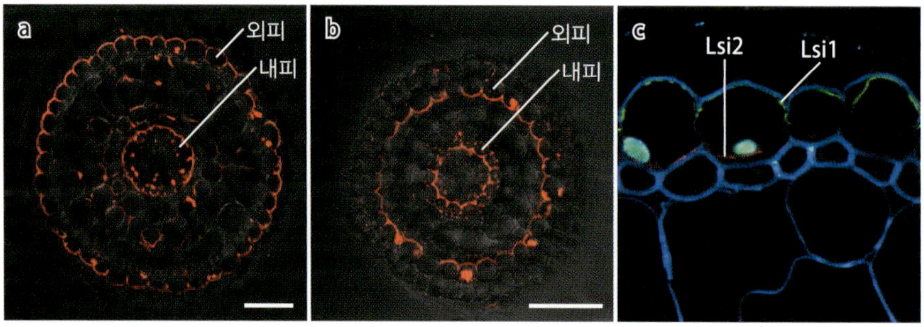

그림 3-122 항체 염색에 의해 규산 트랜스포터의 세포내 위치 a: 내향 트랜스포터 Lsi1, b: 외향 트랜스포터 Lsi2, c: 다중염색(녹색 Lsi1, 적색: Lsi2, 청록색: 핵, 청색: 세포벽).

규산 흡수 결핍 돌연변이체의 구별법 COLUMN

벼는 예전부터 규산 집적 식물로 알려져 왔다. 그러나 그 흡수에 대한 분자 메커니즘은 오랫동안 밝혀지지 않았다. 벼의 높은 규산 흡수 능력에 관여하는 유전자를 분리하기 위해, 벼의 규산 흡수 결손 돌연변이체를 분리하였고, 관련 유전자를 동정하였다. 돌연변이체는 게르마늄(Ge) 내성을 지표로 분리되었다. 게르마늄은 규소과 동족 원소로서, 화학적 성질이 비슷하다. 지금까지 생리학적 연구에서는 벼의 뿌리가 규산과 게르마늄을 구별하지 못해서 동시에 같이 흡수하는 것으로 알려졌다. 즉, 식물은 게르마늄을 규소로 착각하고서 같은 방법으로 흡수한다. 그러나 규소와 달리 체내에 흡수된 게르마늄은 식물에 독성을 나타낸다. 이 독성의 진형적인 증상은 잎이나 줄기에 갈색 반점으로 나타난다(그림). 이러한 특징을 이용해서 화학 돌연변이원(아지드화 나트륨과 MNU)으로 변이시킨 M_2 종자를 게르마늄을 포함한 배지에 파종한 후 반점이 잎에 나오지 않는 개체, 즉 규산을 흡수하지 않는 돌연변이체를 선발하였다. 이 방법을 통해 현재까지 다수의 규산 흡수 결손 돌연변이가 분리되었다(馬 建鋒).

보리와 옥수수도 *Lsi1*과 *Lsi2* 상동 유전자를 가지고 있다. 이러한 유전자 산물은 Lsi1, Lsi2과 같이 규산 수송 활성을 가지지만, 벼와는 다른 발현 및 위치 양상을 가지고 있다.

(3) 규산의 이동

뿌리에서 발현되는 규산 트랜스포터에 의해서 물관으로 옮겨진 규산은 지상부로 수송된다. 벼의 물관액 중의 규산 농도는 20 mM 이상이다. 그러나 물관액 중의 규소 형태를 동정한 결과, 단일 분자의 규산만이 존재하고 있었다. 포화 농도를 크게 웃돌고도 중합하지 않는 물관액 내 규산은 빠른 농축 및 수송 과정에서 발생하는 일시적인 것으로 생각된다. 또한, 채취한 물관액을 실온에서 방치하면 중합이 신속하게 진행된다.

물관 중의 규산을 잎이나 줄기 등의 조직에 배분하기 위해서는 물관으로부터의 규산의 언로딩 과정이 필요하다. 최근, 이 과정에 관여하는 트랜스포터 Lsi6가 벼와 옥수수에서 동정되었다. *Lsi6*은 위의 *Lsi1*의 상동 유전자로서, Lsi6 단백질은 Lsi1와 같이 규산을 투과시킨다. Lsi6는 엽초와 엽신의 물관에 인접한 목부 유조직에 발현하고, 물관에 접하여 편재되어 있다(그림 3-123). *Lsi6* 유전자를 발현 억제 시키면, 잎 끝(엽단)에서 배출되는 규산 농도가 몇 배로 증가한다. 또한, 잎의 조직 특이적인 규소의 침적이 흐트러져서 규산이 주성분인 세포나 기동 세포의 규소 밀도가 저하되고, 한편으로는 배축 측의 표피세포에서 규산 농도가 높아진다. Lsi6는 물관에서 규산의 언로딩을 담당하고, 그 후 규소 침적에 영향을 준다.

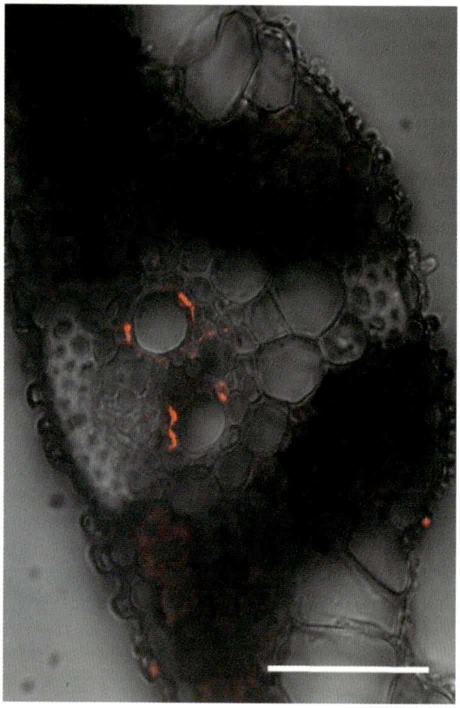

그림 3-123 벼 엽신에서 Lsi6의 발현 부위
X: 물관

(4) 규소 집적

Lsi6를 통해 지상부 조직으로 분산된 규산은 수분의 증발에 따라 더욱 농축 중합되어, 비정질(Amorphous) 실리카($SiO_2 \cdot nH_2O$)가 된다. 체내 규소의 95% 이상은 실리카로서, 잎이나 줄기, 왕겨, 과실의 표면 등에 침적한다. 벼의 엽신에서 실리카는 큐티클층 바로 아래의 아포플라스토(큐티클층 실리카 2중층)와 기동 세포, 짧은 세포, 긴 세포 등의 세포에 침적한다(**그림 3-124**). 이 침적이 규소의 각종 유익한 작용을 이끌어낸다. 일단 침적된 규소는 대부분 다시 이동하지 않는다. 벼과 식물의 규소 처리된 세포는 식물석(Plant opal, Phytolith)으로서 알려져 있고, 고사 후에도 토양에 잔류한다. 식물 종마다 특징적인 모양을 하고

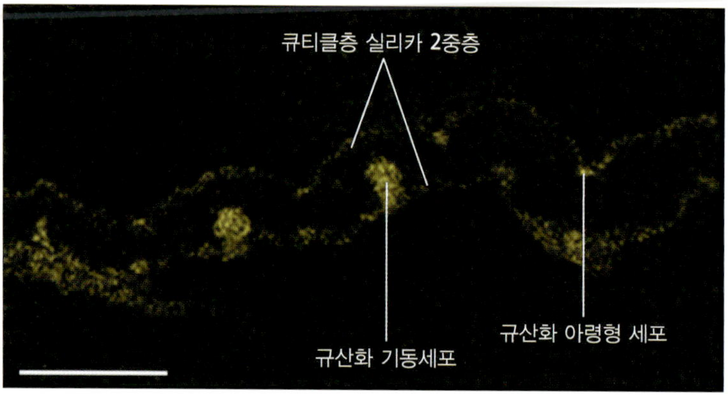

그림 3-124 벼 엽신에서 규소의 침적 노란색은 규소의 침적을 나타낸다. 벼 잎에서 규소의 침적. 큐티클층 아래에서 형성된 큐티클층 실리카 2중충, 기동 세포와 유관속을 따라 아령형 세포에 규소의 침적(노란색)이 보인다(주사전자현미경에 의한 특성 X선 상). bar = 100 μm.

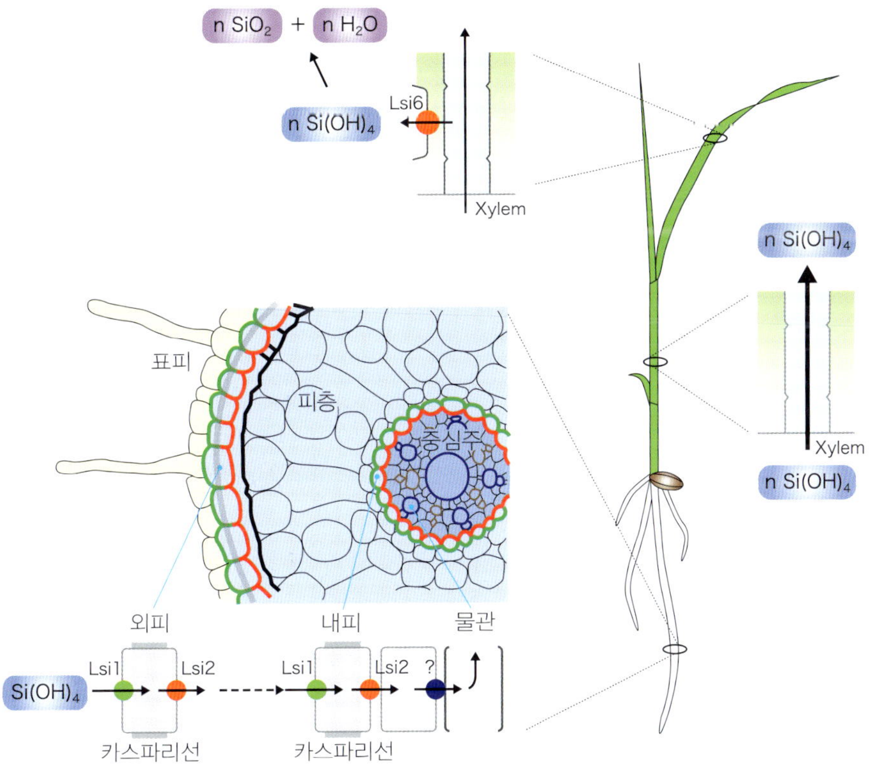

그림 3-125 벼에서 규소의 흡수, 이동, 집적 과정 모식도 Lsi1, Lsi2에 의해 뿌리에서 흡수된 규산은 증산의 흐름에 의해 지상부로 수송된다. Lsi6를 통해서 조직에 배분된 규산은 증산을 따라 더욱 축적되어, 실리카 형태로 침적된다.

있기 때문에, 고고학에서는 그 땅에서 재배된 식물을 추측할 때 매우 중요한 단서가 되고 있다.

그림 3-125는 지금까지 밝혀진 벼의 규소 흡수, 이동 및 집적 과정을 정리한 것이다. 벼 뿌리의 외피와 내피의 세포벽은 뿌리의 발달에 따라 친유성의 수베린와 리그닌이 축적된 카스파리대가 형성되어 물과 용질이 아포플라스트(세포막 외 영역) 경로를 통해 투과되는 것을 막는다. 외부액의 규산은 Lsi1에 의해서 외피 세포에 채워지고, Lsi2에 의해서 피층 쪽으로 배출된다. 내피에서는 다시 Lsi1에 의해서 세포 내에 흡수되어 Lsi2를 통해 중심주 쪽으로 배출된다. 물관에 들어간 규산은 그대로의 형태로 지상부에 옮겨져서 Lsi6를 통해 지상부의 각 조직으로 분배된다. 마지막 단계에서 실리카로 중합하여 특정 세포에 침적된다. 벼는 이렇듯 다양한 트랜스포터를 이용해서 효율적으로 규산을 이용하고 있다.

불량 토양에서의 식물 반응

4

1. 산성 토양[1)]

산성 토양은 세계 경작 면적의 30~40%를 차지하고 있으며, 열대와 아열대 지역에 주로 분포하고 있는 대표적 문제 토양이다. 이 지역은 기온이 높기 때문에 토양 풍화의 진행이 원활하며, 염기가 용탈되어 토양 산성화가 쉽게 진행된다. 산성 토양에서는 낮은 pH, 알루미늄 독성, 망간 과잉, 칼슘과 마그네슘의 결핍, 인 부족, 미량 원소의 부족이 발생하여 작물 생장이 저해된다. 그 중에서도 알루미늄의 독성은 가장 큰 작물 생육 저해요인으로 알려져 있다.

1) 알루미늄의 독성 기구

토양 중 알루미늄은 약 7% 함유되어 있으며, 규소와 더불어 토양의 주성분이다. 토양 광물 속의 알루미늄은 불용성이어서 식물에 해가 되지 않는다. 그러나 산성 토양(pH 5.5 이하)에서는 알루미늄이 이온 형태로 용출된다. 알루미늄 이온의 형태는 pH에 따라 Al^{3+}, $Al(OH)^{2+}$, $Al(OH)_2{}^{+}$ 등으로 전환되고, 이와 같은 형태의 알루미늄 이온은 식물에 독성을 나타내어 뿌리 성장 저해 등의 발달 장애를 일으킨다.

알루미늄(pH 4.5 이하에서는 주로 Al^{3+}) 독성의 가장 특징적인 증상은 뿌리의 신장 저해이다(**그림 4-1**). 아주 적은 μM 수준의 알루미늄 이온이라도 뿌리의 신장을 저해한다. 다. 뿌리의 신장은 뿌리 세포 분열과 세포 신장에 의해 결정

그림 4-1 알루미늄에 의한 벼의 뿌리 신장 저해

---

1) 馬　建鋒

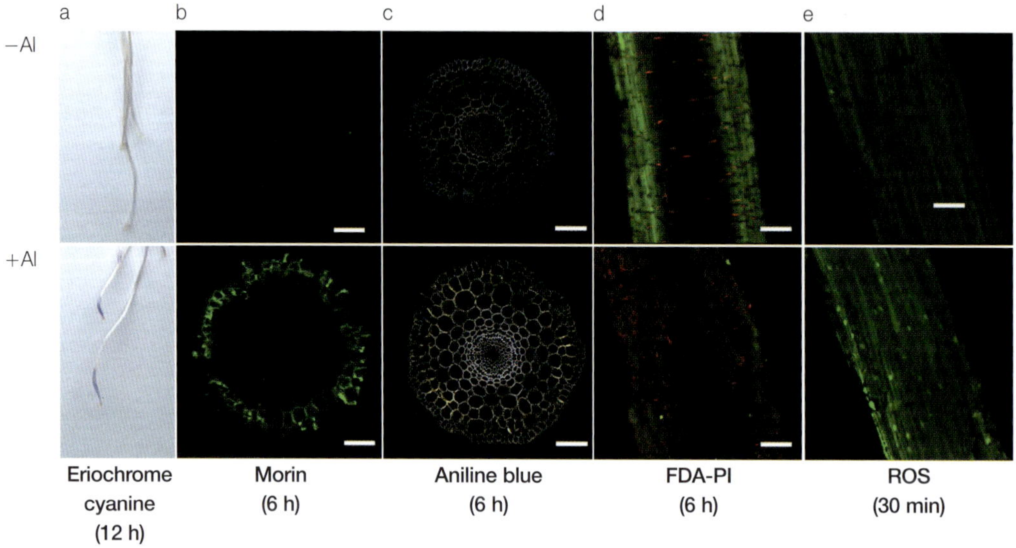

그림 4-2 알루미늄에 의한 상해 5 μM 알루미늄에 벼 뿌리를 처리함. 그림 아래에는 처리 시간과 염색법을 나타내었다. a: 뿌리에서 알루미늄의 집적, b: 뿌리 신장 영역의 세포에 있어서 알루미늄의 침적, c: 칼로스의 침적, d: 알루미늄에 의한 세포막 상해. 녹색이 살아 있는 세포, e: 활성 산소의 발생. 황색 부분이 활성 산소(ROS)의 발생 부위.

되는데, 알루미늄의 독성은 뿌리 세포의 신장을 저해하는 것으로 알려져 있다. 특히, 알루미늄에 의한 뿌리의 신장 저해는 수 시간 내에 발생하기 때문에 영향이 크다고 할 수 있다. 알루미늄은 뿌리의 신장 영역에 다량으로 결합하여(**그림 4-2**a) 뿌리의 표층 세포에 축적되므로, 내부의 세포층에는 침입하지 않는다(그림 4-2b).

알루미늄 독성의 발현 기구는 알루미늄 처리 농도와 처리 시간, 식물의 종류에 따라 다르다. 식물의 뿌리를 알루미늄 용액에 노출시키면 대부분의 알루미늄은 세포벽에 결합하여 세포벽의 신장에 영향을 준다. 또한, 처리 후 매우 빠른 시간 내에 칼로스(callose)의 유도가 보인다(그림 4-2c). 축적된 칼로스(callose)는 세포벽의 신장성(loosening)과 원형질 연락사를 이용한 세포 간 이동에 저해를 가져온다. 알루미늄 농도가 높거나 처리 시간이 길어지면, 세포막의 투과성과 세포 골격 등에 더욱 영향을 미치고(그림 4-2d) 활성 산소를 유발한다(그림 4-2e).

알루미늄은 카르복실기 및 인산기를 포함하는 화합물과의 강한 결합 능력을 가지고 있으며, 또한 중요한 생체 물질과 강하게 결합한다. 따라서 알루미늄에 의한 뿌리의 신장 저해는 몇 가지가 동시에 일어난 결과인 것으로 추정된다. 그 증거로는, 알루미늄을 단시간 식물체에 처리하면 수백 개의 유전자가 유도되어 발현되고 알루미늄이 빠르게 세포벽에 결합되며, 알루미늄에 의한 칼슘 이온 채널의 저해 반응 등의 현상이 나타난다.

2) 알루미늄 내성 기구

알루미늄 독성에 대한 내성은 식물의 종에 따라 다르다. **그림 4-3**은 벼과 식물의 예를 나타내었지만, 일반적으로, 벼, 호밀이 강하고, 밀은 중간 정도이며, 보리는 알루미늄에 약하다. 또한, 품종에 따라서도 알루미늄 내성이 크게 다르다. **그림 4-4**는 보리 내성 품종과 감수성 품종의 예이다.

식물의 알루미늄 내성 기구(resistance mechanism)는 크게 제거 기구(exclusion)와 체내 내성 기구 (internal detoxification)로 나뉜다. 이 둘의 가장 큰 차이점은 알루미늄을 무독화하는 위치에 있다. 제거 기구의 경우에, 알루미늄은 근권에서 무독화된다. 이에 반해서, 내성 기구의 경우에는 알루미늄을 식물체 내에서 무독화한다.

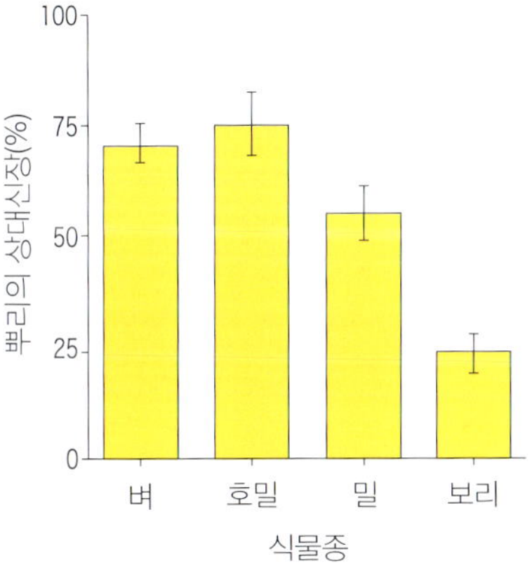

그림 4-3 벼과 식물의 알루미늄 내성 같은 알루미늄 처리 농도에서 뿌리의 상대 신장(−Al을 100으로 함)으로 비교했다.

(1) 제거 기구

알루미늄 제거 기구는 지금까지 뿌리에서 알루미늄 결합 물질의 분비, 근권 pH의 상승, 세포벽과 식물 점액질(mucilage)에 결합, 뿌리에서의 알루미늄 배출 등과 같은 많은 가설이 제시되었

그림 4-4 보리의 알루미늄 내성 품종간 차이 왼쪽: ALP25, 21, 3은 알루미늄 내성 품종, 오른쪽: ALP17, 44, 7은 알루미늄 감수성 품종. 각각의 품종을 알루미늄 무처리(왼쪽)와 알루미늄 처리(오른쪽)에서 재배한 경우의 뿌리 모습을 나타낸다.

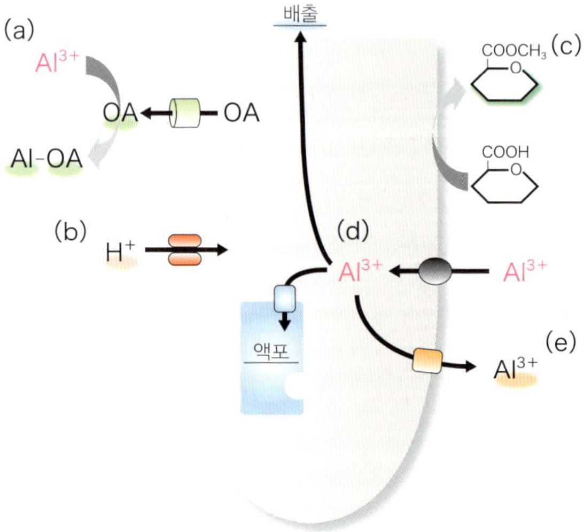

그림 4-5 식물의 뿌리에서 알루미늄 배출 기구 모식도 a: 유기산(OA) 등의 킬레이트 물질의 분비, b: 근권 pH의 상승, c: 세포벽 성분의 변화, d: 알루미늄의 재분배, e: 알루미늄 이온의 배출.

다(**그림 4-5**). 이 중 많은 식물에서 볼 수 있는 것은 뿌리에서 알루미늄 결합 물질인 유기산을 분비하는 메커니즘이다.

a. 알루미늄에 의한 유기산 분비 과정

일부 유기산은 알루미늄 이온과 킬레이트화 성질을 가지고 있다. 알루미늄 이온이 유기산에 의해 킬레이트되면, 생체 물질과 결합하지 않으며 독성이 완화된다. 분비되는 유기산은 식물 종에 따라 다르며, 지금까지 3종류의 유기산(구연산, 말산, 옥살산)이 보고되어 있다. 예를 들어, 강낭콩, 옥수수, 보리 등 알루미늄 내성 품종과 결명자 뿌리는 알루미늄에 반응하여 구연산을 분비한다. 밀의 알루미늄 내성 품종은 말산을 분비하고, 메밀과 토란의 뿌리는 옥살산을 분비한다. **그림 4-6**은 알루미늄 독성에 대한 유기산의 첨가 효과를 나타내고 있다. 10 μM의 $AlCl_3$ 처리에 의해서 알루미늄 감수성 밀 품종 Scout 뿌리의 신장은 처리 20시간째에 75% 억제되었으나, 같은 농도의 구연산을 첨가한 결과에서는 거의 저해되지 않았다. 또한, 같은 농도의 옥살산을 첨가하게 되면 알루미늄에 의한 뿌리 신장 저해는 상당 부분 감소하였지만, 말산의 경우는 알루미늄에 의한 뿌리 신장 저해를 경감시키지 못하였다. 하지만 알루미늄 농도 대비 고농도의 말산(6배)과 옥살산(3배)를 처리함으로써, 알루미늄의 독성을 제거할 수 있었다. 이러한 유기산에 의한 알루미늄 독성

킬레이트(chelate)

1개의 리간드가 금속 이온과 두 자리 이상에서 배위결합을 하여 생긴 착이온을 뜻한다. 예를 들어, 구리가 포함된 용액에 에틸렌다이아민의 수용액을 가할 때, 구리는 에틸렌다이아민의 2개의 아민기의 질소 원자와 결합하여 고리 모양의 착이온을 만드는데, 이렇게 해서 생성된 화합물을 킬레이트라 한다.

경감 효과의 차이는 알루미늄과의 결합력 차이에 기반을 두고 있다.

알루미늄에 의한 유기산의 분비 부위는 뿌리 끝에서 1 cm까지로, 뿌리의 장애 부위와 일치한다. 즉, 뿌리 끝에서는 구연산과 옥살산 같은 알루미늄 킬레이트 물질을 분비하여, 뿌리의 끝을 알루미늄 위험으로부터 보호하고, 알루미늄 내성을 획득하게 된다.

유기산 외에 알루미늄 이온에 반응하여, 뿌리로부터 페놀성 화합물과 인산이 분비되는 식물도 있다.

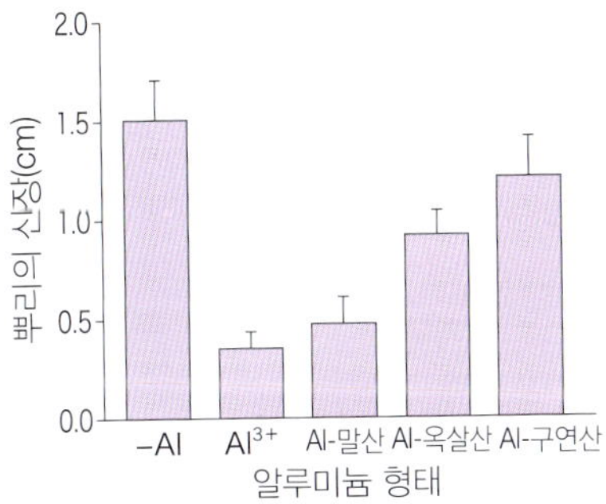

그림 4-6 알루미늄 독성에 대한 다른 유기산의 독성 경감 효과 알루미늄과 동일한 몰 농도의 유기산을 이용한 경우에서 알루미늄에 의한 뿌리의 신장 저해.

b. 유기산의 분비 패턴

유기산 분비의 알루미늄에 대한 반응성(분비 패턴)은 식물의 종류에 따라 다르다. 분비 패턴은 지금까지 두 가지가 알려져 있다(**그림 4-7**). 하나는 메밀이나 밀 같은 알루미늄 처리 후에 즉시 분비가 일어나는 유형이다. 유기산의 분비는 음이온 채널을 통해 이루어지기 때문에, 이 경우는 원형질막에 존재하는 음이온 채널이 알루미늄에 의해 활성화되어 즉시 분비된다고 여겨진다. 다른 하나는, 결명자와 호밀처럼 알루미늄 처리 후 유기산을 분비하는 데 수 시간의 유도 기간이 있는 경우이다. 이 경우에, 유기산의 합성이나 분비 또는 둘 모두에 관련된 유전자가 알루미늄에 의해서 유도되어, 분비가 시작된다고 추정된다.

유기산의 분비는 알루미늄 이온에 대해 특이적으로 반응하여 유도되지만, 다른 이온(예를 들

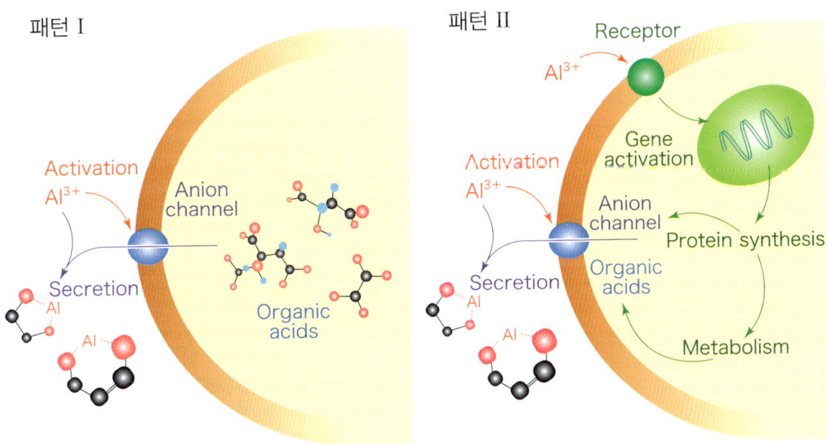

그림 4-7 알루미늄 반응의 유기산 분비 패턴 패턴 I: 알루미늄 처리 후, 즉시 유기산의 분비를 일으킨다. 패턴 II: 알루미늄 처리 후, 유기산의 분비에 유전자의 활성화와 단백질의 발현이 필요하기 때문에, 수 시간의 유도 시간이 요구된다.

어, La, Yb)과 인산 결핍에 의해서는 일어나지 않는다. 일부 식물에서는 인산 결핍에 의해서도 유기산 분비가 유도되는데, 유기산 분비가 일어나는 반응 시간이 알루미늄의 경우에 비해 늦으며, 유기산 분비에 이르는 과정이 알루미늄 독성과 인산 결핍에서는 동일하지 않다.

c. 유기산의 분비에 관여하는 유전자

말산과 구연산의 분비에 관여하는 유전자가 동정되었다. 밀에서 동정된 *ALMT1*(aluminum activated malate transporter 1)은 말산의 수송체를 코딩하고 있다. 이 유전자는 주로 뿌리 끝에서 발현하여, 알루미늄에 의해 유도되지 않고, 알루미늄 내성 품종에서 항상 높게 발현하고 있다. 이 유전자 발현의 품종 간 차이는 프로모터 영역에 기인하는 것 같다. 밀 이외에, 애기장대, 유채에서도 동일한 유전자가 분리되었다.

최근에, 구연산 분비에 관여하는 유전자가 보리와 수수에서 동정되었다. 보리에서 동정된 *HvAACT1*(aluminum activated citrate transporter 1)이 코딩하는 단백질은 구연산 수송 활성을 가지지만, 말산 수송에 대해서는 활성을 가지지 않는다. 이 유전자도 주로 뿌리에서 발현하지만, 알루미늄에 의해 발현이 유도되지는 않는다(그림 4-8a). 또한, 이 유전자의 발현량과 구연산 분비량, 알루미늄 내성 사이에는 양의 상관관계가 있다(그림 4-8b). HvAACT1은 뿌리의 표피 세포의

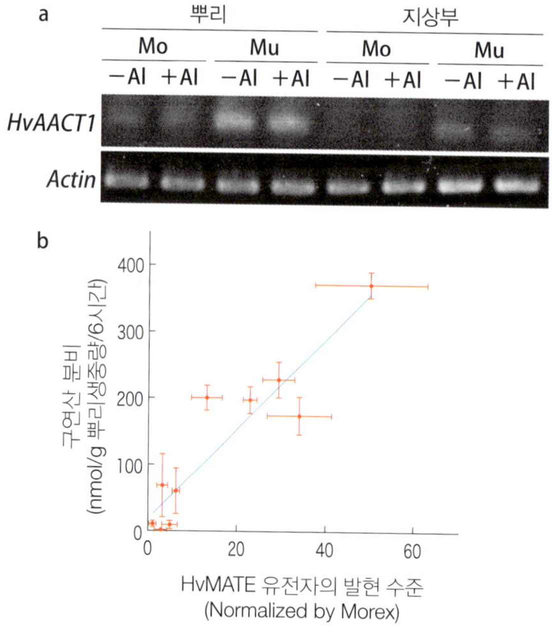

그림 4-8 알루미늄 활성형 구연산 트랜스포터 유전자 a: 부분별 발현 패턴과 발현에 대한 알루미늄의 영향(감수성 품종 Mo, 내성 품종 Mu), b: 보리 품종 간의 *HvAACT1*의 발현량과 구연산 분비량의 상관.

그림 4-9 보리 알루미늄 활성형 구연산 트랜스포터 HvAACT1의 조직 특이성 뿌리 끝 3 mm의 절편에 대해 항체 염색.

세포막에 특이적으로 위치하고 있다(**그림 4-9**).

ALMT1과 HvAACT1의 수송 활동은 알루미늄에 의해 활성화된다. 이것은 앞서 설명한 유기산 분비 패턴과 일치하고 있다. 또한, 옥살산의 분비에 관여하는 유전자는 아직 밝혀지지 않았다.

d. 현재까지 밝혀지지 않고 있는 알루미늄 내성 기구

Signal grass(*Brachiaria decumbens*)와 벼는 강한 알루미늄 내성을 가진다. 그러나 뿌리의 유기산 분비와 근권의 pH 상승 등은 적다. 이들 식물에는 아직 알려져 있지 않는 내성 기구가 존재하는 것으로 보인다.

(2) 체내 무독화 기구

많은 식물에서 알루미늄은 뿌리에 축적되고 지상부로는 거의 수송되지 않는다. 그러나 일부 식물은 알루미늄을 고농도로 축적하는데 차, 수국, 메밀 등이 알루미늄 축적 식물로 알려져 있다. 차

수국의 꽃색과 알루미늄

COLUMN

6~7월에 꽃이 피는 수국은 분홍색이나 파란색 등 다양한 색깔을 가지고 있다. 이러한 색의 변화는 색소의 차이에 의한 것이 아니라, 알루미늄의 농도에 따른 것이다. 델피니딘(Delphinidin - 안토시아니딘, 식물의 주요 색소이자 항산화제이다. Delphinidin에 의해 Viola와 Delphinium속의 꽃이 파란색을 띠게 된다)이라는 색소와 알루미늄과의 상호작용에 의해 결정되는데, 이 색소는 알루미늄이 없을 때에는 분홍색을 띠지만, 알루미늄과 결합하면 파란색을 띤다. 이것은 간단한 실험으로 재현할 수 있는데, 분홍색 수국 꽃 즙을 알루미늄과 혼합하면 바로 파란색이 된다.

토양의 pH를 조절하면 수국 꽃의 색깔이 바뀌게 되는데, 이는 pH를 낮추면 알루미늄 이온이 녹아 수국에 의해 흡수되어, 꽃의 색깔이 파랗게 되기 때문이다. 반대로 석회 등을 이용하여 토양의 pH를 높이면 토양의 알루미늄 용해도가 낮아져 식물이 흡수하지 못하게 됨에 따라 꽃의 색이 분홍색이 된다.

알루미늄의 농도에 의한 수국의 색 변화. 숫자는 꽃잎 내 알루미늄의 농도(mg/kg)를 나타낸다.

의 오래된 잎은 10,000 mg/kg 건조 중량을 초과하는 알루미늄을 축적하고, 수국의 잎은 3,000 mg/kg 이상의 알루미늄을 축적한다. 이처럼, 체내에 고농도의 알루미늄이 존재함에도 독성이 나타나지 않는 것은 이러한 식물에 알루미늄을 무독화하는 기구가 있음을 나타내고 있다.

a. 알루미늄의 흡수와 이동

메밀과 열대 수목인 *Melastoma malabathricum*은 뿌리에서 알루미늄을 이온 형태로 흡수한다. 메밀은 토양 중의 알루미늄에 대응하여 뿌리에서 옥살산을 분비하고, 옥살산과 알루미늄이 결합된 알루미늄-옥살산 착화물 형태로 흡수하기도 한다. 그러나 흡수형태에 따른 흡수 속도를 비교해 보면, **그림 4-10**과 같이 알루미늄-옥살산 착화합물의 흡수 속도는 알루미늄 이온보다 현저하게 낮다. 이는 대사 억제제의 영향을 받지 않는 수동적 흡수 과정이며, 이러한 흡수에 관여하는 유전자는 아직 동정되지 않았다.

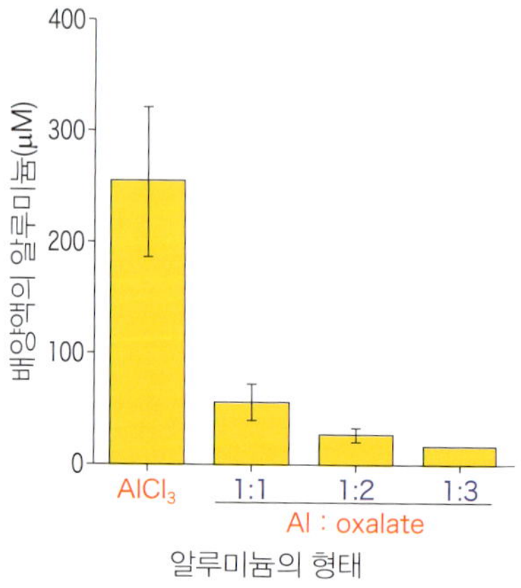

그림 4-10 메밀의 알루미늄 흡수 형태 배양액의 알루미늄 이온과 옥살산의 몰 비를 바꿔서, 메밀 물관의 알루미늄 농도를 측정했다.

메밀 뿌리에서는 알루미늄이 옥살산과 1 : 3 비율의 착화합물 형태로 검출되는데, 흡수된 알루미늄이 옥살산과 빠르게 결합하여 무독화되는 것으로 보고 있다. 일부 목본류에서는 페놀성 물질과 알루미늄이 결합한다는 보고도 있다.

메밀과인 *Melastoma malabathricum*의 뿌리에서 지상부로의 알루미늄 이동은 물관을 통해 알루미늄-구연산 착화합물 형태로 일어난다. 뿌리에서는 알루미늄-옥살산 착화합물로 존재하고 물관에 이동될 때 리간드 교환이 일어난다고 추측되지만, 아직까지 그 경로에 대해서는 분명하게 밝혀지지 않았다. 그리고 옥살산은 물관부에서 용액 중 칼슘과 결합되어 침전이 일어나기 때문에 물관부에서의 이동에 저해를 가지고 올 수 있다.

b. 체내의 무독화 기구

알루미늄 집적 식물은 알루미늄을 뿌리에서 흡수하여 결과적으로 지상부, 특히 잎에 축적하게 된다. 알루미늄이 세포벽에 결합하여 불활성화되기 때문에 고농도의 알루미늄이 집적되어도 식물체에 독성을 나타내지 않게 된다고 추정하고 있지만, 세포 분획 결과에서는 집적 식물의 잎 전체에 존재하는 대부분의 알루미늄이 세포 중의 가용성 분획에 존재하고 있다. 예를 들어, 수국의 경우에는 세포내 알루미늄이 전체 알루미늄의 80%를 차지하며, 농도는 약 14 mM에 달한다. 이 가용성 알루미늄의 형태가 일부 알루미늄 집적 식물에서 착화합물 형태로 존재하는것이 밝혀졌다. 반면, 메밀은 알루미늄-옥살산 (1:3) 형태로 *Melastoma malabathricum*에서는 다른 비율의 옥살

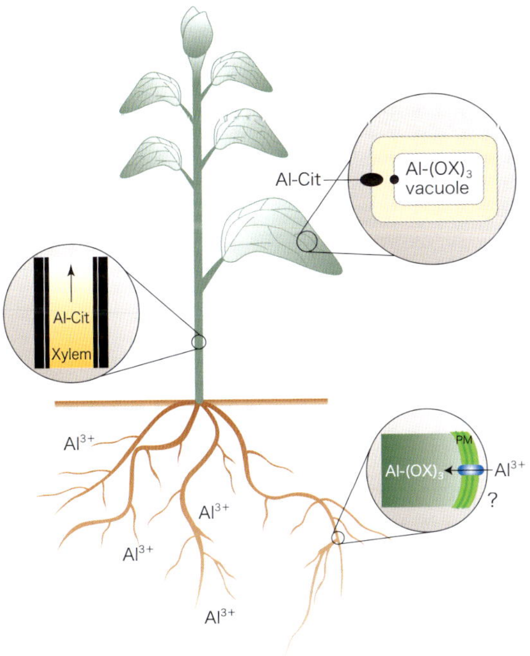

그림 4-11 메밀의 알루미늄 흡수, 이동과 집적 알루미늄은 뿌리에서 이온의 형태로 흡수되며, 뿌리 세포에서는 옥살산과 1 : 3의 비율로 착물이 형성되어 무독화한다. 뿌리에서 지상부로 이동할 때에는 물관액에서 알루미늄-구연산 착화합물로 변환하여, 잎에서는 다시 알루미늄-옥살산(1 : 3) 착화합물 형태로 세포에 격리된다.

산-알루미늄 형태의 착화합물로 존재하며, 차에서는 카테킨과 착화합물을 형성하여 존재하고 있다. 특히, 메밀 잎에서의 알루미늄 착화합물은 액포에 축적된다.

그림 4-11은 메밀에서의 알루미늄 흡수, 이동 및 집적 과정을 정리한 것이다. 메밀은 알루미늄

알루미늄의 유익한 작용

COLUMN

알루미늄 이온(Al^{3+})은 일반적으로 식물의 생육에 독성을 나타내지만, 일부 식물에는 유익한 작용이 있다는 보고가 있다. 알루미늄의 유익한 작용은 알루미늄을 집적하는 식물에서 많이 볼 수 있다. 예를 들어, 차와 열대 나무 *Melastoma malabathricum* 등이 있다. 차에서는 알루미늄에 의해서 뿌리 신장이 오히려 촉진된다. 알루미늄에 의한 유익한 효과의 메커니즘은 아직 명확하지 않지만, 두 가지 가능성이 있다고 알려져 있다. 하나는 알루미늄의 유익한 효과를 낮은 pH 영역에서 볼 수 있는 것으로 봐서 양성자의 독성을 완화하기 위한 것이다. 다른 하나는 인산 과잉 피해를 줄일 수 있다. 알루미늄은 인산과 결합하여 침전하기 때문에, 과잉의 인산 흡수가 억제되어 생육이 촉진된다. 그러나 어떤 가설도 그것을 지지하는 실험적 근거는 아직 없다. 최근 알루미늄에 의한 철 과잉 독성의 경감이나 산화 스트레스의 감소 등이 보고되고 있다.

(馬 建鋒).

을 다양한 화학 형태로 전환시켜서 뿌리에서 지상부로 수송하고, 최종적으로는 알루미늄-옥살산 착화합물 형태로 무독화하여 액포에 격리함으로써, 알루미늄을 고농도로 집적할 수 있다. 뿌리에서 지상부의 액포까지 다양한 형태의 알루미늄을 수송하기 위해서는 트랜스포터가 필요하다고 추측되지만, 아직 밝혀지지 않았다.

3) 알루미늄 내성 식물 선발

산성 토양에서는 뿌리 신장이 알루미늄에 의해 억제되기 때문에 식물의 양수분 흡수가 억제되고, 건조 스트레스 등에 쉽게 노출되어 생산성이 낮아진다. 따라서 산성 토양에서의 생산성 향상을 위해서는 알루미늄 내성을 가지는 식물의 선발이 필요하다. 여기에서 언급한 바와 같이, 유기산 분비와 관련된 알루미늄 내성 메커니즘임이 밝혀졌기 때문에, 유기산 대사와 분비에 관여하는 유전자를 과잉 발현시키거나 말산과 구연산 합성에 관여하는 유전자의 과잉 발현 또는 분비에 관여하는 *ALMT1*과 *HvAACT1* 유전자를 과잉 발현시켜 식물체에서의 알루미늄 내성을 부여할 수 있을 것이다. 또한 알루미늄 이온이 세포에 산화 스트레스를 주기 때문에, 항산화 능력 향상과 관련된 유전자 등의 과잉 발현이 알루미늄 내성을 강화했다는 연구 결과가 발표되었다.

2. 염류집적 토양

1) 염류성 토양[2)]

나트륨이나 칼슘과 같은 수용성 염이 식물 생장에 영향을 미치는 (식물 성장 저해) 정도의 농도까지 토양 중에 집적되어 있는 토양을 염류집적 토양(염류성 토양)이라고 한다. 암석이 풍화되면 광물을 구성하고 있던 양이온이 방출되고, 특히 강수량이 적은 지역에서는 이러한 양이온은 토양에 남아서 모재에 포함된 염화물 이온, 황산 이온과 반응하여 염을 구성하게 된다. 또한, 나트륨 이온이 많은 모재에서는 대기로부터 이산화탄소가 흡수되어 탄산나트륨이 집적되고, 칼슘 이온이 많은 모재에서는 탄산칼슘이 집적된다. 탄산나트륨은 용해도가 탄산칼슘보다 높기에 pH는 더욱 높아진다. 이렇게 건조, 반건조 기후에서 pH가 높고, 나트륨 염, 칼슘 염이 많이 포함된 토양이 생성된다. 염류성 토양을 분류하기 위한 지표로서 전기 전도도(EC)와 SAR(sodium adsorption ratio)을 사용한다. SAR은 토양 추출액의 각 이온 농도 mM을 이용하여 다음 식에 따라 계산한다.

$$SAR = \frac{Na^{+}}{\sqrt{Ca^{2+} + Mg^{2+}}}$$

염류성 토양은 이러한 매개 변수에서,

2) 山田　智

그림 4-12 염류 토양(왼쪽)과 나트륨성 토양(오른쪽)의 토양 표면 모습 왼쪽: 흰 염분이 토양 표면에 석출되고 있다(카자흐스탄, 아랄해), 오른쪽: 점토가 고농도의 나트륨에 의해 분산되어 클러스트를 형성하고 있다(멕시코, Carrizal).

염류 토양(saline soil)	EC ≥ 4 dS/m
나트륨성 토양(sodic soil)	SAR ≥ 13

로 분류된다. 염류성 토양은 토양 표층 또는 토양 단면에 염이 집적되고, 토양 표면에서 염이 석출된다(**그림 4-12**). 건조 지역에서는 토양 표면에서의 수분 증발량과 식물에 의한 수분 증발량의 합이 강수량을 크게 웃돌고 있어서, 염분이 표층에 농축된다. 또한, 토양 pH가 높으면, 철, 망간과 아연도 불용성의 염이 되므로 식물이 흡수할 수 없으며, 그들의 결핍에 의한 장애도 발생한다. 나트륨의 과잉은 칼슘의 흡수와 다른 양이온의 흡수를 저해한다. 또한, 많은 염류성 토양은 붕소 농도도 높으므로 붕소 과잉 피해가 발생한다.

염류성 토양의 식생은 빈약하므로 농지로서 사용하지 않으며, 이러한 환경에 적응하는 특별한 식생이 형성되고, 토양 자체에는 칼륨과 마그네슘도 많이 함유되어 있다. 기온이 높은 건조, 반건조 기후에서는 일사량이 많고 병충해도 적다. 따라서 이 지역에서는 양질의 관개용수를 공급하고 질소 비료를 시비하면 매우 좋은 농지가 될 수 있기 때문에 물이 공급되는 지역에서는 관개 농업으로 농작물을 경작하고 있다.

이러한 지역에서는 대부분의 경우에 관개 시설을 통해 물을 공급한다. 즉, 일모작에 필요한 물을 재배 전에 농지의 10~20 cm 깊이로 물을 공급한 후 종자를 파종하거나 식물체를 이식한다. 이후 관개수는 토양의 염류를 녹이면서 아래쪽으로 이동한다. 관개수의 일부는 작물에 흡수되지만 대부분은 지하수로 흘러들어간다. 이러한 관개 작업을 반복하면 작물이 흡수하지 않은 관개수가 지하에 축적되어 점차적으로 지하수위가 상승한다(**표 4-1**). 이 지하수는 토양의 가용성 염분을 녹인다. 지하수위가 높아져서 지표에 가까워지면 염분을 함유한 지하수가 모세관을 따라 지표면으로 이동한다. 토양 표면에 소금이 집적하는 염해 지역에서는 지하수위가 높아지고, 작물은 염류의 과

표 4-1 관개에 의한 지하수위 상승

관개 프로젝트	실시국	지하수위 (m)	
		최초의 지하수위	매년 상승
Nubariya	이집트	15~20	2.0~3.0
Beni Amir	모로코	15~30	1.5~3.0
Murray-Darling	오스트레일리아	30~40	0.5~1.5
Amibara	에티오피아	10~15	1.0
Xinjang Farm 29	중국	5~10	0.3~0.5
Bhathinda	인도	15	0.6
SCARP I	파키스탄	40~50	0.4
SCARP VI	파티스탄	10~15	0.2~0.4

Biswas, A. K. : Sustainable water development: a Global Perspective. Water International, 17, 68-80, 1992

다 장해(염해)와 수분의 과잉 장해(습해)를 받는다. 지하수의 상승을 방지하기 위해서는 작물이 필요로 하는 만큼의 물만 공급해 주어야 하며, 작물이 사용하지 않은 관개수를 배수하는 과정이 필요하다. 전자를 위해서는 점적 관개와 토양을 피복하는 절수 재배가 필요하고, 후자를 위해서는 배수로 설치가 필요하지만, 현실에서는 이러한 비용을 아끼는 경우가 많다.

이때 집적되는 염은 나트륨염이 대부분이다. 이는 나트륨 이온이 물의 움직임에 따라 토양을 이동하기 쉽기 때문이다(☞ 제3장 3. "칼륨과 나트륨"). 즉, 토양 중에 염이 집적되는 것은 잘못된 물 관리에 의해 발생되는 경우가 많고, 관개농업에서 발생하는 염해는 인간이 물을 잘못 취급한 결과이다. 또한, 점토 광물의 이온 교환기가 나트륨 이온으로 치환되어 나트륨 점토가 되면 점토 광물은 분산되기 쉽고, 토양은 치밀하게 되며, 투수성은 더욱 악화된다. 따라서 일단 나트륨 점토가 생성되면, 토양에서 나트륨을 제거하는 것은 매우 어려워진다. 부적절한 관개에 의한 농지의 염류 집적을 이차적인 염해라고 하는데, 전 세계의 관개 농업 지역에서 이러한 이차적 염해에 의한 불량 환경이 확대되고 있다.

강수량이 많은 지역의 하우스나 온실 등의 비가림 작물 재배에서는 시비된 염분이 빗물에 의해서 씻겨 나가지 않은 채 토양 표층에 집적된다. 그린 하우스 토양으로 불리는 이러한 인공 염류성 토양에서는 질산 이온과 칼슘 이온이 축적된다. 흡수되기 어려운 이온이 토양에 남지 않도록 시비 설계를 하거나, 우기에는 지붕을 열어 제염을 하는 등의 대책이 필요하다.

작물의 생육이 해수의 영향으로 저하될 수도 있다. 고대에 바다였던 지역의 지하에 암염층이 형성되는 경우(**그림 4-13**)나, 건기에 하천의 수량이 줄어들어 바닷물이 거슬러 올라가 농지에 침입하는 경우가 대표적인 예로 알려져 있다. 간척에 의해 농지를 조성하는 경우에는 해수에서 유래

그림 4-13 태국 동북부 벼의 상해 모습 태국 동북부의 지하에는 고대 바다의 남겨진 암염층이 있다. 이러한 암염층이 얕은 지역에는 소금이 석출되는 곳이 있다. 모내기 후에 강우가 적으면 염이 지표에 석출되어서 벼가 고사한다. 염의 조성은 해수와 거의 동일하다. (사진 제공: 間藤 徹)

한 염이 잔류하여 염해가 발생하기도 한다. 칼슘화합물을 살포하게 되면, 나트륨염은 차츰 씻겨나가게 된다. 또한, 태풍이 바닷물을 내륙으로 옮김으로써, 과수와 벼가 일과성의 염해를 받을 수도 있다. 바닷물은 나트륨 이온 외에 칼슘, 마그네슘, 칼륨 이온을 함유하고 있다(☞ 표 3-1). 따라서 토양 관리가 잘 이뤄지는 경우에 희석된 해수를 비료로 사용할 수도 있다.

2) 작물의 염해 감수성[2)]

염이 집적된 토양에서 작물은 염해를 받는다. 염해에 대한 감수성은 종간 또는 품종 간에도 차이가 있다(그림 4-14). 화본과작물에서는 보리가 염해에 강하며, 쌍자엽 작물에서는 사탕무, 시금치(명아주과), 목화(아욱과) 등이 내성을 가지고 있다. 콩과작물은 일반적으로 내염성이 약하다. 알팔파는 비교적 강하지만, 강낭콩과 완두콩은 염해에 약하다.

또한, 해안 소택지(swamp)에서 자라는 맹그로브와 하구의 소택지, 내륙의 염호(鹽湖) 주변에 자생하는 식물을 염생 식물(halophyte; ☞ 칼럼)이라고 하는데, 소금에 매우 강한 내성을 가진다. 이에 반해, 내염성이 약한 식물을 혐염 식물(glycophyte)이라고 한다.

3) 작물의 내염성[2)]

식물의 생육이 저해되는 염해는 ① 토양 용액의 높은 염분 농도에 의해서 근권의 수분 포텐셜(삼투 포텐셜)이 저하되어 흡수가 억제되는 삼투압 스트레스와 ② 체내에 침입한 염분이 대사를 교란하는 이온 스트레스에 의해서 발생한다. 세포의 대사는 단백질이 담당하게 되는데, 효소와 기질의 상호작용은 대부분의 경우에 이온 결합이므로, 용매의 이온 농도가 적정값을 초과하면 효소

2) 山田 智

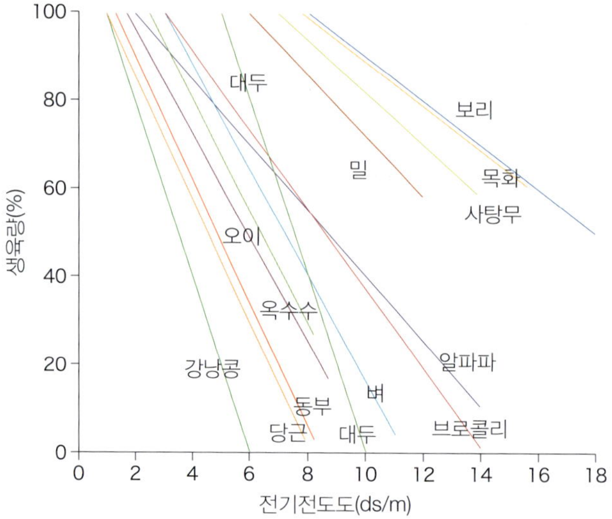

그림 4-14 작물의 염해 감수성의 종간 차이 생육이 저하되기 시작하는 역치와 염 농도의 증가에 따른 생육 저하의 정도. 가로축은 토양 용액의 전기전도율. 1 dS/m은 약 40 mM NaCl에 상당. (Maas, E. V. and Hoffman, G. J. : Crop Salt Tolerance-Current Assessment, J. Irrig. Drainage Div. ASCE, 103115-134, 1977)

와 기질의 결합이 저해되고, 효소 활성도 저하된다. 흡수 억제는 체내의 물 부족을 일으키고, 체내의 염분 농도를 더욱 증가시키며, 광합성 작용을 저해하고, 기공이 폐쇄되어 식물의 성장을 저해시킨다.

근권 토양의 염분 농도가 식물을 고사시킬 정도가 아니면 식물은 수분 흡수 및 광합성을 수행하기 위해 내염성을 발휘하게 된다. 작물의 내염성 기구는 삼투압 스트레스를 극복하기 위해서 체내 삼투압을 형성하는 (수분 스트레스를 저하시킴) 능력과 이온 스트레스에 의한 세포내 이온 과잉 장해를 방지하고 광합성 능력을 유지하는 능력이라고 말할 수 있다. 즉, 작물의 내염성 기구는

① 뿌리에 과도한 염류의 유입 방지
② 엽신으로의 염 침입 억제를 위한 뿌리, 줄기, 엽병 및 엽초에서 염의 유지
③ 지상부에서 뿌리를 통해 체외로 염의 제거
④ 나트륨 이온과 체내에서 생합성한 물질에 의한 삼투압 조절
⑤ 엽신에서 탈락하는 표피 세포와 염류샘 조직을 통한 염의 배출
⑥ 엽신의 액포에 나트륨 염의 격리로 요약할 수 있다.

그 외에도, 냉해와 건조 장해에도 공통적으로 사용하는 기구로서,

⑦ 기공이 닫히는 때의 강한 광 상해(제2장 2. “광합성과 호흡”)에 대한 내성

염생 식물

COLUMN

해수의 나트륨 농도는 460 mmol/L이지만, 해수의 20% 농도인 약 100 mmol/L의 조건에서 성장하고 개화 및 결실을 맺을 수 있는 식물을 염생 식물(halophyte)이라고 한다. 염생 식물의 대표는 맹그로브이며, 열대와 아열대 지역의 강과 바다 근접 지역에 군락을 형성한다. 맹그로브는 홍수림이라고도 부르는 군생하는 관목의 총칭으로서 *Rhizophora*속과 *Avicennia*속 등의 목본 식물로 구성되어 있다. *Salicornia*속의 *Salicornia bigelovii*는 종자의 지방 함량이 높아 유지 작물로 이용되고 있다. 또한, 세계 여러 지역에서 식용으로 이용하고 있는 수송 나물(*Salsola*, 명아주과), 댑싸리(*Kochia*의 열매, 명아주과), 번행초(*Tetragonia*, 석류풀과)도 염생 식물의 성질을 가지는 작물이다. 특정 지역의 해안을 따라 형성된 지역(**그림 1**)에 명아주과의 가는갯능쟁이(*Atriplex*), 해홍나물(*Suaeda*), 수송 나물, 함초와 갯개미자리(*Spergularia*, 패랭이과) 갯개미취(*Aster*, 국화과), 갯질경(*Limonium*, 갯질경이과), 마디풀(*Polygonum*, 마디풀과), 번행초 등이 보인다. 쌍떡잎의 염생 식물은 대체로 다육층을 형성하고, 흡수에 필요한 삼투압을 형성하기 위해서 엽신의 액포에 나트륨 이온을 축적하고 있어서, 이러한 염생 식물의 잎을 먹으면 짜다. 단자엽 식물 중 가장 대표적인 갈대(*phrammites*, 벼과)는 금강 등 강 하구에 군락을 형성하고 있으며, 갈대(*Phragmites*, 벼과)와 내몽고의 염류 토양에 자생하는 수련(*Aneurolepidium*, 벼과), 해변에 자생하는 *Puccinellia kurilensis*(*Puccinellia*, 벼과) 등이 있다. 한국의 강 하구에 자생하는 갈대는 예전부터 수공예품 재료로 많이 사용되었다. 이러한 단자엽 염생 식물에서는 칼륨 이온에 의해서 삼투압이 조절된다. 염생 식물이라고 해도 세포질에 고농도의 전해질이 존재하면 대사가 저해되기 때문에, 칼륨 이온과 나트륨 이온은 액포에 축적되고, 세포질에는 글리신 베타인 등의 적합 용질이 모아진다. 어쨌든 염생 식물은 뿌리 주위에 다량으로 존재하는 소금의 흡수를 제어해서 높은 내염성을 발휘하게 된다(**그림 2**) (間藤 徹).

그림 1 강 하구에 형성된 염생식물 군락지 앞쪽의 강변부터 *Suaeda maritima*, 마디풀(*Polygonum aviculare*), 건너편은 갈대(*Phragmites australis*)가 군락을 형성하고 있다.

COLUMN

그림 2 염생식물인 가는갯능쟁이(*Atriplex gmelinii* C.) 재배실험 가는갯능쟁이는 해수와 유사한 농도를 가지는 500 mM NaCl을 첨가해도 건강하게 생육한다(위 그림). 그러나 500 mM KCl을 첨가하면 고사한다(아래 그림). 체내 농도의 조절은 나트륨염에 의해서만 조절된다는 것을 나타내고 있다.

그림 3 염생식물인 퉁퉁마디(*Salicornia europaea*)의 재배실험 왼쪽부터 NaCl 50 mM, Na_2SO_4 25 mM, KCl 50 mM, K_2SO_4 25 mM을 첨가한 배양액에서 1개월간 재배. 칼륨염에서는 나트륨염보다 생육이 약해진다. 나트륨염에서는 염화물 이온이 황산 이온보다 좋은 성장효과를 보인다.

염 농도 vs 전기전도도 vs 수분 포텐셜

COLUMN

식물의 생육에 대한 염류 토양과 해수의 영향을 평가할 때, 염 농도를 어떻게 표현할 것인가는 연구자에 의해 바뀐다. 물리 분야의 연구자는 염 토양의 염분 농도를 전기전도도(electrical conductivity, EC)로 측정한다. 단위는 S(지멘스)/m로, 시료에 전극을 삽입하는 것만으로 측정할 수 있다. 화학 분야의 연구자는 이온 종에도 관심이 있기 때문에, 각각의 이온 농도를 %나 mM로 표현한다. 이온 농도는 이온 선택 전극과 염광분광, 비색 정량, 킬레이트 적정 등으로 측정한다. 생물 분야의 연구자들은 염 용액이 삼투압을 가진 용액으로 생물과 상호 작용하므로, 기압이나 bar(bar), Pascal로 수분 포텐셜을 표현하려고 한다. 이 경우에는 증기압법, 빙점 강하법, 압력 챔버법 등에 의해 측정된다. 따라서 여러 연구 분야의 연구자가 공동 연구하는 경우에는 각각의 단위를 변경할 필요가 있다.

염 농도에서 삼투 포텐셜에 대한 환산은 다음의 식에 의해 이루어진다.

삼투 포텐셜(MPa) = −기체 상수 × 절대 온도 × 용질 농도(mol/kg) × 해리에 의해 발생하는 이온의 수 × 삼투 계수

수온 25°C에서는 농도 100 mmol/kg NaCl 용액, $CaCl_2$ 용액, 설탕 용액의 삼투 포텐셜은 각각 −460, −630, −250 kPa이다. Bar(바, 기압)는 오래된 단위로써, 1기압이 0.1 MPa에 해당한다.

염 농도와 전기전도도 사이에는 다음과 같은 식이 존재한다.

전기전도도(S/m) = 몰 전도율 × 용질 농도 (mol/m^3)

여기에서 몰 전도율은 용질의 종류, 농도, 온도 등에 의존하는 계수이다.

100 mmol/kg NaCl 용액의 전기 전도율(20 °C)은 0.97 S/m이고, 동일한 농도의 $CaCl_2$ 용액에서는 1.72 S/m이다. 한편, 설탕 용액은 거의 전기가 통하지 않는다.

전기전도도와 삼투 포텐셜은 본래 변환할 수 있는 단위가 아니다. 그러나 염 토양 용질의 대부분이 전해질이므로, 환산식으로 전환하여

1 (S/m) = −360 (kPa)

이 된다. (落合久美子).

⑧ 칼륨과 마그네슘을 선택적으로 흡수하는 능력
⑨ 습해(혐기 상태)에 대한 내성

등두 상승적으로 작용한다. 실제로 활성 산소 소거계 효소를 과잉 발현시킨 유전자 재조합 식물체에서는 내염성이 강화된다. 또한, 염 농도가 높은 배양액에서 식물 재배시 질소 가스를 공기 중에 살포하게 되면, 작물의 나트륨 염 흡수는 증가하게 된다. 작물 간에도 내염성에 대한 정도의 차이가 나며, 이러한 작물의 내염성 기구는 여러 가지 메커니즘이 결합하여 활성화되는 것이다.

작물의 내염성 메커니즘을 모식도로 나타냈다(**그림 4-15**). 토양 용액에 나트륨 염이 많을 경우, 우선 ①이 기능한다. 상대적으로 나트륨을 흡수하는 식물(그림 4-15 오른쪽의 흐름)에서 흡수한 나트륨 염은 수분 포텐셜을 저하시키는 데 효과적이지만, 세포 내에서 이온 과잉 장해의 위기를 초래한다. 따라서 ②와 ⑥이 작용하고, ④에서 특수한 아미노산 등의 대사 보호 물질을 합성한다. 한편, 뿌리에서 나트륨 염의 흡수를 억제하는 능력이 강한 식물(그림 4-15 왼쪽의 흐름)은 ②,

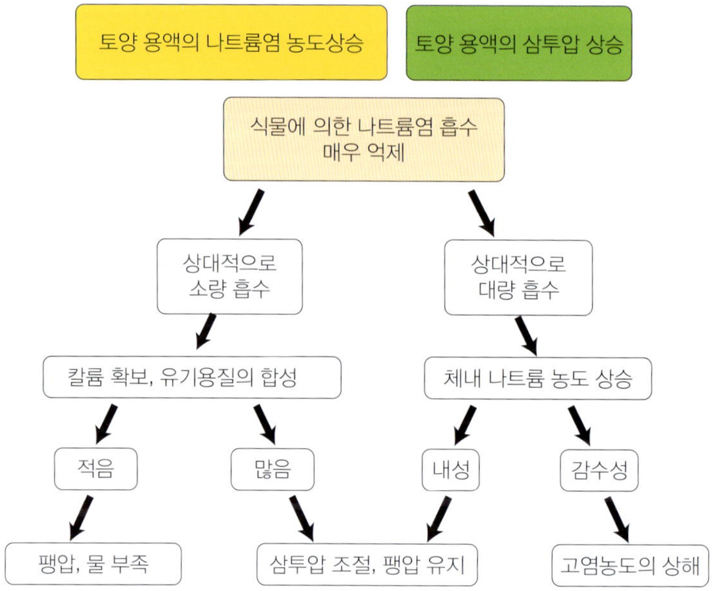

그림 4-15 작물의 나트륨 흡수와 상해, 내염성과의 관계 (Epstein, E. and Bloom, A. J. : Mineral Nutrition of Plants: Principe and Perspectives, p335, 2005. Sinauer Associates, Inc. Publishers, 2005)

③, ④, ⑧을 활성화하고, 칼륨을 흡수하며, 당과 아미노산 등을 체내에서 합성해 식물체의 수분 포텐셜을 저하시킨다. 이 경우에서도 대량의 칼륨염은 ⑥에 의해 액포에 축적된다. 수분 포텐셜을 저하시키는 능력이 약하면 흡수가 저해된다.

⑤는 염생 식물에서 볼 수 있는 특별한 기능이지만, 일반 작물에서는 나트륨 염을 많이 축적한 하위 잎이 탈락하는 현상이 자주 관찰된다.

②에 대해 염해를 받은 작물의 기관당 나트륨 이온의 분배를 보면, 벼와 콩은 뿌리에서 높고, 강낭콩과 팥은 엽신에서 높으며, 호박은 엽병에서 높다. 이처럼, 작물 종에 따라 나트륨을 유지하는 기관이 다르다. $^{22}Na^{+}$를 포함한 배양액에 엽병과 엽초를 담그고 $^{22}Na^{+}$의 이동을 보면, 벼와 콩은 엽신으로 바로 이동했지만, 호박은 엽신에서 $^{22}Na^{+}$가 검출되지 않고 엽병에 축적하여 농도가 높아지게 된다(**그림 4-16**)

염생 식물은 내염성을 가지고 있으며, 해수나 그 이상의 염을 포함한 토양에서 생육할 수 있다. 그림 4-15와 같이 나트륨염을 이용하여 식물체의 수분 포텐셜을 저하시키거나, 또는 흡수된 나트륨염을 액포에 격리시켜서 내염성을 강화시키기도 한다. 또한, 나트륨염을 제거하고 칼륨염을 고농도로 집적하여 수분 포텐셜을 저하시키는 벼과 식물에서는 설탕이나 솔비톨 등을 고농도로 집적시킨다. 이러한 식물에서 특징적인 것은 세포의 삼투압을 구성하고, 세포의 신진 대사를 보호하는 기능을 가진 특정 용질을 대량으로 축적한다는 것이다. 이러한 용질을 적합 용질(compatible

그림 4-16 **$^{22}Na^{+}$으로 표식한 40 mM NaCl을 엽병, 엽초에 처리한 후 24시간 후의 $^{22}Na^{+}$의 분포** 왼쪽부터 벼, 옥수수, 대두, 팥, 호박(이미지 스캐너로 검출)

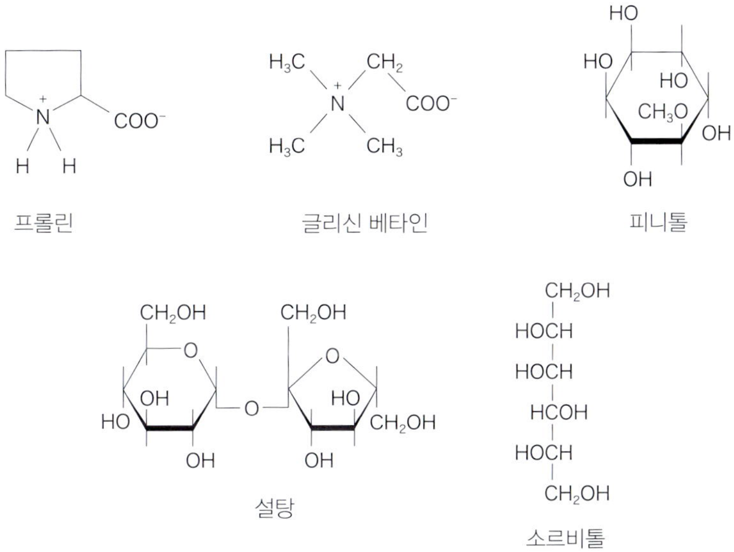

그림 4-17 **내염성이 강한 식물에서 검출되는 용질**

solute)라고 하며, 베타인, 프롤린, 피니톨(Pinitol), 솔비톨, 설탕 등이 해당한다(**그림 4-17**).

4) 내염성과 트랜스포터[3)]

식물체 내에서 나트륨 이온과 칼륨 이온을 수송하는 것으로 확인되었거나 추정되는 트랜스포터는 **표 4-2**와 같이 다양하며, 식물종마다 특이적 트랜스포터가 다수 존재한다. 또한, 나트륨 이온과 칼륨 이온은 칼슘 이온 등 다른 양이온도 같이 공동 수송하기도 한다. 각각의 수송체가 수송하

[3)] 樋口恭子

표 4-2 식물에서 동정된 나트륨, 칼륨 또는 염소의 수송체

수송 양식	아미노산 서열에 따른 분류	분자의 명칭	기능과 위치
트랜스포터	Cation-chloride co-transporters (CCC)	NKCC	Na, K, Cl의 공동 수송, Cl의 장거리 수송에 관여. 결핍되면 신장 성장이 불완전하다.
	Cation proton antiporters (CPA, CAX) CPA2	CHX	많은 homolog가 있고, 위치 특이성, 선택성, 생리 기능도 다양
	Cation proton antiporters (CPA, CAX) CPA1	NHX	액포막과 원형질막에 특이적 위치를 가지고 있으며, 모두 원형질에서 Na 배출. 액포로 Na 격리가 주요 역할
	Cation proton antiporters (CPA, CAX) CPA1	SOS1	원형질막 위치. Na의 배출을 시행(SOS2, SOS3는 제어 인자이고 수송체가 아님)
	HKT(Trk)	HKT	서브 패밀리 1은 물관으로 Na 회수 역할. 벼과 특유의 서브 패밀리 2는 K 결핍시의 Na 회수
	KUP/HAK/KT	KUP/HAK/KT	뿌리의 주요 고친화성 K 수송체
	Low-affinity cation transporters	LCT1	보고되지 않음
채널	Voltage-gated chloride channels	CLC	삼투압 조절에 관여
	Nonselective cation channels (NSCC)	CNGC	많은 Homolog가 있고, 현재 선택성, 생리 기능은 다양. 뿌리의 주요 Na 침입 경로로 생각되고 있음
	Shaker family 원형질막 위치	AKT	뿌리의 주요 저친화성 K 수송체
		KAT	공변세포에서 K 유입
		KC	
		SKOR	물관으로의 K 방출
		GORK	공변세포에서 K 방출
		KORK	K 방출
	Tandem-Pore K^+ channels 대부분 액포막 국재	TPK (KCO)	액포의 K 항상성 유지
	K inward rectifiers 액포막 국재	Kir-like (KCO)	보고되지 않음

는 물질은 효모나 대장균의 돌연변이체나 아프리카발톱개구리 난모세포를 이용하여 수송 물질의 특이성 및 생리적 작용을 조사할 수도 있지만, 각 이온에 대한 수송 기능은 세포막에 위치한 다른 수송체와 막 내외의 이온 환경에 의해 영향을 받기 때문에 식물체를 이용한 생리적 실험 결과와 일치하지는 않는다. 이러한 상황에서 트랜스포터의 이름에 혼란이 야기되고 있다. 동물과 미생물에서 알려진 트랜스포터의 상동 유전자를 이용하여 식물에서도 유사 유전자군을 선발함으로써, 나트륨

이온과 칼륨 이온 트랜스포터가 식물에서 앞으로도 많이 동정될 것으로 예상하고 있다.

식물의 경우, 칼륨 이온에 의한 이온 환경과 삼투압의 조절이 필수인 점을 감안하면, 칼륨 이온과 칼륨과 관련된 양이온의 항상성 유지를 위해서 여러 종류의 트랜스포터가 같이 작동할 수 밖에 없을 것이다. 또한, 트랜스포터의 기질 특이성이나 의존성이 높지 않음으로 나트륨 이온과 칼륨이온의 길항성 흡수 작용을 트랜스포터의 연구를 통해 알 수 있을 것이다. 이러한 트랜스포터 중에는 칼슘 이온에 의해서 수송 기능이 조절되는 것도 있다. 염해 환경에서, 식물이 어떤 분자 메커니즘을 이용하여 적절한 이온 환경을 유지하려고 하는지에 대한 예를 아래에서 소개한다.

(1) 나트륨 이온의 세포 내 흡수

중생 식물

습생 식물과 건생 식물의 중간적 형질을 가진 식물. 수분이 적당한 산과 들에서 자라는 대부분의 식물이 이에 해당한다.

뿌리의 원형질막에서 나트륨 이온의 유입이 주로 nonselective cation channels(NSCCs)을 통해서 일어난다고 여겨졌지만, 자세한 작동 기작이나 분자생물학적 특징에 대해서는 오랫동안 밝혀지지 않았다. 현재, 중생 식물에서는 cyclic nucleotide-gated channels (CNGCs)이 그 주요 수송체라고 보고되었다. 그러나 애기장대의 유전체에는 20개의 *CNGC*의 상동 유전자가 존재하고, 여러 실험 결과들을 통해 단백질별 수송 이온이 다르다는 것을 알게 되었다. 또한 식물종에 따라 나트륨 이온의 유입 경로가 다를 것으로 추측된다. 이 채널의 조절에 대해서, 주기적인 뉴클레오티드의 결합에 의해 열리는 예와 칼슘 결합 칼모듈린의 결합에 의해 닫히는 예가 보고되고 있다(**그림 4-18**). 염생 식물인 *Suaeda maritima*에서 AKT1 채널이 나트륨 이온 흡수 경로 중의 하나인 것으로 알려져 있다.

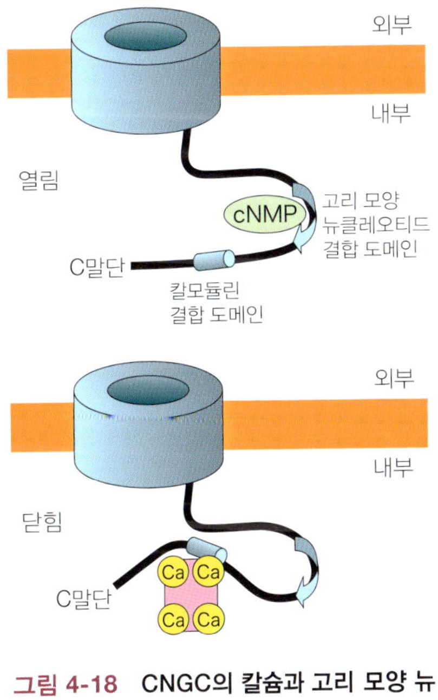

그림 4-18 CNGC의 칼슘과 고리 모양 뉴클레오티드(cyclic nucleotide)에 의한 조절 기구의 예측도 (FEBS Letters V581, p.2237-2246, 2007)

(2) 나트륨 이온의 격리

액포에 나트륨 이온의 격리는 식물 종마다 차이를 보이지만, 모든 고등식물이 가지고 있는 기능이다. 세포질로부터 액포로의 나트륨 이온 수송의 주요 경로는 나트륨 이온/양성자 역방향 수송(NHX)이다. 애기장대 유래의 *AtNHX1*를 과잉 발현시킨 형질전환 토마토는 200 mM NaCl 수경액에서도 정상적으로 생육하고, 염 스트레스가 없는 야생형과 동등한 과일 수확량을 나타냈다. 많은 식물에서 *NHX* 유전자가 고립되어 있지만, 액포막에 위치

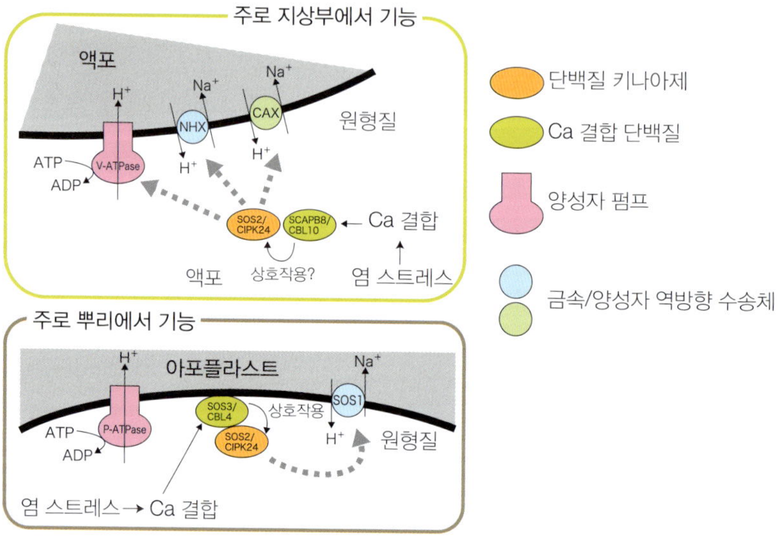

그림 4-19 원형질에서 나트륨 배출 기능 조절 기구의 예측도 (Molecular and Cellular Biology V27, p.7781-7790, 2007)

하면서 나트륨 이온의 수송 능력을 가지고 있는 이 트랜스포터를 과발현시키면 식물에 내염성이 강화된다.

(3) 나트륨 이온의 배출

나트륨 이온의 배출도 식물체 내에서 나트륨 이온 농도의 조절을 위한 중요한 기능이다. 세포 밖으로의 나트륨 이온 배출의 주요 경로에는 원형질막에 위치하는 SOS1이 중요한 역할을 한다. 이것은 NHX과 비슷한 나트륨 이온/양성자 역방향 수송이다. SOS1은 애기장대와 벼에서 유전자가 동정되었고, 고등식물이 일반적으로 가지고 있는 트랜스포터이다. 막에 결합된 칼슘 결합 단백질 SOS3은 염해를 받으면 키나아제 SOS2와 상호작용하여 SOS1을 활성화한다(**그림 4-19**). NHX와 SOS1을 통한 나트륨 배출은 양성자 농도 구배를 이용하므로, 이를 위해서는 양성자 펌프도 동시에 활성화되어야 한다. 실제로, 나트륨 이온의 제거 능력이 높은 식물은 염 스트레스에 의해서 양성자 펌프의 활성이 크게 상승하는 사례가 보고되고 있다.

(4) 나트륨 이온과 칼륨 이온의 농도 비율 유지

원형질에서의 나트륨 이온을 제거하는 것만으로는 염해를 방지할 수 없다. 세포내 나트륨 이온 농도가 낮을 뿐만 아니라, 세포질에서의 나트륨 이온/칼륨 이온의 농도 비율을 낮게 유지하는 것도 중요하다. 나트륨 이온이 유입되어 원형질막이 탈분극하면, 외향 정류성 칼륨 채널(KORK)과 NSCC을 통해서 칼륨 이온이 세포 밖으로 배출된다. 한편, 팽압이 감소하면서 양성자 펌프가 활성화되면, HAK/KUP 트랜스포터를 통해 칼륨 이온이 유입된다. 그 밖에도, 여러 가지 실험 결과들을 통해 칼륨 이온의 출입에 관한 트랜스포터가 있을 것으로 예상하고 있다. 칼륨 이온의 누출/흡수를 제어하는 요인에는 칼슘 이온에 의한 NSCC 채널의 개폐 제어, 폴리아민에 의한 NSCC 채널의 폐쇄, 그리고 폴리아민이 양성자 펌프를 활성화하는 것 등이 알려져 있다. 이러한 활성이 칼륨 이온의 누출/흡수의 균형과 내염성 발현에 영향을 미치는 것이다.

세포 내뿐만 아니라, 식물체 전체에서도 칼륨 이온의 항상성이 중요하다. 칼륨 이온은 일반적으로 식물의 지상부와 뿌리 사이에서 활발하게 순환하고 있으며, 염해 조건에서의 *SKOR*, 지상부에서 발현하는 *AKT*의 발현량 증가에 따른 활성화가 칼륨 이온의 이용에 관여하고 있다. 또한, 애기장대와 벼에서, HKT 트랜스포터는 물관으로부터 나트륨 이온을 회수하는 기능이 있고, 지상부에서 뿌리로 나트륨 이온을 돌려보내는 기능이 있다. HKT 트랜스포터는 칼륨 이온/나트륨 이온의 동방향 수송이며, 염해를 받은 식물체의 칼륨 이온의 항상성 유지에 관여하고 있다.

(5) 내염성 작물의 육성

염해의 발생 메커니즘은 간단하다. 그러나 식물의 적응 메커니즘은 매우 복잡하여 다각적 접근이 필요하므로, 염해 발생 기작 및 내성 대사 기작에 대한 완벽한 해명은 어려울 것이다. 그러나 염해에 중요한 나트륨 이온, 칼륨 이온, 염화물 이온의 세포막 수송 트랜스포터가 점차 밝혀져가고 있기 때문에, 이를 바탕으로 해서 염해 내성 기구에 대한 메터니즘의 해명이 이루어질 것으로 기대하고 있다. 애기장대와 염생 식물인 *Thellungiella halophila*에서 전사체 분석을 통한 특이적 발현 유전자군의 비교 분석 결과는 내성 식물의 내염성 기구에 대한 여러가지 사실들을 나타내고 있다. 예를 들어, 보리와 벼의 내염성 차이에는 이온 트랜스포터의 차이만으로는 설명될 수 없는 영역이 많다. 또한, 현지의 토양과 기후 조건에 따라 지역마다 염해 발생의 주요 원인이 다르기 때문에, 각 작물의 내염성 차이를 생리적으로 명백히 밝히는 꾸준한 연구가 필요하다.

3. 중금속 오염 토양[4)]

1) 토양 오염의 실태

비중이 4이상인 약 60종류의 금속 원소를 중금속이라고 부른다. 토양과 식물 영양에 관계가 깊은 중금속으로는 카드뮴, 구리, 크롬, 수은, 비소, 아연, 수은, 몰리브덴 등이 있다. 많은 토양은 지각 표면의 암석이 풍화되어 생성되므로, 토양에 중금속이 다량 함유된 지역은 광산 지대이며, 사문암이 풍화하여 생성된 토양에서는 니켈 함량이 높다.

4) 長谷川 功

그림 4-20 베트남, 하노이 근교의 Co Dinh 크롬 광산 주변의 모습 동남아 국가에는 중요한 광물 자원을 채굴하는 광산이 많이 존재한다. 왼쪽 사진의 왼쪽 멀리 보이는 산의 경사면에서는 오른쪽 사진처럼 물의 힘을 이용한 채굴이 이루어지고 있다. 채굴시의 배수나 우기에 발생하는 홍수에 의해 광산 유래 토양 입자와 중금속 농도가 높은 물이 주변의 농경지에 유입되고, Cr, Co, Ni 등의 중금속에 의한 오염이 발생하고 있다(사진 제공: 岩崎貢三).

인간의 중금속 사용량이 증가하면서 토양 중의 중금속 양도 증가하고 있다. 카드뮴은 전 세계적으로 연간 약 2만 톤이 소비되고 있으며, 전지, 브라운관, 염화 비닐 안정제, 도금, 페인트, 인쇄 잉크 등 일상생활에서 사용되는 필수적인 물품에 사용되는 중금속이다. 그러나 사용 후에 거의 회수되지 않은 채 사용량의 약 80%가 쓰레기나 폐기물로 버려지고 있다. 또한, 인광석에는 불순물 형태로 카드뮴이 포함되어 있다. 따라서 인산질 비료의 카드뮴 함량을 인산분 1%당 1.5ppm 이하로 규제하고 있다. 그러나 인산 비료도 매년 사용량이 늘어감으로 인해 토양에 카드뮴을 집적시키는 요인이 되고 있다.

1970년대까지는 중금속에 의한 토양 오염이 광산과 제련소 또는 공장에서 폐수, 매연 및 분진 등에 의한 것이 대부분이었다. 한국에서는 토양환경보전법에 의해 중금속 등에 대한 토양 오염 대책이 이루어졌으며, 이 법률에서 특정 유해물질로 지정된 중금속에 대한 관리 규정을 마련하고 있다. 하지만 산업폐기물 투기 장소 주변과 공장 부지에는 지금도 중금속 집적 토양이 존재하며, 전 세계적으로는 개발도상국을 중심으로 오염 지역이 넓혀져 가고 있다(**그림 4-20**).

2) 중금속 과잉 장해

식물에 중금속 이온이 들어가 있는 배양액을 처리하면, 중금속의 종류에 따라 독성 메커니즘이 다소 다르지만, 뿌리의 신장이 먼저 억제된다. 이는 중금속 이온이 세포벽 및 세포막과 결합하여 뿌리의 세포 구조를 파괴하기 때문이다. 또한, 중금속이 고농도가 되면 많은 대사 반응을 억제하게 되고 지상부에서는 황백화가 일어난다. 이는 고농도의 중금속에 의해서 철의 흡수와 이동, 포르피린 합성 등이 방해되기 때문이다. 중금속 원소의 작용에 대한 독성과 황백화 유도성의 강약은 각각의 원소 착화합물 능력이나 금속 이온 트랜스포터와의 친화성과 연관되어 있고, 친화성이 높은 중금속일수록 독성이 강하며, 철 결핍 황백화 현상을 일으키기 쉽다. 일반적으로, 그 순서는 구리 이온(2가) > 카드뮴 이온 > 니켈 이온 > 아연 이온 > 망간 이온이다. 중금속을 포함한 토양이라고는 하지만, 중금속 이온은 토양 점토 광물이나 유기물과 강하게 결합하고 있기 때문에, 토양 pH가 낮은 경우를 제외하고서는 작물의 생육을 저해할 정도의 농도가 토양 용액에서 검출되는 일은 드물다. 오히려 먹이 사슬을 통해서, 작물이 저농도의 중금속을 흡수하고 농축한 후에, 종자와 식물체에 축적되고, 인간이 이용하면서 건강에 악영향을 미치게 되는 것이다. 카드뮴은 작물의 경작 기간 동안 흡수되면 작물은 생육 장해를 받지 않고 종자나 영양기관에 농축하는데, 우리가 이를 오랫동안 섭취하면 중금속에 의해 건강상의 문제를 일으킬 수 있다.

3) 중금속의 무독화 기구

식물은 중금속에 대한 무독화 기구를 갖추고 있다. 무독화 기구는 주로 킬레이트화와 액포 등에 격리시키는 것이다.

(1) 킬레이트화

일부 식물은 식물체 내에 있는 중금속 이온을 말산, 구연산 등의 유기산을 이용하여 킬레이트를 형성해서 무독화시킨다(**그림 4-21**). 또한, 히스티딘, 글리신, 시스테인 등의 아미노산과 킬레이트 화합물을 형성한다(**그림 4-22**). 예를 들어, 십자화과 *Alyssum bertolonii*은 니켈을 히스티딘과 결합시켜 무독화한다.

식물의 중금속에 대한 항상성의 유지 및 내성은 글루타티온(Glu-Cys-Gly의 트리펩타이드), 파이토킬레틴(Phytochelatin)((γ-Glu-Cys)-nGly, n = 2~11의 올리고펩티드), 메탈로티오네인

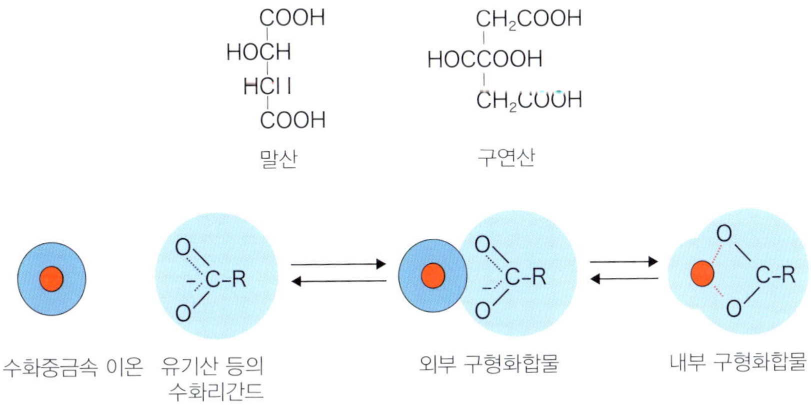

그림 4-21 식물에서 중금속 리간드인 유기산과 중금속 이온의 결합 모식도 (Pohlmeier, A., 1999를 일부 변형)

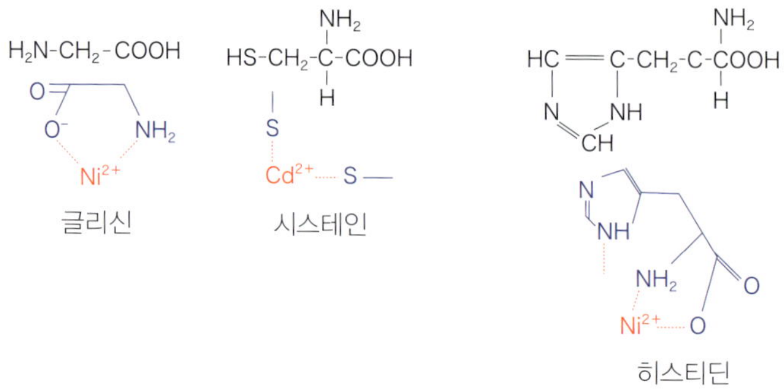

그림 4-22 식물에서 중금속 리간드인 아미노산과 중금속의 결합 모식도 (Pohlmeier, A., 1999를 일부 변형)

(metallothionein)(Cys-X-Cys 또는 Cys-XX-Cys를 모티프로 한 폴리펩티드) 등의 시스테인 함량이 많은 펩티드가 관여하고 있으며, 중금속 이온은 시스테인 잔기의 SH기와 안정적인 티올 결합 복합체(**그림 4-23**)를 만들어서 무독화된다(**그림 4-24**). 파이토킬레틴은 카드뮴 등의 중금속에 의해서 파이토킬레틴 합성효소(γ-glutamylcysteine dipeptidyl-transpeptidase)가 활성화되어 합성된다.

이 효소는 석죽과(Caryophyllaceae)의 끈끈이장구채속(*Silene*)의 배양 세포로부터 정제되었지만, 애기장대와 보리로부터도 그 합성 유전자가 동정되었다. 또한, 파이토킬레틴은 카복시 펩티다아제(Carboxyl peptidase)에 의해서도 생성된다. 메탈로티오네인은 금속을 많이 포함한 폴리펩티드(4~8 KDa)로, 말의 신장에서 처음 발견되었고, 그 후 많은 진핵생물에서도 발견되었다. 메탈로티오네인은 구리와 아연 등의 필수원소와 결합하여 체내 농도를 일정하게 유지하는 역할과 함께, 은과 카드뮴 등의 유해 중금속과도 결합해서 이를 무독화한다. 포유동물과 곰팡이(*Aspergillus niger*), 효모 등에서도 메탈로티오네인 유전자가 발견되고 있다. 원래 식물에는 없다고 여겨졌었지만 애기장대와 보리에서도 유전자가 동정되었다(**그림 4-25**).

(2) 액포 등에 격리를 통한 무독화

체내 중금속 내성 기구의 다른 메커니즘은 중금속이 표피나 잎털(trichome, 잎이나 줄기의

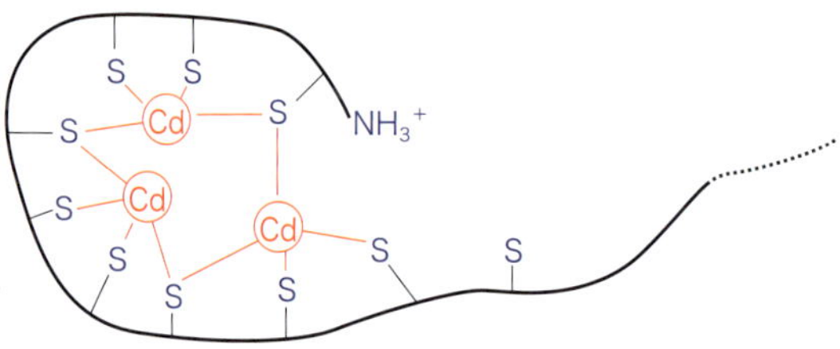

그림 4-23 피토킬라틴(Phytochelatin)의 티올기와 카드뮴의 결합 모식도

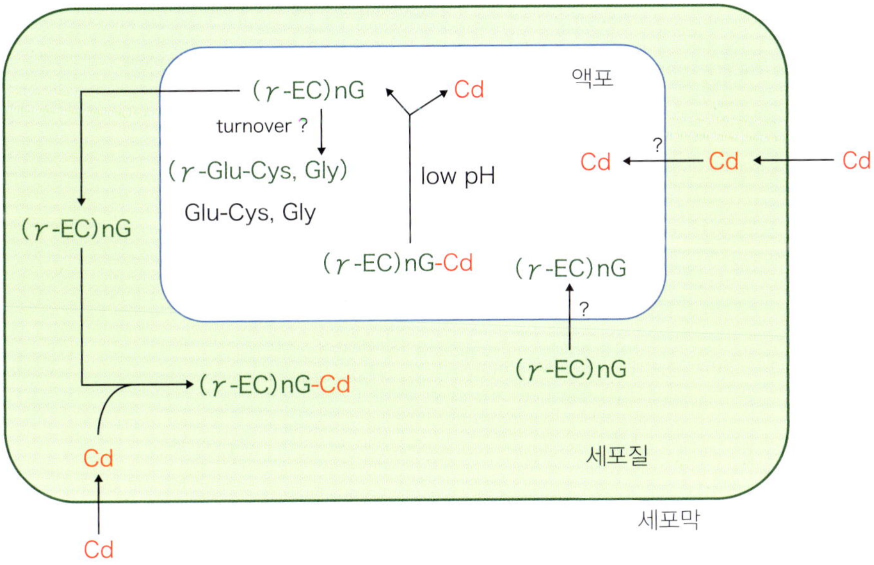

그림 4-24 피토킬라틴(Phytochelatin)과 결합한 카드뮴의 세포내 분포 모식도

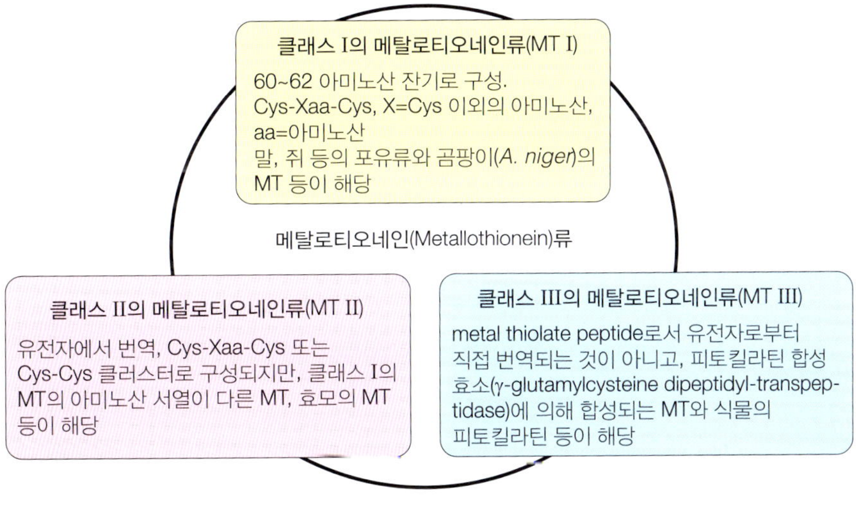

그림 4-25 메탈로티오네인류(Metallothioneins, MTs)의 분류 (Prasad, M N. V., 1999를 일부 변형)

표피 세포가 근모와 같은 형태를 취한다) 등의 비대사 조직에 집적되거나, 액포 또는 세포벽, 세포 간극에 격리되는 메커니즘이 있다. 예를 들어, 3종류의 니켈 초집적 식물(*Thlaspi goesingense*, *Alyssum bertolonii*, *A. lesbiacum*)에서 니켈은 주로 표피 세포의 액포에 축적된다. 카드뮴과 아연의 초집적 식물로 알려져 있는 알파인 페니크래스[*T. caerulescens*(ecotype Ganges)]의 경우, 세포 내 카드뮴과 아연은 대부분이 액포에 축적된다.

세포질에서 액포로의 중금속 이동은 cation diffusion facilitator(CDF) 패밀리 및 heavy metal ATPase(HMA) 패밀리 등의 수송체가 담당하고 있다. 예를 들어, CDF 패밀리에 속하는 metal tolerance protein 1(MTP1)가 *Arabidopsis halleri*의 지상부에서 액포 막에 고발현하여, 체내의 아연을 무독화한다. 그러나 많은 수송체가 현재까지 동정되지 않고 있다.

4) 중금속 집적 식물

Greger 등(1999)은 식물과 중금속 흡수량과의 상관관계 분석을 통하여, 식물을 초집적 식물(hyperaccumulator, 토양의 농도보다 높은 농도로 중금속을 집적한다; ☞ 칼럼), 지표 식물(indicator, 토양의 중금속 농도에 비례하여 집적한다), 회피 식물(excluder, 중금속을 회피하여 그다지 흡수하지 않는다) 등 식물을 3종류로 분류하였다. 이 중, 초집적 식물 및 지표 식물이 중금속을 대상으로 한 phytoremediation(식물 환경 복원, 식물을 이용한 토양 정화, **그림 4-26**; ☞ 칼럼)에 효과적이다. 식물은 흡수된 중금속을 뿌리에 집적하고서 지상부로 이동시키지 않을 수도 있지만, 십자화과인 갓(*Brassica juncea*), 알파인 페니크래스(*Thlaspi caerulescens*), 제라늄(*Pelargonium inquinans*), 고마리(*Polygonum thunbergii*) 등은 카드뮴, 납, 니켈 등을 지상부에 축적하는데, 일부 식물에서는 건조 중량당 1~5%나 집적했다는 사례도 있다.

또한, 광산지대와 중금속 오염 지역에 자라는 양치류인 뱀고사리(*Athyrium yokoscense*)는 중금속 집적 능력이 뛰어난 지표 식물로서 광부들이 예전부터 광산을 찾을 때 이 식물의 분포를 이용하기도 하였다(**그림 4-27**). 또한, 최근에는 니켈과 금, 우라늄을 집적하는 식물을 이용하여, 토양의 금속을 농축하여 회수하는 식물 채광(phytomining)에 대한 실용화 연구도 진행되고 있다(**표 4-3**).

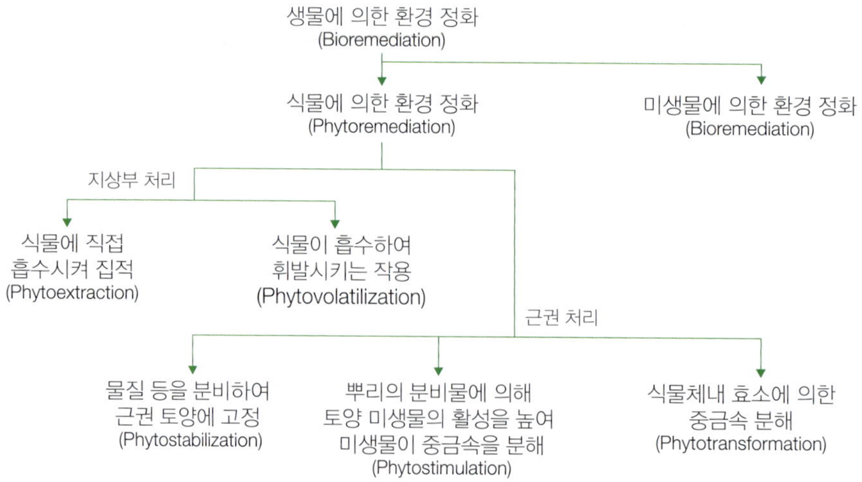

그림 4-26 식물을 이용한 환경 정화(Phytoremediation) 방법

중금속 초집적 식물

COLUMN

철(Fe) 및 아연(Zn)과 같은 식물의 생육에 필수적인 중금속도 있지만, 생육에 필요한 양은 100 mg/kg 이하 정도로 미량이다. 일반적으로 중금속의 농도가 높아지면 식물에 독성을 나타낸다. 그러나 자연계에서 극히 일부 식물은 보통 식물보다 100배 이상의 중금속을 생장 저해 없이 지상부에 집적할 수 있는데, 이러한 식물을 중금속 초집적 식물(hyperaccumulator)이라 한다. 금속에 따라서 초집적 식물로 간주되는 농도가 다르다(**표**). 예를 들어, 카드뮴의 경우에는 100 mg/kg 이상이고, 아연의 경우에는 10,000 mg/kg 이상이다. 지금까지 보고된 초집적 식물 중 가장 높은 집적을 나타내는 것은 *Sebertia acuminata*로서, 지상부에 니켈(Ni) 26%을 집적한다.

중금속의 초집적은 육상 식물에서는 보기 드문 특징이다. 현재까지 속씨식물의 0.2%를 차지하는 450개 이상의 식물이 초집적 식물로 알려져 있다. 이 식물은 약 34과에 속하며, 특히 십자화과 *Alyssum*속과 *Thlaspi*속에 많이 분포하고 있다. 이 중 2/3은 니켈을 집적하는 식물이다. 이렇게 니켈 집적 식물들은 니켈이 많이 포함되어 있는 사문암 토양에서 오랜 시간 식생을 이루며 성장하여서 진화하는 동안, 니켈에 대한 저항성 및 집적 능력이 높아지도록 진화되었기 때문이라 예상한다.

*Thlaspi*속에는 능아연광과 사문암을 포함하는 노항에서 생육하고 있는 종이 많고, 중금속 초집적 식물이 다수 존재한다. 대표적인 것으로, 니켈을 집적하는 *Thlaspi goesingense*가 있고, 납을 집적하는 *T. rotundifolium*, 아연을 집적하는 *T. caerulescens*(알파인 페니크래스) 등이 보고되어 있다. 재미있는 것은 동종에서도 생태형(ecotype)에 따라 중금속의 집적 특성이 다른 경우가 알려져 있다. *T. caerulescens* 중 프랑스 남부에서 발견된 생태형 Ganges은 카드뮴과 아연을 지상부에 각각 1%와 4% 집적할 수 있다. 한편, 벨기에에서 채집된 생태형 Prayon은 아연만을 초집적한다(**그림**).

중금속 초집적 식물은 최근 많이 주목받고 있다. 이는 식물 환경 복원(phytoremediation), 식물 채광 (phytomining) 및 생합성영양(biofortification)에 응용할 수 있는 가능성이 있기 때문이다. 그러나 많은 중금속 초집적 식물은 생육 속도가 낮고, 바이오매스도 작기 때문에 그대로는 적용할 수 없는 측면이 있다. 현재 중금속 초집적의 분자 기구가 조금씩 규명되어 있지만, 아직 명확하지 않은 점이 많이 남아있다. 앞으로 더 규명됨으로써 그 응용이 확대될 가능성이 있다(馬 建鋒).

중금속 초집적 식물

원소	기준치 (mg/kg DW)	초집적 식물이 속하는 과의 수
Cd	100	2
Co	1,000	11
Cu	1,000	15
Pb	1,000	7
Ni	1,000	42
Mn	10,000	6
Zn	10,000	6

중금속 초집적 식물 *Thlaspi caerulescens* 왼쪽은 생태형 Prayon으로 아연을 초집적한다. 오른쪽은 생태형 Ganges으로 아연과 함께 카드뮴도 초집적한다.

그림 4-27 폐광된 은광터에서 서식하는 중금속 집적 식물의 식생 은광산 폐광 후 인근 강으로 중금속이 유출되어서, 카드뮴, 아연, 납, 구리로 인한 오염이 문제가 되었다. 노천의 파헤친 흔적(위)의 바위 표면 등에서는 *Arabis flagellosa*(중간), 뱀고사리(*Athyrium yokoscense*)(아래) 등과 같은 금속 집적 식물의 군락이 형성되어 있다. (사진 제공: 岩崎貢三, 間藤 徹)

비소 독성과 트랜스포터

COLUMN

비소는 매우 독성이 강한 원소로, 70~180 mg 정도의 비소만으로도 치사량에 이를 수 있다. 무취, 무미, 무색 때문에 "독살의 비약"이라고 알려져 왔다. 한편, 비소(arsenic)의 어원은 Arsenikon, Arsenikos로 "남자다운, 생식력 있는, 강한"이라는 의미가 있다. 또한, 단약(丹藥, 불로불사라고 칭하는 갠 약)에 포함되어, 경신(軽身), 증년(増年), 불노(不老) 효과가 있다고 알려져 왔으나, 그 효능에 대해서는 분명하지 않다.

현재 문제가 되고 있는 것은, 비소 만성 중독이다. 특히, 방글라데시와 인접한 서인도 벵갈 등에서는 비소가 함유된 물을 식수와 농업용 관개수로 사용하였으며, 먹이사슬 간에 비소 축적에 의한 암 발생이 증가하기도 하였다. 전 세계에서 비소의 만성 중독에 노출되어 있는 사람이 약 4천 만 명에 이르는 것으로 알려져 있다.

밭 토양에서 비소는 주로 비산(arsenate)의 형태로, 논에서는 주로 아비산염(arsenite)의 형태로 존재하고 있다. 비산은 인산과 성질이 비슷하기 때문에, 인산의 트랜스포터를 통해서 식물에 흡수된다고 알려져 있다. 한편, 아비산염의 트랜스포터는 오랫동안 밝혀지지 않았다. 그러나 최근에 벼에서, 아비산염이 규산의 내향과 외향의 트랜스포터(Lsi1과 Lsi2)를 통해서 수송되고 있음이 밝혀졌다(그림). 아비산염는 규산과 같이, pH 9 이하에서는 무전하의 분자로서 존재하며, 양자의 분자 직경도 가깝다. 이것은 규소 집적 식물의 벼가 다른 작물보다 비소를 고농도로 집적하는 원인이라고 생각된다. 또한, 최근 애기장대에서 동정된 Lsi1의 유사한 유전자 *NIP1;1*도 아비산염을 수송하고, 아비산염 내성에 관여하고 있는 것으로 나타났다(馬 建鋒).

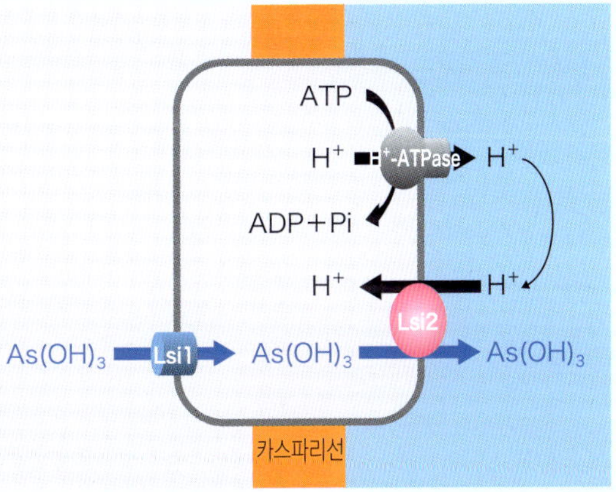

5) 중금속 내성의 부여

앞에서 언급한 중금속 초집적 식물은 일반적으로 바이오매스가 작기 때문에, 바이오매스가 큰 식물을 대상으로 해서 유전자 도입 방법을 통해 중금속 내성을 부여하여, 중금속의 흡수량을 증가시키려는 실험이 시도되고 있다. 예를 들어, 인간의 메탈로티오네인(metallothionein) 유전자를 도입한 담배 및 십자화과 식물이나, 효모 메탈로티오네인 유전자인 *CUP1*을 도입한 콜리플라워

표 4-3 중금속 초집적 식물

금속	함유율(mg/kg)	식물명	논문 발표자	발표 년도
As	31,000	*Jasione montana*	Steubing	1989
As	22,630	*Pteris vittata*(고사리과)	Ma	2001
Au	57	*Brassica juncea*(십자화과 갓)	Anderson	1998
Cd	1,800	*Thlaspi caerulescens*(십자화과)	Brown	1995
Cd	2,000	*Pesicaria thunbergii* H. Gross (고마리)	Hasegawa	1999
Cd	252	*Arabidopsis halleri*(십자화과)	Nagashima	2005
Cu	12,300	*Ipomoea alpine*(메꽃과)	Scott	1996
Mn	8,000	*Vaccinium vitis-idaea* L.(진달래과월귤)	Medappan	1970
Mn	7,000	*Mechotria grandiflora*	Ernst	1990
Ni	15,000	*Alyssum bertolonii*(십자화과)	Vanselow	1996
Ni	30,000~50,000	*Alyssum lesbiacum*(십자화과)	Kamer	1996
Ni	45,000	*Psychotria douarrei*(명아주과)	Ernst	1990
Pb	34,500	*Brassica juncea*(십자화과 갓)	Wbbs	1997
Pb	11,400	*Minuartia verna*(석죽과 삼수개미자리)	Baumeiser	1978
Se	15,000	*Astragalus adsurgens*(콩과 자주개황기)	Anderson	1961
Zn	15,700	*Thlaspi sylvestre*(십자화과)	Denayer	1970
Zn	3,400	*Minuartia verna*(석죽과 삼수개미자리)	Denayer	1970
Zn	4,000	*Ambrosia elatior*(국화과)	Bear	1957
Zn	51,600	*Thlaspi caerulescens*(십자화과)	Brown	1995
U	70	*Astragalus preussi*(콩과)	Ernst	1978
U		*Beta vulgaris*(명아주과 사탕무)	Stephan	1998

(*Brassica oleracea* var. *botrytis*) 등에서는 카드뮴 내성이 강화되고, 카드뮴의 총흡수량이 현저히 증가했다. 또한, 대장균 *merA* 유전자를 도입하여 고발현시킨 백합나무(*Liriodendron tulipifera*)는 체내에 흡수한 유기 수은이 금속 수은으로 환원되어 대기 중으로 기화 방출하도록 되어 있다. 이처럼, phytoremediation(식물 환경 복원)에 사용할 수 있는 유전자 재조합 식물의 육성이 시도되고 있다.

비료[1]

5

1. 지력과 퇴비

1) 지력

화학 비료와 퇴비를 여러 해 동안 사용할 경우, 수확량의 증가 및 토양에서 식물에 공급되는 영양분의 양을 예측하기 위하여 동일 포장에서 동일한 재배 방법으로 수년 동안 시험재배를 실시하였다. 일본 효고현 벼 재배 시험(**그림 5-1**)에서 60년 동안 이모작을 실시하였다. 쌀을 주작으

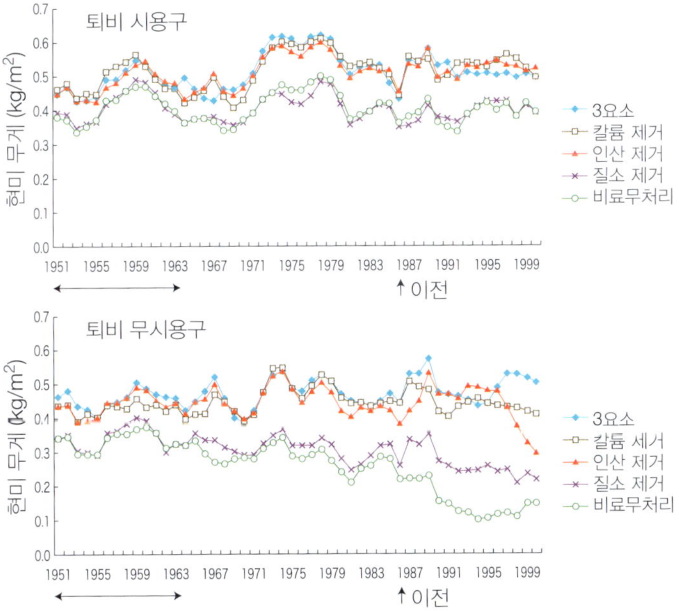

그림 5-1 논의 장기 재배 시험에서 현미 중량의 연차 변동(효고현 농림수산 기술종합센터) 퇴비 시용구(위)와 퇴비 무시용구(아래). 모든 처리구에서 벼와 나맥의 이모작. 퇴비는 10 a당 벼와 보리에 각각 1.5 t 시용. 시비량이 10 a당 논에서는 7.5~9.5 kg, 보리에서는 약 10 kg이었다. (小河　甲: 킨키츄고쿠시고쿠연구 5: 3-9)

[1] 間藤　徹

로 하였고, 이작으로 밀을 재배하였는데, 이러한 재배실험은 현재에도 계속 진행 중에 있다. 지난 50년 간의 시험 결과를 살펴보면, 비료 3요소인 질소-인산-칼륨을 비료로 하는 시험구의 현미 수율(100%)과 비료를 전혀 주지 않은 시험구의 수율을 비교하였을 때 칼륨을 주지 않았던 시험구(89%)에서와 인을 주지 않았던 시험구(89%)에서는 수율 저하가 10% 정도였던 것에 비해, 질소를 주지 않았던 시험구에서는 수율이 50%까지 낮아졌다. 또한, 시비가 전혀 이루어지지 않았던 시험구에서는 수율이 27%로 떨어졌다. 한편, 화학 비료와 퇴비를 같이 시용한 시험구에서는 수확량이 104%로 증가하였고, 인, 칼륨을 공급하지 않은 결핍구에서는 110%, 화학 비료를 시비하지 않고서 퇴비만을 시비한 시험구에서는 83%, 질소가 결핍된 시험구에서는 85%를 나타냈는데, 이러한 결과를 바탕으로 퇴비가 비료와 같은 역할을 하는 것을 알게 되었다. 일본 시가현에서 실시된 장기 재배 시험에서도 거의 같은 결과를 얻을 수 있었지만, 다른 시험구에서는 인을 공급하지 않은 시험구의 현미 수량이 질소를 공급하지 않은 시험구와 거의 같은 55%까지 감소하였다.

이러한 시험 결과는 (1) 적절하게 사용되는 화학 비료는 벼의 생육을 일정기간 동안 유지시키고, (2) 적절한 양의 퇴비를 화학 비료와 병용하여 사용하면 수확량이 증가됨을 보여주고 있다. 또한, (1) 질소는 수확량에 가장 큰 영향을 미치는 요인이고, (2) 인과 칼륨은 토양으로부터 자체 공급이 가능하며, (3) 질소, 인, 칼륨 외의 11개 필수 영양 원소가 토양에서 공급이 되어야만 수확량이 증가한다는 것을 나타내고 있다. 한편, 수확량은 공급되는 영양분 외에 기후 조건 등과 연관되어 있어 연간 변동량이 크고, 비료 공급, 품종, 재배 방법의 평가는 종합적으로 연관되어 있으므로 다년간의 시험을 통해서 결과를 얻을 수 있을 것이다. 이러한 재배 시험 중 벼에 공급되는 영양분 가운데 질소와 칼륨이 토양뿐만 아니라 관개용수로부터 공급된다는 점도 고려되어야 한다.

비료를 공급하지 않은 시험구나 질소 결핍 시험구에서도 일정한 수량이 유지되는 것은 벼에 흡수되는 질소가 비료에서 뿐만 아니라 관개용수 등의 외부로부터도 지속적으로 공급될 수 있음을 나타내고 있다. 또한 표토층에 서식하고 있는 질소고정 미생물이 질소 공급을 가능하게 하고, 이런 미생물을 통해서 질소가 매년 25~40 kg/ha 생산되고 있다.

토양으로부터 자연적으로 만들어진 영양분을 작물에 공급하는 토양의 능력을 지력이라 하며, 토양에서 공급되는 질소를 지력 질소라고 부른다. 일반적으로, 논 토양 1 kg에는 질소가 평균 2.4 g 함유되어 있다(**표 5-1**). 따라서 1 ha의 논 15 cm까지의 작토에는 가비중 1.0로 약 3,600 kg의 질소가 존재한다. 1 ha의 논에 평균적인 질소 시비량은 50~100 kg이므로, 토양에 대량의 질소가 포함되어 있음을 알 수 있다. 그러나 이 질소 중 벼가 흡수할 수 있는 질소, 즉 가급태 질소는 토양에 포함된 암모늄 이온과 벼의 생육동안 무기화된 유기태 질소의 총합으로, 그 양은 1 ha당 174 kg 정도일 것이라 추정된다(표 5-1). 이 양은 토양에 존재하는 총 질소의 5% 정도에 불과하다.

토양에는 다양한 형태의 유기물이 포함되어 있다. 쉽게 분해되는 분해성 유기물의 대부분은 미생물의 균체이다. 또한, 난분해성 유기물에 포함된 질소의 80%는 아미노산으로 구성된 단백질이

표 5-1 논 표토의 성질

분석 항목	시료 수	중앙값	최소값	최대값
포토의 두께(cm)	1,828	15.0	7.0	40.0
용적 무게(g/100 cc)	870	100	36.6	177
고상율(%)	675	36.5	13.3	76.5
pH	1,644	5.7	3.8	8.0
전질소(%)	1,699	0.24	0.02	0.97
전탄소(%)	1,788	2.4	0.1	24.8
양이온 교환 용량(meq/100 g)	1,770	16.0	3.0	75.7
유효태인산(mg/100 g)	737	13.3	0.1	151
가급태질소(mg/100 g)	125	11.6	1.5	35.5
교환성 칼륨(mg/100 g)	863	14.0	1.0	150

일본 토양비료학회지(58권 112-131, 1987) 발췌.

고, 20% 정도가 복소환화합물[複素環化合物 = 헤테로고리화합물 :화합물의 고리 속에 탄소 이외의 원소가 들어 있는 화합물을 말한다]을 구성하는 질소이다. 단백질은 프로테아제 등으로 분해되기 쉽지만, 토양에서는 점토 광물이나 다른 유기물과 결합하여 안정한 형태로 축적되어 있다. 또한, 부식물도 질소를 구성성분으로 하고 있다. 벼 재배 기간에, 암모늄 이온으로 무기화되는 질소의 근원은 그 1/3이 토양 미생물의 균체에서 유래하고, 2/3가 난분해성 유기물에서 유래하는 것으로 추정되고 있다. 토양 유기물에 포함된 유기태질소는 존재량이 많지만 분해 속도가 느리기 때문에, 작물의 급속 성장에 맞는 다량의 암모늄 이온을 지력 질소만으로는 공급할 수 없다.

일반적으로 벼의 수확량은 흡수된 질소량에 비례한다(☞ 제3장 1. "질소와 황" 그림 3-6). 따라서 수확량을 높이기 위해서는 작물이 요구하는 질소량과 토양에서 공급되는 지력 질소량의 차이를 시비로 보충해야 한다(**그림 5-2**). 일반

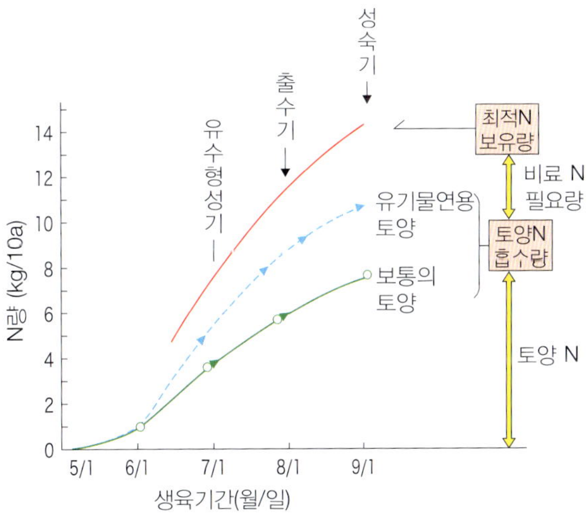

그림 5-2 벼의 최적 질소 보유량과 지력 질소 벼 수량을 확보하기 위해서, 최적 질소 보유량과 토양으로부터 공급된 질소의 누적량. 부족한 질소를 시비로 보충한다. (深山政治의 원본 그림을 변형)

표 5-2 논 토양의 질소 의존율

시험 장소	시비량(kg/ha)	시비 방법(kg/ha)	토양 질소 의존율(%)
농업시험장 1	75.7	밑거름 60 + 추비 15.7	65.2
농업시험장 2	93.7	4회 시비	70.7
농업시험장 3	83	전량 밑거름	75.0
열대지역 농업시험장			
일기작	75	밑거름 37.5 + 추비 37.5	63.5
이기작	75	밑거름 37.5 + 추비 37.5	60.6
농업시험장 4			
관행구	70	밑거름 50 + 추비 20	66.6
퇴비구	70	밑거름 50 + 추비 20	70.2
농업시험장 5			
조기 모내기	120	밑거름 80 + 추비 40	52.1
보통 모내기	120	밑거름 80 + 추비 40	47.5
농업시험장 6			
조기 모내기	70	전량 밑거름	87.0
	150	전량 밑거름	75.2
보통 모내기	70	전량 밑거름	86.4
	150	전량 밑거름	75.7

小山雄生: 일본토양비료학회지 46, 260-269,1975

적으로, 벼가 1 ha에서 5.5톤의 현미를 생산하기 위해서는 120 kg의 질소를 필요로 하는데, 토양으로부터 공급되는 질소는 약 174 kg이다. 하지만, 토양으로부터 공급되는 질소를 흡수하는 양은 87 kg(50%) 정도이다. 따라서 최적의 수확량을 얻기 위해서는 약 33 kg의 부족한 양을 비료로 공급하여야만 한다.

각지의 논과 시험지에서, 벼에 ^{15}N으로 표지한 비료를 처리하여 재배하고서 흡수된 질소의 유래를 조사하면, 30~50%가 비료에서 유래했고, 50~70%가 지력 질소에서 유래했음을 알 수 있다(**표 5-2**). 이러한 결과를 통해서, 토양으로부터 공급되는 지력 질소는 벼의 생육에 유용하다는 것을 알 수 있다.

가급태인은 1 kg의 토양에 133 mg(P_2O_5)이 포함되어 있으므로(표 5-1), 질소와 마찬가지로 계산하면, 1 ha의 논에서는 200 kg의 인(P_2O_5)이 토양으로부터 공급된다. 이 인은 새로운 공급이 부족해지면 점차 감소한다. 논에서는 담수에 의해 토양이 환원되므로, 철의 경우에 3가 철에서 용해도가 높은 2가 철로 환원된다. 따라서 불용성 인산철도 용해도가 상승해서 가용성 인이 증가한

켈달 분해 COLUMN

식물 시료 중의 질소 함량을 분석하기 위해서 켈달 분해를 실시한다. 이 방법에서는 시료를 높은 농도의 황산과 함께 강하게 가열하여 유기물을 물과 이산화탄소로 분해하고, 아미노기를 암모늄 이온으로 환원한다. 이 방법은 덴마크의 칼스버그 맥주 회사의 화학부 연구원이었던 요한 켈달(Johan Kjeldahl)에 의해 1883년에 창안되었다. 고온 농축 황산의 탈수력, 산화력, 환원력을 응용한 습식 분해법이다. 칼스버그에서는 맥주의 제조량을 늘리기 위해서 맥아 성분을 조사하였고, 질소가 적은 맥아일수록 맥주의 양이 많아 지는 것을 알게 되었다. 요한 켈달은 이를 위해서 맥아 중의 질소 함량을 효율적으로 측정하기 위한 방법을 고안하였다. 창시자 켈달은 이 분해법을 고안한 전도유망한 화학자였지만, 1900년 7월 8일 코펜하겐 인근해안에서 수영을 하러 나간 후 돌아오지 않았다.

켈달 플라스크에 식물 시료 분말 100~500 mg을 정량하여 고농도 황산을 첨가한다. 반응 초기에는 유기물이 탄화되어 반응액은 새까맣게 되지만, 시간이 경과되면 희미하게 되고, 마지막에는 담청색을 띈 황산구리만 남게 된다. 이 과정까지 3~4시간 정도가 소요된다. 이때 분해액에서 시료 내 대부분의 질소는 암모늄 이온으로 변화한다. 여기에 강염기를 첨가하면 암모늄 이온은 암모니아로 변환되어 휘발하기 때문에 이를 붕산 용액으로 포집하고, 발생하는 양성자 양을 측정하여 암모늄 이온을 정량화하게 된다. 이 질소를 켈달 질소라고 하며, 이러한 켈달 질소는 시료 중의 암모늄 이온, 아미노태 질소 등에서 유래된 것이다. 그러나 질산 이온은 환원되어 휘산하고, 복소환을 구성하는 질소는 분해되기 어렵다.

중국에서 분유에 멜라민을 혼입한 사건이 있었다. 분유의 질은 단백질 함량에 의해 좌우되는데, 이 사건에서는 저렴한 공업 재료인 멜라민을 분유에 혼입해서 분유의 단백질 함량을 늘려려고 한 식품 사기 사건이었다.

다. 환원에 의해 증가하는 가급태인을 예측하기 위해서, 토양에서 아스코르브산으로 환원하는 방법이 개발되고 있다.

2) 비료의 이용률

지력 질소만으로 부족한 질소를 인위적으로 공급하기 위해서는 시비된 비료 안의 질소가 작물에 어느 정도로 사용되는지를 알아 둘 필요가 있다. 공급 비료 중 질소의 작물 이용률은 인위적으로 시비를 하지 않았을 경우의 질소 흡수량과 질소를 시비하였을 때의 작물 질소 흡수량의 차이를 가정하여 계산하게 된다. 즉, 증가된 질소가 시비된 질소에서 왔다고 가정하여 계산하는데, 이를 차감법이라고 부른다.

$$\text{질소 이용률} = \frac{\text{시비 작물의 질소 흡수량} - \text{시비하지 않은 구역의 질소 흡수량}}{\text{시비 질소량}} \times 100 \qquad (5\text{-}1)$$

또한, ^{15}N으로 표지된 질소를 처리하고, 작물의 ^{15}N 흡수량에서 질소의 흡수량을 계산하는 방법(^{15}N 표식법)도 사용된다. 시비 질소의 이용률은 ^{15}N 표식법보다 차감법에서 높게 산출된다. 이는 ^{15}N 표식한 시비 질소의 일부가 토양에 흡착되어 있는 ^{14}N 질소와 교환함으로써, ^{15}N 작물에 의한 흡수량이 실제 흡수량보다 적게 되기 때문이다.

$$\text{질소 이용률} = \frac{(\text{atom\% } ^{15}\text{N of N}_1 - \text{atom\% } ^{15}\text{N of N}_0)}{(\text{atom\% } ^{15}\text{N of N}_f - \text{atom\% } ^{15}\text{N of N}_0)} \times \frac{\text{total N in crop}}{F} \times 100 \qquad (5\text{-}2)$$

여기에서, N_0: ^{15}N을 처리하지 않은 작물, N_f: 비료 중의 질소, F: 시비한 질소량, N_1: ^{15}N을 처리한 작물.

시비에 의해 공급된 질소의 40~50%를 벼가 이용하고, 흡수되지 않은 질소의 10~20%는 손실되게 되며, 30~40%는 미생물에 의해 유기화되어 토양에 지력 질소로서 존재하여 다음 연도의 벼 재배에 이용된다(**그림 5-3**).

작물에 수용성 영양분을 비료로 처리할 때, 식물 영양 염이 미생물의 영양이 되기도 하여 토양 미생물에 의해 먼저 흡수된다(질소 부동화). 또한, 토양에 칼슘 이온, 철 이온과 인산 이온, pH의 영향에 의해서 불용성 염이 작물에 이용되기 어렵다[인의 고정, 중금속 인산염 형성에 의한 고정, 붕소, 몰리브덴, 망간의 불가급태화(토양 내 양분을 식물체가 직접 흡수하여 이용할 수 없는 형태로 변하는 현상)]. 인산 이온은 점토 광물에 의해서 강하게 흡착되고, 수용성 염은 시비 후에 강우나 관개수에 의해서 이동 및 용탈을 한다. 특히, 질산 이온은 물의 움직임에 따라서 토양을 수평과 수직으로 이동하고, 혐기성 환경이 되면 탈질될 수도 있다. 이러한 결과로, 시비된 비료분의 작물에 의한 흡수와 이용이 저해되어서 시비의 효과가 감소한다. 벼에서는 모내기 때 황산암모늄을 밑거름으로 처리하였을 때 시비 효과가 가장 좋았고, 써레질 후에 시비할 경우에는 효과가 가장 낮았다(**표 5-3**, 그림 5-3).

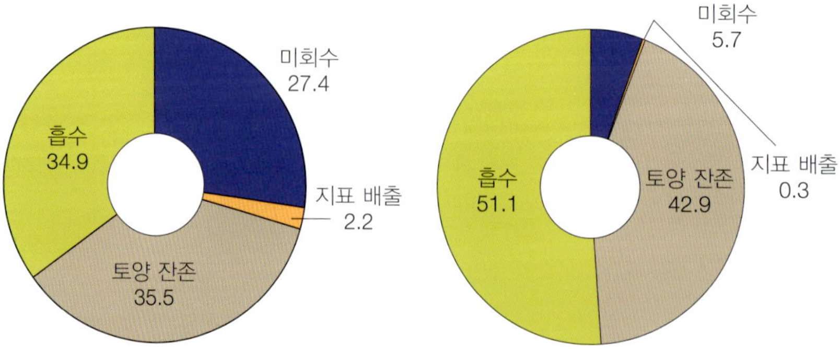

그림 5-3 시비 질소의 회수율(숫자는 %) 논에 시비한 원비 질소(5.9 kgN/10 a, ^{15}N에서 표지한 황산암모늄)의 벼 수확기의 행방. 표층 시비의 경우(왼쪽), 전층 시비의 경우(오른쪽). 미회수분은 탈질된 것이다. (長谷川清善 등: 시가현 농업시험장 보고 23, 23-29, 1981)

표 5-3 벼의 황산암모늄 질소 흡수 효율성 증대를 위한 시용 시기 결정 및 회수율 결과

시험구		짚 무게 (kg/10 a)	현미 무게 (kg/10 a)	질소흡수량 (kgN/10 a)	질소회수율 (%)
경기 전 시용	경기 전 전면 산포 경기 쇄토 정지	832	510	9.45	47
봄갈이 후 시용	쇄토 정지	854	490	9.60	48
봄갈이 쇄토 후 시용	즉시 관수, 써레질	703	446	8.15	33
써레질 전 시용	관수 후 시용, 즉시 써레질	700	402	7.25	23
모내기와 물갈이 후 시용	써레질 후 시용, 즉시 모내기	585	387	6.93	20
질소 무처리		408	310	5.10	—

피복 비료는 작물에 농도 장해를 줄이고, 토양에 의한 고정을 억제한다. 피복 비료가 개발됨으로써 뿌리 근처에 시비하는 것이 가능하게 되었다(☞ p.253 "완효성 비료"). 벼에서는 육묘 상자에 일모작에 필요한 모든 비료분을 첨가하여 피복 비료를 처리하고, 비료 입자를 묘의 뿌리에 휘감기게 하여 이앙기에서 그대로 이식 재배하는 "파종상 거름"이 실용화됨으로써, 노동 절약형 및 비료 질소의 이용률 상승에 기여했다(그림 5-4, 5-5). 피복 비료는 추비의 수고를 생략하기 위한 노동절약형 기술로 개발되었으나, 작물의 비료 이용률을 향상시키기도 한다.

3) 퇴비

논에서는 벼 재배를 통해서 볏짚과 현미가 수확된다. 이 중 볏짚은 가축의 사료 또는 축사의 깔개로 사용되거나, 퇴비로 전환되어 논으로 다시 돌아가게 된다. 최근에는 수확 시기에 현장에서 볏짚의 퇴비화 처리를 통해 생 볏짚이 논에 직접 활용되는 경우도 있다. 퇴비는 원래 볏짚, 보리짚을 퇴적, 부패시켜서 삭힌 것이지만, 최근에는 호기성 발효처리한 것을 퇴비라 부르는데, 퇴비가 어디

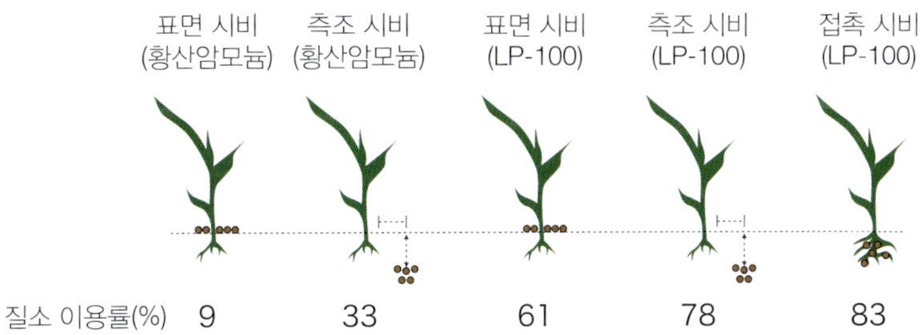

그림 5-4 피복 비료에 의한 벼의 질소 이용률의 향상 다양한 시비 방법으로 벼를 재배한 경우의 시비 질소의 이용률. LP-100은 성분이 약 100일쯤에 용출되는 피복 비료이다. (金田吉弘)

그림 5-5 파종상 비료 벼 육묘 상자에 피복한 요소 비료를 첨가. 뿌리가 직접 접촉해도 비료의 고농도에 의한 피해가 일어나지 않는다. (사진 제공: 三枝正彦)

서 유래했냐에 따라 가축 분뇨 퇴비, 음식물 쓰레기 퇴비 등으로 나뉘기도 한다. 동식물의 사체, 배설물, 미생물 균체, 음식물 쓰레기 등의 유기성 폐기물은 쉽게 분해되는 유기물을 다량으로 포함하고 있기 때문에, 그대로 토양에 시용하면 미생물에 의해서 급격히 분해된다. 따라서 미생물은 토양의 산소를 급격히 소모하면서, 암모늄 이온이나 질산 이온을 흡수하여 증식한다. 그리고 작물 뿌리는 산소 결핍의 상태가 되거나 토양 중의 질소가 갑자기 감소하므로, 작물이 질소 결핍에 빠지게 된다. 이러한 장애를 질소 기아라고 부른다. 이러한 질소 기아 장애를 방지하기 위해서는 유기물을 퇴적시킨 후 호기 조건에서 발효 처리(퇴비화 처리)를 하여 분해성 유기물을 미리 분해시킨 다음 퇴비로 활용하면 된다. 유기물의 탄소 함량과 질소 함량 비율을 탄질비(C/N ratio)라고 부른다. 볏짚의 CN 비는 대체로 70~100이다. 이 볏짚에 수분을 처리하면, 호기성 미생물이 다당류, 단백질, 핵산 등의 유기물을 에너지원으로 사용하여 증식하게 된다. 다당은 이 과정에서 미생물의 호흡에 의해 이산화탄소로 방출되어 감소한다. 단백질은 아미노산으로 분해되고, 또한 암모늄 이온이 방출된다. 아미노산의 일부는 미생물의 미생물 균체 형성에 이용된다. 이처럼, 탄소는 이산화탄소로 손실되기 때문에 퇴비화가 진행되면, CN 비가 감소하는데 30정도까지 저하한다. 이 상태에 이르면, 분해성 유기물의 소모와 발효열에 의한 수분 증발에 의해서 이후의 변화는 완만하게 진행된다. 이 단계에 이른 퇴비를 완숙 퇴비라고 부르는데, 이러한 완숙 퇴비는 토양에 첨가해도 작물의 생육을 저해하지 않는다.

퇴비화 과정에서 미생물이 증식할 때는 질소를 흡수하여 균체를 만들기 때문에, C/N비가 높은 볏짚이나 보리짚 등을 퇴비화하는 경우에는 황산암모늄과 석회질소를 공급해서 질소를 보충한다.

퇴비는 토양에 유기물을 공급해서 토양의 물리성(보수성, 통기성, 강성 등) 및 생물성(미생물

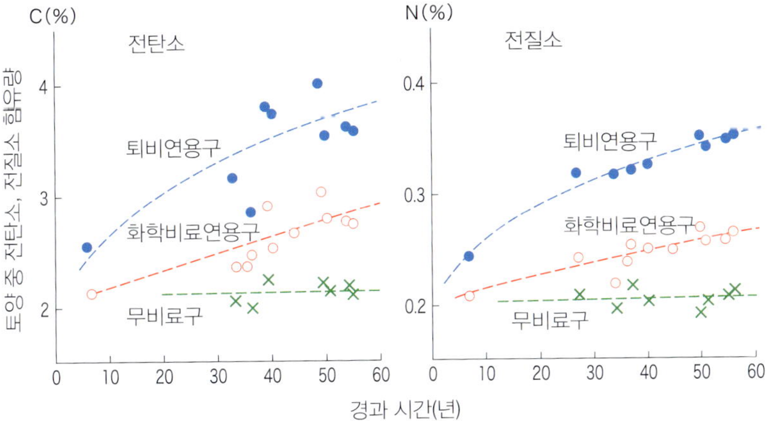

그림 5-6 퇴비, 화학비료 연용 밭에서 토양 유기물의 이행 왼쪽: 전탄소, 오른쪽: 전질소. 화학 비료만을 처리해도 토양 중의 탄소, 질소는 순차적으로 증가한다. (농업연구센터 연구 보고 5, 21-38, 1985)

수, 토양 동물 수, 미생물 균형 등)을 개선한다. 퇴비에 포함된 질소는 암모늄 이온이나 질산 이온, 저분자화된 아미노산, 아미노산 당과 같은 수용성의 저분자 질소 화합물과 미생물 균체, 분해되지 않은 고분자 화합물로 구성되어 있다. 토양에 퇴비를 시용하면, 토양에 수분이 공급되면서 토양미생물이나 질소화합물이 작용하여 토양에서의 퇴비화 작용이 재개된다. 토양 미생물은 퇴비에 포함된 분해성 유기물 및 고분자 질소 화합물을 더욱 분해해서 암모늄 이온을 방출한다. 이 암모늄 이온이나 퇴비에 포함된 아미노산과 질산 이온이 작물에 이용되기 쉬운지 여부는 퇴비의 CN 비에 영향을 받는다. 즉, CN 비가 높은 퇴비는 미생물이 토양이나 퇴비의 암모늄 이온, 질산 이온, 아미노산 등을 자신의 몸을 만들기 위해서 소비하므로(즉, 부동화하기 때문에), 작물에 이용되기 어렵다.

퇴비 등과 같은 유기물을 토양에 처리하였을 때의 효과를 살펴보면, 무기질 비료만으로도 작물의 생육에는 충분한 식물 영양소가 주어지지만, 적절한 양의 퇴비 등과 같이 유기물을 첨가하면 생육 촉진 효과가 증진된다. 이 시용 효과는 ① 유기물 시용에 의한 식물에 필요한 영양소의 증가, ② 유기물 시용에 의한 토양 미생물의 활성 상승, ③ 무기질 비료가 가지는 부정적인 작용(농도 장해, pH 저하)을 완충하는 것 등이 복합적으로 작용하여 나타나게 된다. 특히, 퇴비에 의한 수량 증대 효과는 퇴비에 포함된 질소와 인뿐만 아니라 미량 요소 등의 식물 영양소의 작용에 의한 것이다. 또한 퇴비를 주지 않은 채 무기질 비료만으로 처리해도 시비에 의해서 벼의 생육이 왕성하게 되어, 토양에 남은 뿌리와 수확 후 남아 있는 작물에 의해서 토양 유기물이 점차적으로 증가한다(**그림 5-6**).

2. 시비법

비료의 효과는 비료 주는 방법(시비법)에 의해서도 좌우된다. 시비를 효과적으로 수행하기 위

표 5-4 각종 작물의 수확물 10t 당의 3요소 흡수량 (단위 kg)

작물	N	P_2O_5	K_2O
벼 (건조 자실)	207	101	291
밀 (건조 자실)	252	99	316
팥 (건조 자실)	420	115	358
고구마	43	10	42
감자	31	12	82
유채 (건조 자실)	710	239	888
오이	19	12	41
토마토	16	7	40
양배추	48	11	46
배추	18	8	43
양파	19	9	22
무	24	11	46
당근	18	5	42

尾和尚人: 비료사전, 아사쿠라 서점, 2006

해서는 그 작물에 가장 적합한 비료를 적절한 시기에 효과적인 방법으로 주는 것이 중요하다.

작물이 필요로 하는 영양소의 양과 그 비율은 작물마다 다르며, 작물의 어느 부위를 수확하느냐에 따라서도 다르다. 재배 기간과 재배 시기, 수확 부위 그리고 토양의 차이에 따른 요구량 등을 종합적으로 판단하여 시비량을 결정한다(**표 5-4**). 작물 종의 영양 특이성에 근거한 시비, 즉 작물의 호질산성과 호암모니아성, 명아주과 식물 및 사료 작물과 목초에 대해서는 나트륨의 활용, 벼과 식물에서는 규산 비료의 활용성 등을 적절하게 파악하는 것이 각 작물의 수량과 품질 향상에 도움을 준다.

작물을 심기 전이나 파종 전에 토양에 주는 비료를 밑거름(basal dressing) 또는 기비라고 한다. 일모작에 필요한 영양분을 모두 밑거름으로 주는 경우도 있지만, 수용성 영양소가 대량으로 뿌리 근처에 시용되면, 작물은 이온 과다 장해를 받게 된다(농도 장해, 염류 화상). 따라서 비료를 작토의 전층에 잘 섞는 전층 시비를 하거나, 작물이 성장한 후 흡수하도록 심층에 시비하며, 여러 번에 나눠서 시용한다(분시). 또한, 비료의 작업성을 향상시키기 위해서 밑거름을 반죽 상태로 하여 모내기와 동시에 뿌리 근처 토양 내에 주입하는 시비법도 사용되고 있다.

작물에서 특정 생육시기에 흡수되는 식물 영양소가 종자와 식물체의 생산량에 기여하는 정도를 영양소의 부분 생산 능률이라 한다. 벼에서 질소의 부분 생산 능률은 시비량이 보통인 경우, 분얼기부터 유수 형성기와 개화기의 두 기간이 가장 정점이며, 수량을 높이기 위해서는 이 시기에

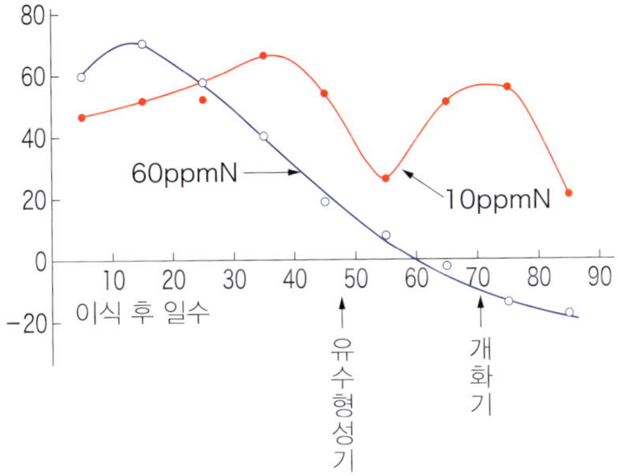

그림 5-7 질소의 흡수 시기별 부분 생산 능률 저농도의 질소(10 ppm)를 시용한 경우에는 유수 형성기와 개화기에 흡수된 질소가 수량에 영향을 미친다. 질소 시용이 많은 경우(60 ppm)에는 2개의 피크가 없어지고, 생육 초기에 흡수된 질소가 벼의 생산으로 바뀐다. 세로축은 가로축의 생육 시기에 흡수된 질소량과 그 질소에 의한 벼 생산의 지수이다. (田中 明, 1959)

질소를 충분히 흡수해야 한다(**그림 5-7**). 인은 유수 형성기에, 칼륨이 분얼기에 흡수되면 수확량 증가에 효과를 가져 온다. 이러한 생리학적 특성을 바탕으로, 벼에서는 인과 칼륨은 밑거름으로 사용하고, 질소는 밑거름과 유수 형성기에 분시하면 높은 수확량을 기대할 수 있게 된다. 재배 기간이 긴 작물에는 적절한 시기에 비료를 추가한다. 이를 추비(top dressing)라고 하는데, 밭이나 논에 살포 방법과 식물체 근처의 표토에 살포하거나 묘나 식물체 사이에 비료를 채워 넣는 방법 등이 있다. 특히, 벼에서 유수 형성기에 추비하는 것을 수비(穗肥)라고 한다. 그러나 이 시기에 질소 비료를 너무 많이 주면, 쌀의 단백질 함량이 증가하여 수확량은 증가하지만, 품질(맛)은 저하된다.

밀은 벼와 달리 초봄에 급격하게 성장한다. 밀의 수확량을 증가시키기 위해서는 유수 형성기의 질소 공급이 효과적이며, 2월과 3월에 추비하지 않으면 수확량이 반감된다. 고구마는 곡류와 다르며, 생육 초기에 질소를 시비하게 되면 지상부가 발달하게 되지만, 과다할 경우 괴근 형성이 저해되어 수확량이 급격하게 감소되게 된다. 고구마의 경우에 인 요구량은 적지만, 칼륨은 고구마의 괴근 발달에 직접적 영향을 미치게 되며, 괴근에서의 전분 활성이 증가하는 등 고구마 농사에서는 칼륨 시비가 매우 중요하다.

시비 질소의 이용률은 작물의 종류와 수확 부위에 따라 다르다. 곡류나 콩류 식물에서는 대체로 높다. 그러나 왕성한 생육 중에 수확하는 엽채류 및 생식 성장과 영양 성장을 동시에 진행하는 과채류에서는 시비 질소의 20~50% 정도 밖에 흡수되지 않는 경우도 있다(**표 5-5**).

시비는 수량을 향상시키기 위한 필수 작업이지만, 비료의 제조와 운반에는 대량의 화석 에너지가 필요하다. 작물에 의한 비료 영양소의 이용률을 높이고, 수량을 향상시키며, 비료 소비량을 줄이고, 환경에 누출되는 식물 영양소를 감소시키는 것은 미래 농업에서 중요한 해결 사항이다.

표 5-5 작물별 화학 비료, 유기질 비료, 퇴비로부터 질소의 공급량, 흡수량, 비흡수 질소량과 질소 이용 효율

	무기태질소 공급량(kgN/ha)				(kgN/ha)		질소 이용 효율(%)
	화학 비료 유래	유기질 비료 유래	퇴비 유래	합계	흡수N	비흡수 N	
노지 재배 채소							
셀러리	881	0	77	958	226	732	24
가지	543	30	70	643	160	483	25
오이	448	36	81	604	122	482	20
딸기	223	30	47	300	66	234	22
토마토	228	23	69	321	101	220	31
멜론	261	5	34	299	99	200	33
배추	278	0	32	315	130	185	41
피망	405	13	69	487	305	182	63
파	259	8	39	305	126	179	41
토란	261	5	34	299	56	174	24
양상추	223	10	51	284	111	173	39
미성숙 옥수수	187	5	95	287	117	170	41
시금치	179	8	33	220	63	157	29
양파	218	5	26	248	93	155	38
단호박	139	7	54	199	46	154	23
당근	162	9	40	211	65	146	31
연근	256	7	13	276	151	144	48
양배추	296	5	37	338	217	121	64
수박	122	11	28	161	72	89	45
대두	97	5	20	122	56	66	46
무	118	1	15	133	94	39	71
시설 재배 채소							
셀러리	644	53	146	843	387	455	46
가지	488	62	64	613	299	314	49
오이	388	34	37	459	148	311	32
토마토	256	65	42	362	131	231	36
딸기	243	29	52	324	101	224	22
수박	149	32	45	226	72	153	32
파	144	20	57	220	90	130	41
시금치	95	22	36	156	19	107	31
멜론	106	17	44	168	130	37	78
피망	481	82	79	642	633	9	99

표 5-5 작물별 화학 비료, 유기질 비료, 퇴비로부터 질소의 공급량, 흡수량, 비흡수 질소량과 질소 이용 효율 (계속)

	무기태질소 공급량(kgN/ha)				(kgN/ha)		질소 이용 효율(%)
	화학 비료 유래	유기질 비료 유래	퇴비 유래	합계	흡수N	비흡수 N	
보통 작물 또는 공예 작물							
차	485	125	18	628	278	350	44
담배	154	9	35	198	95	104	48
곤약	138	22	0	160	84	76	54
감자	127	2	27	156	74	84	46
벼	78	0.5	11	90	96	−6	
팥	58	0.05	5	62	71	−8	
고구마	62	3.4	31	96	105	−9	
대두	31	6	25	62	146	−84	
땅콩	59	0.6	17	76	171	−94	
과수							
배	246	56	122	423	107	317	25
복숭아	121	34	78	233	70	162	30
밤	79	5	50	134	10	124	8
포도	72	26	75	173	69	106	40
사과	104	21	29	153	68	85	45
온대밀감	191	12	9	211	162	50	76

일본토양비료학회지 72, 513-521, 2001.

3. 상업용 비료

비료는 농작물에 영양분을 줘서 수확량을 증가시키기 위해 필요한 자재이다. 그러나 비료의 효과를 검증하는 데 시간이 걸리고 비료의 외형과 형태만으로는 품질을 판단할 수 없다. 또한, 불순물이 혼입된 비료를 사용하면 수확 시기를 놓칠 뿐 아니라 작물 성장에 피해를 줄 수 있으며, 토양 오염에도 영향을 미치게 된다. 이러한 것들을 피하기 위해서, 국내에서는 법률에 의해 시판되는 비료에 대한 품질보증을 하도록 하고 있다. 비료 단속법에서는 비료를 식물에 영양을 공급하거나 식물의 재배를 돕기 위하여 흙에 화학적 변화를 줄 목적으로 토지에 베푸는 물질이라 정의하고 있다(비료단속법[시행 1961. 12. 27.] [법률 제882호, 1961. 12. 27., 제정]).

1) 보통 비료

시판되고 있는 비료는 보통 비료와 특수 비료 등 2종류로 크게 나눌수 있다. 유통되는 비료 중 유기질 비료 및 불순물 혼입이 우려되는 오니 비료는 보통 비료로 분류되며, 유효성분(보증 성분)의 최소 함량과 유해 성분의 허용량이 정해져 있다. 한편, 퇴비, 쌀겨, 골분, 구아노(guano), 슬래그(광재, slag)처럼, 비료 유효 성분의 농도가 낮고, 일정하지 않은 비료는 특수 비료로 분류한다.

비료 단속법은 토양에 부족하기 쉽고, 작물의 생육에 크게 영향을 미치는 질소, 인, 칼륨의 3요소와 칼슘(알칼리 분), 마그네슘, 규산, 망간, 붕소 등 총 8원소에 대하여 비료로서의 규격을 규정하고 있다. 또한, 3요소계 비료는 질소질 비료, 인산질 비료, 칼리질 비료, 유기질 비료, 복합 비료로 나뉜다. 이들 비료는 시장에서 구입할 수 있는 비료로, 금비(金肥)라고 불린다. 작물 생산자가 직접 수확하여 사용하거나 재배 전에 동일한 포장에서 작물의 생육을 좋게 하기 위해 녹비 등을 이용하여 지력을 향상시키는데, 이를 자급 비료라 한다.

(1) 질소질 비료

대기에 포함된 질소 가스를 생물이 이용할 수 있는 형태의 질소, 암모늄 이온이나 질산 이온으로 변환하는 방법으로는 ① 공기 산화법(전호법, 아크법), ② 석회 질소법, ③ 하버 보슈법이 등이 있다.

공기 산화법(아크법)은 노르웨이에서 처음 시도하였다. 공기를 방전시켜 공기 중 질소를 산화시킨 다음, 생성되는 일산화질소를 다시 한 번 산화하여 물에 녹인 질산으로, 석회석과 반응시켜서 질산칼슘 형태로 전환시키는 방법이다. 이 방법은 간편하기는 하지만, 많은 양의 전기가 필요하다. 후에 하버보슈법이 개발되면서 현재는 사용하지 않고 있다.

시안아미드(Cyanamide)법에서는 카바이드(Carbide)에 질소를 반응시켜서 석회질소로 전환시킨 다음, 여기에 수증기를 쬐어서 암모니아를 생산하는 방법이다. 석회질소 자체는 아직 비료로서 사용되고 있지만, 석회질소에 수증기를 쬐어서 암모니아를 제조하는 방법은 하버보슈법이 개발된 이후에는 사용되지 않고 있다.

$$CaO + 3C \rightarrow CaC_2 + CO$$
$$CaC_2 + N_2 \rightarrow CaCN_2 + C$$
$$CaCN_2 + 3H_2O \rightarrow 2NH_3 + CaCO_3$$

대기 중의 질소는 매우 안정한 물질이기 때문에 고온, 고압의 철 계통의 촉매가 있어야 한다. 촉매를 사용하여 약 200기압, 400~500°C에서 반응이 진행되면 암모니아가 만들어진다. 이를 하버법, 혹은 하버보슈법이라 한다. 하버는 처음에는 철을 사용했으나 좋은 수득률을 얻는 데에는 실패하고, 이후 오스뮴을 사용함으로써 좋은 성과를 얻었다. 현재에는 철에 기반한 촉매를 여전히 사용하고 있다. 수소는 물을 전기 분해함으로써 처음 제조되었지만, 현재는 석탄, 석유, 천연 가스 등 탄소를 포함하고 있는 원료를 신화시켜서 수소와 일산화탄소를 만드는 수증기 개질법이 주류가 되었다.

비료 성분의 표시법

COLUMN

황산암모늄이나 요소는 식물에 질소를 공급한다. 그러나 황산암모늄과 요소는 화합물의 형태가 다르기 때문에 각각에 포함된 질소의 양으로 양자의 효과를 비교한다. 즉, '질소 10 kg을 요소로서(의 형태로) 처리한다'라는 표현이 된다. 황산암모늄 $(NH_4)_2SO_4$는 14 × 2 / 132 × 100 = 21.2%의 질소를 포함하고, 1 kg의 황산암모늄을 처리하면 약 210 g의 질소가 작물에 주어진다. 한편, 요소 $(NH_2)_2CO$에는 14 × 2/60 × 100 = 46.7%의 질소가 포함되어 있기 때문에, 요소 1 kg을 처리하면 약 460 g의 질소를 준 셈이다.

인은 P_2O_5로 환산하고, 칼륨은 K_2O로 환산한다. 이는 광물의 원소 조성을 나타내는 경우에는 구성 물질의 산화물로 표시하는 관습이 있기 때문이다. 1몰의 K_2HPO_4에는 인이 1몰 포함된다. 1몰의 P_2O_5은 2몰의 인을 포함하므로, 1몰의 K_2HPO_4의 174.2 g에는 P_2O_5(분자량 142)가 0.5몰, 즉 71 g이 포함되어 있다는 것에 의해, K_2HPO_4의 P_2O_5 함량은 71/174.2 = 41%가 된다. K_2HPO_4은 칼륨도 포함한다. 칼륨은 K_2O(분자량 94.2)로 환산하기 때문에, K_2HPO_4의 칼륨 함유율은 94.2/174.2 = 54%가 된다.

비료의 질소, 인산, 산화 칼륨의 함유량을 위와 같은 방법으로 계산하고, 비료를 질소-인산-칼륨의 순서대로 늘어 놓은 3개의 숫자로 표현한다. 예를 들면, 황산 암모늄은 21-0-0로 표기되어, 요소는 46-0-0, K_2HPO_4이면 0-41-54된다. 요소와 K_2HPO_4을 1 : 1(중량비)로 혼합한 배합 비료는 23-21-27이라는 비료가 된다.

화학 비료는 외부 에너지를 투입하여 유효 성분만을 추출, 정제, 농축함으로써, 불순물을 제거하고 함유율을 높이고 있다. 그러므로 '조금 뿌리고 효과 있는' 성질을 갖고 있어서 농업의 간소화, 노동 시간의 단축에 크게 기여해 왔다. 비료에 대한 통계 등은 매년 발간되는 농림축산식품통계 연보(https://kass.mafra.go.kr/kass/ka/main.do)를 참고하기 바란다(間藤　徹).

암모니아 1,000 kg을 제조할 때마다 천연 가스 512 kg, 나프타(naphtha) 700~800 kg이 필요하므로, 질소 비료 생산에 의해서 많은 이산화탄소가 배출되는 것은 무시할 수 없는 문제점이다.

$$N_2 + 3H_2 \rightarrow 2NH_3 + 92\ KJ$$
$$CmHn + mH_2O \rightarrow (2m + n/2)\ H_2 + mCO$$

혼합 가스는 냉각기를 통과하면서 액체 상태의 암모니아로 분리가 되고, 미반응 가스는 반응용기로 되돌아간다. 1913년에 암모니아 합성이 공장 규모로 시작되었다. 이 공업화의 성공에 힘입어서, 하버는 1918년에, 보슈는 1931년에 노벨상을 각각 수여하였다.

최근에는 석유 가격의 상승, 원료 생산국의 산업화 국내 농업 면적의 감소 추세에 따라서 비료 생산량도 줄어들고 있다(**표 5-6**). 한국의 화학 비료 생산 능력은 5,062천 톤으로, 총 3,614천 톤을 생산해서 국내 농업용으로 1,861천 톤을 소비하고도 남음에 따라, 태국, 베트남 등에 1,550천 톤을 수출하였으며, 가동률은 '04년 기준 71.4%이다. 석유, 인광석, 염화가리 등 원료가 없는 한국에서는 원료 생산국과 경쟁이 될 수 없었기에, 충주와 나주의 요소 공장을 폐쇄하였고, 1981~1983년에는 비료산업 합리화 시책으로 일부 공장을 추가 폐쇄하여 감축하였으나, 1988년 판매 자율화 정

표 5-6 무기질비료 비종별 생산 실적

구분	생산량	질소질 비료	인산질 비료	칼리질 비료	단비	복합 비료
		황산암모늄	용성인비	황산칼륨	계	
'15	1,886	152	8	21	181	1,705
'16	2,065	365	6	11	382	1,683
'17	2,350	547	11	10	568	1,782
'18	2,332	585	13	10	608	1,724

자료: 한국비료협회(회원사 6개사 기준) (단위: 천톤)

책 이후 전체 생산 능력은 더 증가되었다.

a. 암모니아염

토양에 황산암모늄을 시용하면, 식물은 황산 이온보다 암모늄 이온을 빨리 흡수하므로, 토양 용액에는 황산 이온이 남아서 토양이 점차 산성화된다. 이를 교정하기 위해 석회를 사용하고 있다. 논 토양에서는 황산 이온이 미생물에 의해 환원되어 황화수소가 발생한다. 논 토양에 철이 충분히 포함되면, 황화수소는 황화철이 되어 무독화되지만, 노후답에서는 철이 부족하고, 발생한 황화수소에 의해 벼 뿌리가 상해를 입게 된다(추락, 秋落, akiochi, autumn dedinl). 이와 같은 피해를 방지하기 위하여, 황산이온이 함유되지 않은 염화암모늄과 요소의 시용이 권장되고 있다. 노후답의 개선을 위해 적토에 의한 객토나 슬래그(광재, slag)의 시용이 이루어지고 있다.

염화암모늄은 염화나트륨에서 탄산나트륨을 제조하는 솔베이 법(Solvay process)의 부산물로서 얻을 수 있고, 무황산 근비료로서 추천되고 있다. 또한, 대마와 면화 등의 섬유 작물에서는 염소 이온이 섬유를 강하게 하기 때문에 즐겨 시용되지만, 반대로 담배에서는 불붙는 특성이 나빠지므로 염화물 이온이 포함된 비료를 피한다(☞ 제3장 6. (4) "염소").

암모니아를 인산으로 중화시킨 인산이수소-암모늄 및 인산 일수소이암모늄에서는 양이온도 음이온도 비료 성분이며, 유효 성분의 함유율이 높기 때문에 복합 비료의 원료로 사용된다.

암모니아를 수화한 암모니아수와 고압 조건에서 액체화된 액체 암모니아가 고압용기에 포장되고, 특수 노즐이 설치된 시비 기계를 이용하여 토양에 직접 주입하는데, 이때 암모니아는 토양 속에서 물에 녹아 이온화된 후 토양에 흡착된다. 이러한 액체 암모니아를 이용한 시비법이 북미와 호주 등의 대규모 농업 단지에서 실용화되어 있다.

b. 질산염

암모니아를 백금 촉매로 산화시키면, 질산이 되고(오스트발트법, Ostwald process), 암모니아로 중화하면 질산암모늄이 된다. 질산암모늄은 암모늄 이온과 질산 이온을 모두 함유하고 있어 질소 함유율이 높기에, 밭 농사가 중심인 유럽에서 즐겨 사용한다. 질산나트륨은 노천에서 채굴된 칠레초석을 사용하여 정제한다. 나트륨 이온이 생육 촉진에 필요한 사탕무 재배에 주로 사용된다.

질산 이온은 밭 작물에게 좋은 질소원이지만, 논에서는 탈질되므로 벼에서는 거의 사용하지 않는다. 또한 흡습성이 높고, 강한 충격에 폭발할 수 있으므로, 취급에 주의가 필요하다. 실제로 2020년도 8월 4일 레바논 베이루크 항구 창고에 적재되어 있던 2,750t 규모의 질산암모늄이 폭발하는 사고도 있었다. 또한, 질산 이온은 토양에 유지되지 않은 채 용탈하여 물에 쉽게 쓸려 내려가기 때문에 이용효율도 낮다.

c. 요소

요소는 암모니아와 이산화탄소로부터 카르밤산(carbamic acid)을 통해 합성된다. 암모니아 합성의 부산물인 일산화탄소를 원료로 이용하기 때문에 비용면에서 경제성을 확보할 수 있어 생산이 확대되었다. 요소는 질소의 함유율이 높기에 유효성분당 운송 비용이 저렴하고, 또한 복합 비료의 원료로도 사용 가능하다. 비전해질이므로 토양에 흡착되기 어렵지만, 시용 후에는 우레아제에 의해서 암모니아와 탄산으로 즉시 분해되어 작물이 이용하게 된다. 식물에 엽면 살포한 경우에는 요소의 형태로 빠르게 흡수되어 세포 내에서 우레아제에 의해 가수분해된다.

$$2NH_3 + CO_2 \rightarrow NH_2COO^- + NH_4^+ \rightarrow NH_2CONH_2 + H_2O$$
$$NH_2CONH_2 + H_2O \rightarrow 2NH_3 + CO_2$$

d. 석회질소

석회질소는 시안아미드화칼슘을 주성분으로 하는 질소 비료로서 탄산칼슘(카바이드)과 공기 중의 질소를 약 1,000°C로 가열하여 제조한다. 시안아미드태 질소는 물과 이산화탄소의 작용에 의해 디시안디아미드를 거쳐서 요소로 변화되어 식물에 흡수된다. 이 변화는 가수분해로, 화학 반응과 특정 생물의 효소 반응이다. 더욱이 토양 중의 수분과 온도가 분해의 속도에 영향을 주며, 작물의 생육에 적당히 좋은 환경은 석회질소의 분해에도 좋은 환경이 된다. 시안아미드는 살충, 살균, 제초 효과를 가지고 있지만, 농약과 비료의 효과도 갖고 있는 질소 비료이므로 약해에 주의하여 사용해야 한다.

$$CaCN_2 + 2H_2O \rightarrow Ca(OH)_2 + H_2NCN \text{ (시안아미드)}$$
$$H_2NCN + H_2O \rightarrow NH_2CONH_2$$
$$NH_2CONH_2 + H_2O \rightarrow 2NH_3 + CO_2$$

e. 완효성 비료

암모늄염, 질산염, 요소는 모두 수용성이므로, 작물에 잘 흡수되고, 효과가 바로 나타난다. 그러나 밑거름으로 시용하면, 작물이 흡수하기 전에 용탈하거나 탈질되고, 또한 미생물에 의해 부동화되므로, 이용 효율이 낮다. 과도하게 시용한 경우에는 경엽의 과번무(over growth, 過繁茂), 도장, 도복, 환경의 부영양화 등을 일으킨다. 이에 비료 성분을 천천히 활성화시키는 완효성 비료의 개발이 시작되었다.

완효성을 높히는 방법으로는 ① 수용성 비료를 피막으로 피복하고, 용출 속도를 저하시키는 것, ② 난용성, 난분해성의 화합물로서 질소 성분을 천천히 방출시키는 것, ③ 암모늄염의 질산화를 억제하기 위한 약제(질산화 억제제)를 첨가하는 등의 방법이 이용되고 있다.

비료 입자를 코팅하는 물질로서, 황, 폴리에틸렌 수지, 우레탄 수지 등이 사용되고 있다. 수용성의 비료염을 위의 물질로 코팅하여 피복막의 균열이나 핀홀에서 성분을 서서히 방출시켜 효과를 조절한다. 내용물이 방출되는 기간이 40일, 60일, 80일, 180일 정도가 되게끔 수지의 중합도와 중합 물질을 변화시킨 제품이 시판되고 있으며, 작목이나 계절에 따라서 구분된다. 요소나 질산염을 원료로 사용한 비료들이 상품화되어 있다. 이들 비료는 수용성이어서 토양에 유지하기 어렵지만, 비료 성분을 피복하여 비료를 작물의 흡수에 맞춰 방출시킴으로써, 질소 이용률의 향상과 더불어 환경으로의 유출을 낮춘다는 장점을 가지고 있다. 단점은 피복을 위한 비용 상승과 피복제가 토양에 남을 가능성이 있다는 것이다(**그림 5-8**).

난용성, 난분해성의 요소 유도체가 질소 비료로서 실용화되어 시판되고 있다. 이소부틸 알데히드 축합 요소(상품명 IBU)와 아세트알데히드 축합 요소(상품명 CDU) 등이 있다(**그림 5-9**). 이들 비료는 작물에 그대로 흡수되지 않고, 수용성이 낮아 쉽게 가수분해를 받지 않으며, 미생물에 의한 분해가 어렵기 때문에 완효성을 나타낸다.

토양에 시용된 암모늄 이온은 미생물의 작용에 의해 질산 이온으로 산화된다. 질산 이온은 물의 움직임에 따라 이동해서, 미생물의 질산 호흡의 기질이 되어 탈질되고, 비료로서의 이용률이 저

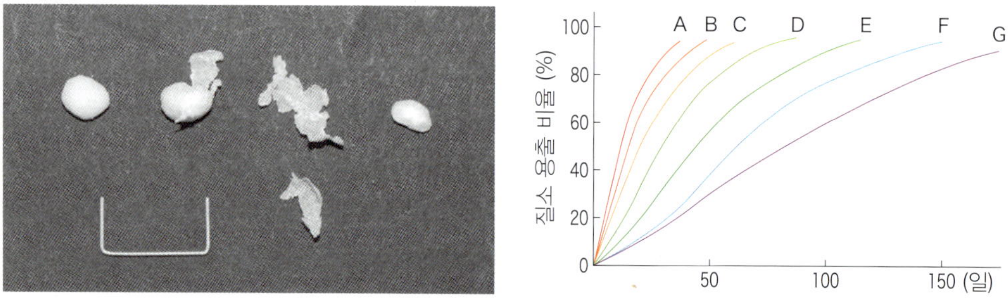

그림 5-8 폴리올레핀(Poly Olefine) 피복비료 왼쪽: 질소아사이 LP40. 피복 재료(왼쪽), 피복 수지를 핀셋으로 벗긴 모습(가운데에서 왼쪽), 피복재(가운데에서 오른쪽), 중심이 되는 요소 덩어리(오른쪽), 스테이플러 심 1 cm. 오른쪽: 피복 재료로부터 내용물 용출의 시간별 변화. 피복막의 배합 조성(A~G)을 변화시킨 것으로, 다양한 용출 시간을 갖는 피막이 만들어진다. 용출 시간은 온도에 의존한다.

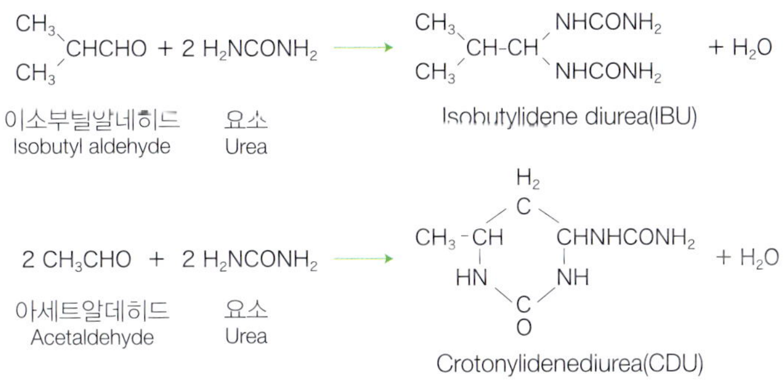

그림 5-9 완효성 비료로서 사용되는 요소 유도체 IBU와 CDU

하된다. 그러므로 질산화를 저해하는 화학물질을 비료에 첨가해서 암모늄 이온으로 고정시키고, 토양에 흡착시켜서 이용효율을 높인다. 이러한 질산화억제제는 농약으로 등록되어 있는 약제이므로, 사용에 주의가 필요하다. 하지만, 적절히 사용하면 비료 효과가 오랫동안 유지되고, 질산 이온의 용탈을 낮출 수 있다.

(2) 인산 비료

인산 비료는 인광석 및 골분에 산이나 열을 작용시켜서 주성분 플루오로 아파타이트 $Ca_{10}(PO_4)_6F_2$를 수용성 인산염으로 전환시킨 것이다. 인광석은 주로 미국, 모르코, 중국, 러시아에서 생산된다. 우리나라는 전량을 중국, 모로코, 요르단 등에서 수입하고 있고, 최근 들어서는 인산액이나 인산암모늄의 수입이 증가하고 있다. 인광석의 채굴 가능 매장량과 매년 생산량을 예측해 볼 때, 향후 100년 내에 고갈될 것으로 예상하고 있다.

a. 산 처리에 의한 인산 비료의 제조

인광석을 분말화하여 황산에 현탁하면, 불소는 불화수소, 칼슘은 석고, 인산은 인산칼슘이 된다. 석고와 인산칼슘의 혼합물을 과인산 석회라고 하며, 인산, 황산 이온, 칼슘을 포함하는 산성 비료이다. 황산암모늄 및 황산칼륨과 혼합하여 복합 비료로 사용된다.

$$Ca_{10}(PO_4)_6F_2 + 7H_2SO_4 + 17H_2O \rightarrow 3Ca(H_2PO_4)_2 \cdot H_2O + 7CaSO_4 \cdot 2H_2O + 2HF$$

황산 대신에 인산으로 인광석을 처리하면, 과인산 석회보다도 인산 함유율이 높은 과인산 석회가 얻어진다.

인광석을 과잉의 황산으로 처리하여, 석고를 여과한 후 선별하면 인산을 얻을 수 있다(습식 인산).

$$Ca_{10}(PO_4)_6F_2 + 10H_2SO_4 + 20H_2O \rightarrow 6H_3PO_4 + 10CaSO_4 \cdot 2H_2O + 2HF$$

자원에만 의존했던 나라의 최후 - 나우루

COLUMN

20세기 중반까지 나우루는 자원에 전적으로 의존한 나라였다. 나우루는 섬의 표면이 인광석으로 된 섬이어서 간단한 노천 채굴만으로도 쉽게 채굴을 할 수 있었다.

산호초로 둘러싸인 이 작은 섬에는 갈매기와 앨버트로스(신천옹)가 천지였다. 섬을 찾은 새들은 산호초와 섬 위에 수천 년 동안 똥을 쌓았다. 1888년 나우루를 찾은 독일 자본가들은 섬 전체에서 대량의 인광석을 발견했다.

이러한 인광석은 화학 비료 재료로 쓰인다. 새들의 똥이 산호층과 결합해 인광석으로 변했고, 이에 따라 나우루 전체가 인광석 노천광이 된 것이다. 나우루는 Pacific Phosphate Company가 1907년에 처음 채굴을 시작한 이래로, 1919년 설립된 영국 인산염 위원회를 통해 인산염의 주요 수출국이 되었다. 이후, 나우루 인산염 주식회사를 통해 자원의 소유권을 돌려받았고, 1980년대에 이르러 자원이 고갈될 때까지 소유권은 계속 유지되었다. 이러한 이유로 나우루는 1960년대와 1970년대 주권국들 가운데 1인당 GDP가 가장 높은 나라 중 하나였다. 인광석이 고갈되기 전까지 주민들은 풍요롭게 살았다

하지만 인광석이 2003년에 공식적으로 고갈되고, 무분별한 채광으로 인해 환경이 급속도로 오염되자 나우루 경제의 심각성이 드러나기 시작하였다. 나우루는 돈을 벌기 위해 조세 피난처와 불법적인 돈세탁 지역이 되기도 했다. 나우루는 2001년부터 2008년까지 오스트레일리아에 밀입국한 사람들을 수용하는 수용소를 짓는 조건으로 오스트레일리아 정부로부터 경제 원조를 받았다.

인광석의 무분별한 채취로 폐허가 된 나우르

또한, 인광석을 규산염, 코크스와 함께 전기로에서 1,500°C로 가열하면, 인산은 환원되어 인 증기 형태로 전환된다. 이를 물속에서 회수하여 황인(yellow phosphorus)으로 만든 다음, 산화시킨 후 수화하면 인산으로 전환된다(건식 인산). 생산되는 데 전력이 많이 소모되는 단점이 있지만,

낮은 품질의 인광석을 사용할 수도 있고, 고농도의 인산 용액을 조제할 수 있다는 이점을 가지고 있다. 인산액은 농축되면, 인산이 탈수 축합되어 폴리인산이 된다. 폴리인산은 중량당 인산 함량이 높으므로, 비료로서 그대로 사용된다.

b. 가열처리에 의한 인산 비료의 제조

가열하여 제조된 인산 비료로는 소성 인비(calcined phosphate)와 용성 인비(fused phosphate)가 대표적이다. 소성하는 경우에는 인광석에 규산과 인산을 첨가해서, 1500°C로 가열하여 불소를 불화수소로 전환시킨 후 불화수소를 제거하고 인산칼슘을 제조하면 된다. 용성하는 경우에는 인광석을 사문암(주성분 규산 마그네슘)과 용융한 후 급냉해서, 불소를 불화규소 형태로 만들어 제거시킨 다음, 인산과 칼슘, 마그네슘으로 구성된 유리질 광물로 만든다. 규산염이 공존하면 융점이 떨어진다. 용성 인비는 과인산 석회와 다르게 황산 이온(sulfate ion, 硫酸根)을 포함하지 않으며, 또한 약알칼리성이므로 산성 토양에 적합하고, 규산과 마그네슘도 포함되어 있기에 논에 적합한 인산 비료이다. 또한, 규산·마그네슘·칼슘 등과 함께 유리 모양으로 용융되어 있으므로, 물에는 잘 녹지 않지만 토양 속에서는 서서히 용해되어 식물체에 흡수된다.

c. 오니(슬러지, Sludge) 등으로부터 인의 회수

배수의 정화 처리로서, 철이나 알루미늄을 주요 재료로 한 응집제에 의해 전처리가 이루어진다. 용존 인산 이온도 침전을 통해 오니 형태로 회수된다. 오니를 소각한 재에는 P_2O_5가 30% 이상 포함되어 있으므로, 인산 비료의 원료가 된다. 계분의 소각재도 인산원으로 이용되고 있다. 또한, 폐수 중의 용존 인산 이온을 인산 마그네슘 암모늄 수화물(MAP)로서 침전 회수하는 것도 시행되고 있다.

(3) 칼리질 비료

칼륨 광산(ore deposit)은 캐나다, 미국, 러시아, 이스라엘, 요르단 등에 집중되어 있다. 칼륨 비료의 대부분은 염화칼륨으로 주로 고대의 바다와 염호를 기원으로 하는 칼륨 광석을 이용하여 염화칼륨과 염화나트륨의 용해도 차이를 이용하여 분리시켜 정제한다. 황산칼륨은 염화칼륨에 황산을 첨가하여 제조되어, 황산 이온을 같이 시비하고 싶은 경우나 염화물 이온을 좋아하지 않는 작물에 사용된다. 질산칼륨은 복합 비료의 원료나 수경재배의 배양액에 사용된다.

칼륨염은 대부분이 수용성이고 속효성인 반면에, 물에 의해서 흩어지기 쉽다. 석탄 연소물은 규산과 칼륨을 많이 포함하는데, 여기에 수산화칼륨을 첨가하여 과립화시킨 것이 규산 칼륨 비료이다. 구연산으로 가용화되는 완효성 칼륨과 규산을 함유하고 있으며, 벼의 추비와 토양 개량에 주로 이용되고 있다.

(4) 유기질 비료

광물 비료가 18세기 초반에 사용되기 전까지의 비료는 모두 유기물이었다. 경축 농업을 해 온 유럽에서는 가축 배설물을 비료로 사용하였다. 반면, 가축 이용이 적은 지역에서는 볏짚, 보리짚의 퇴비, 낙엽 및 풀베기, 강바닥의 진흙 등이 주로 사용되었다. 근대에 접어 들면서, 생선 기름과 유채 기름, 콩기름을 생산하고서 남은 찌꺼기가 비료로 사용되었다. 초기 유기질 비료는 생선 찌꺼기 등의 어비(魚肥)와 유채, 콩 찌꺼기가 주류를 이뤘다. 그 후, 무기질 비료 사용이 증가하면서 유기질 비료의 사용량은 감소하였으며, 정부의 유기질 비료 지원사업도 점차 감소하고 있는 추세이다(**그림 5-10**). 그러나 근래에 유기 농업 및 폐기물 재활용, 그리고 무기질 비료의 가격이 상승함에 따라 유기질 비료가 다시 주목 받고 있다.

유기질 비료의 원재료로 유채와 대두를 착유한 찌꺼기, 쌀겨, 생선 찌꺼기, 어분, 육골분모(肉骨粉毛) 등의 동물성 단백질, 계분, 돼지 배설물 등의 가축 배설물, 건조 균체 등이 이용되고 있다. 이들은 일반 비료로 등록되므로, 특수 비료로서 등록된 퇴비 및 어비(魚肥)와는 달리, 주성분의 최소 함유량과 유해 성분의 상한이 정해져 있다. 예를 들어, 생선 찌꺼기의 분말 비료는 최소 함유량이 질소 4%, 인산 3%이고, 육골분은 질소 5%, 인산 5%이며, 척추 등의 부위가 혼입되지 않았는지 확인해야 한다. 콩 찌꺼기 비료는 질소 6%, 인산 1%, 칼륨 1%이고, 가공 가금류 배설물 비료는 질소 2.5%, 인산 2.5%, 칼륨 1%와 비소 허용량, 수분의 상한치가 정해져 있다. 건조 균체 비료는 질소 4~5.5%, 인산 1%와 카드뮴 허용치의 상한, 재배시험에서 작물이 피해를 받지 않는 것 등의 조건을 만족해야만 한다.

유기질 비료는 비료 성분이 유기물과 결합하고, 토양 미생물에 의해 무기화된다. 이 때문에 비료 효과는 천천히 지속적으로 발현한다. 또한, 보증 성분외의 영양 원소의 공급이 있을 수도 있다. 유기물은 미생물의 먹이가 되므로 토양에서의 미생물 활성이 높게 유지된다. 설탕과 아미노산이 많이 포함되어 있어서 작물의 품질에 좋은 영향을 주는 경우도 있다. 한편, 유효성분의 함량이 낮

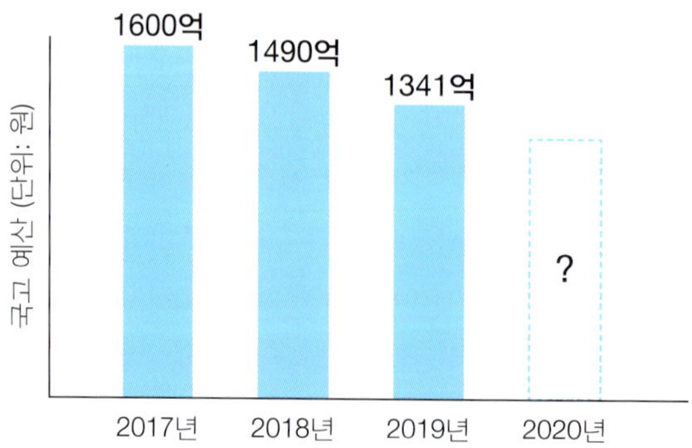

그림 5-10 유기질 비료 지원사업 추진 현황 화학 비료 사용 증가에 따른 유기질 비료 지원사업의 감소 추세

기 때문에 시비 작업이 과중되고, 비료 효과의 발현이 토양 온도와 토양 수분 함량 등에 의해 영향을 받는다. 유기질 비료는 필요 이상으로 시비되는 경우가 있으므로, 시용에 앞서서 해당 작물 및 토양의 특성을 파악하는 것이 중요하다.

(5) 복합 비료

질소, 인, 칼륨 등 2가지 이상의 성분을 포함하고 있는 비료를 복합 비료라고 부른다. 복합 비료에는 단일 성분으로 이루어진 비료(단비)를 혼합한 배합 비료, 여러 원료에서 화학 반응을 거친 후 제조하여 한 알맹이에 각 성분(N, P_2O_5, K_2O)을 모두 포함하는 화성 비료가 있다.

배합 비료는 단비를 혼합하여 제조한다. 요소(질소), 인산암모늄(인산), 염화칼륨(칼륨) 등 성분 함유율이 높은 단비를 작목이나 토양에 따라서 최적의 조성이 되게끔 출하 직전과 시비 현장에서 혼합하여 조제하는 BB 비료(대량 혼합 비료, bulk blended fertilizer)가 자주 사용된다. 일단 혼합한 비료가 다시 분리되거나 분말화되지 않도록 각각의 입자 크기와 밀도를 미리 조정하는 것이 필요하다.

무기질 비료는 각 성분의 합계가 30% 이하의 일반 무기질 비료와 30% 이상의 고도 화성 비료로 나뉜다. 고도 화성 비료는 주성분의 함량을 높이기 위한 혼합 원료의 선택이 중요하다. 산으로 질산, 알칼리로 암모니아, 질소원으로 요소, 인산원으로 인산암모늄 등을 배합하며, 별도의 반응을 억제하기 위해서는 반응 온도 및 pH, 제품의 흡습과 고결을 방지하기 위한 수분 함량 등이 고려되어야 한다(**그림 5-11**).

유기 화성 비료는 기름 찌꺼기나 균제 등의 유기물 성분과 황산암모늄, 요소, 인산암모늄, 염화칼륨 등의 무기 비료를 혼합해서 배합한 것으로 유기질 비료와는 다르다.

화성 비료, 배합 비료의 장점은 작물에 필요한 영양소를 한 번에 시용할 수 있어서, 시비 횟수를 줄일 수 있다는 것이 특징이다. 그러나 토양에서의 각 성분의 동작과 작물에 의한 흡수량이 다르므로, 계속 사용하면 일부 양분이 축적된다.

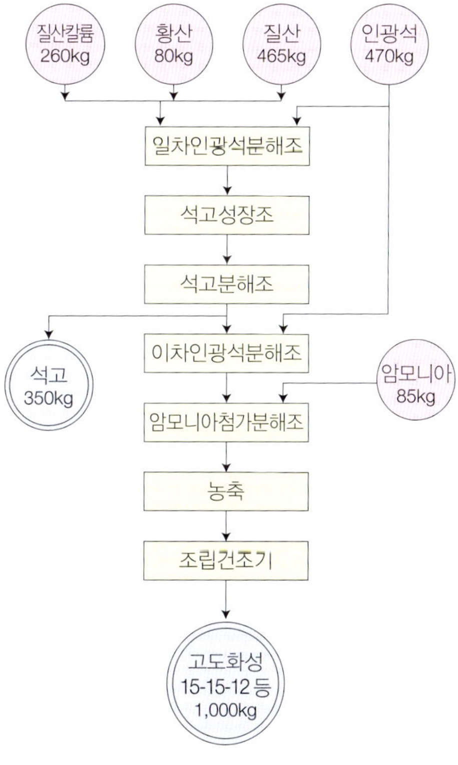

그림 5-11 인질산암모늄계 고도화성 비료의 제조 예 인광석이 황산과 질산의 작용에 의해 가용화된 칼슘은 질산칼슘이 된다. 여기에 황산칼륨이 작용하여 석고가 분리되어 암모늄으로 중화되고 인-질산암모늄계의 고도 화성 비료가 생성된다. (일본 비료요람, 농림통계협회)

유기질 비료를 사용하는 경우와 마찬가지로, 토양의 영양분 진단을 실시하여 상대적으로 부족한 영양분만을 단비로 시비하는 것이 중요하다.

(6) 오니 비료

오니(sludge)는 하천, 호수, 늪 등의 바닥에 퇴적된 오염된 흙이다. 오니를 원료로 하는 비료는 특수 비료로 분류되어 있었지만, 식물과 토양에 유해한 성분 및 폐기물 등이 섞여 있을 우려도 있으므로, 이를 위하여 비료 공정 규격 설정 및 지정에 의한 법률에 의해 관리되고 있다(비료 공정규격설정 및 지정 [시행 2021. 1. 15.] [농촌진흥청 고시 제2020-40호, 2020. 12. 15., 일부 개정]). 원재료에 따라 하수 오니, 분뇨 오니, 공업 오니 등으로 분류되는데, 오니 비료의 80%는 오니를 호기성 발효 처리한 오니 발효 비료이다. 오니 비료는 겉포장의 성분분석표에 질소, 인산, 칼륨의 전량과 함께 구리(300 mg/kg 이상), 아연(900 mg/kg 이상), 석회(150 g/kg 이상)의 전량을 표기하여야만 한다. 허용되는 유해 성분의 상한은 비소 50 mg/kg, 카드뮴 5 mg/kg, 수은 2 mg/kg, 니켈 300 mg/kg, 크롬 500 mg/kg, 납 100 mg/kg으로 규정되어 있다. 또한, 작물에 대해서 장해 작용이 없다는 것을 재배 시험를 통해 입증해야 한다.

오니 비료는 중금속이 상당히 포함되어 있을 수 있어서, 이를 연속하여 사용하면 토양에 중금속이 점차 축적된다. 토양에서 중금속 집적에 관한 잠정적인 기준치로서 아연 전량이 120 mg/kg 이하로 되어 있다. 이 규제치에 대해서, 아연이 식물의 필수원소이자 사람의 필수 미네랄임에도 결핍되기 쉽기 때문에 완화해야 한다는 의견이 있다. 또한, 논에서는 비소 15 mg/kg, 구리 125 mg/kg, 그리고 카드뮴은 백미에서 0.4 mg/kg의 기준치가 설정되어 있다(일본).

(7) 칼슘(석회), 마그네슘(고토) 비료

칼슘은 산성 토양을 교정하는 데 사용되고 있다. 산성 토양이 많은 국내에서는 중요한 비료이다. 탄산칼슘(석회석을 분쇄한 것, $CaCO_3$), 생석회(산화칼슘, CaO), 소석회(수산화칼슘, $Ca(OH)_2$) 등이 사용된다. 백운석은 탄산칼슘 마그네슘을 주성분으로 하는 광물로서, 토양 산도의 교정과 함께 마그네슘의 공급원으로 사용된다.

마그네슘을 포함한 비료로는 해수로부터 염화나트륨을 제외한 간수에서 생산되는 황산마그네슘이 있지만, 작물에 마그네슘을 단독으로 시용되는 경우는 적고, 용성 인비 등으로 시용된다.

(8) 규산 비료

용광로에서 철광석을 제련한 후의 잔여물을 슬래그(광재, slag)라고 부른다. 그 주성분은 알칼리분(석회)과 규산으로, 가용성 규산 10%, 알칼리분 35%를 함유하고 있고, 토양의 산도 교정 효과도 있다. 벼의 품실 향상 및 수량 증대를 위해서 규산을 사용하고 있다. 규산 비료는 벼의 육묘 상자에 시용하도록 규산의 용해도를 높인 실리카겔 비료와 논에서 규산의 방출이 장기간 계속되며 경량 콘크리트로를 원료로 하여 제조되는 다공성 규산칼슘 비료가 판매되고 있다.

(9) 미량 요소 비료

미량 필수원소 비료로서 인정받고 있는 것은 망간과 붕소이다. 이 두 원소는 작물에서 결핍되는 경우가 많고, 시용 효과가 명확하게 인정되는 반면에, 기타 미량 요소의 결핍이 별로 발생되지 않고, 해당 원소의 시용 효과가 적은 데 따른 것이다.

망간은 토양에서 유출되기 쉽고, 토양 pH가 상승하면 불가급태로 되기 쉽다. 따라서 석회가 과다하게 시용된 채소밭에서는 결핍되기 쉽다. 특히, 붕소는 십자화과의 유채, 명아주과의 사탕무에서 많은 필요량을 요구하므로, 결핍 증상이 쉽게 나타난다. 따라서 황산망간 및 붕산, 붕사(붕산나트륨) 등을 주성분으로 하는 비료가 사용되고 있다.

용성 미량 요소 복합 비료로서는 망간 광석, 붕사, 장석, 형석, 철광석 등을 혼합한 후, 용융, 급냉, 분쇄한 fritted trace element(FTE)가 자주 사용되고 있다.

2) 특수 비료, 자급 비료

쌀겨와 건어물 등 농가에서 예전부터 사용되고 있는 비료 대용품이나 퇴비처럼 성분 함량에 의존하지 않는 비료를 특수 비료로 분류하고 있다. 어비(魚肥)의 경우, 물고기 모양이 식별되는 상태에서 사용되면 특수 비료로 분류되지만, 분쇄하여 외형으로 식별이 힘든 경우는 보통 비료로 분류한다. 동물 유래 비료로는 생선 찌꺼기, 육골분, 가축 분뇨, 가축 분뇨 퇴비 등이 있고, 식물 유래 비료로는 쌀겨, 커피 찌꺼기, 볏짚, 보리짚 퇴비 등이 있으며, 광물질 유래 비료로는 슬래그(광재, slag), 석회석 파쇄물 등이 있다.

퇴비에 대한 개요는 1.3) "퇴비"에 기술되어 있다. 퇴적 처리(퇴비화 처리)는 악취와 오물감, 수분 함량의 감소에도 효과적이며, 가축 배설물이나 인분을 사용하여 퇴비화시킨다. 가축 배설물과 가축 배설물 퇴비는 축종에 따라서 성질이 다르나. 이는 가축미다 소화기관이나 먹이가 다르고, 또한 퇴비화 공정도 다르기 때문이다. 수분을 많이 포함하고 있는 젖소 배설물이나 돈분은 왕겨나 짚, 톱밥 등의 수분 조절재를 사용하여 적절한 함수율을 맞춘 후, 호기성 조건에서 분해성 유기물을 분해시켜 퇴비화된다(**그림 5-12**). 따라서 수분 조절제의 성질도 퇴비의 품질에 영향을 준다. 계분은 닭장 바닥 자체에서 그 상태로 건조시켜 사용할 수 있다. 가축분뇨와 처리제에 따른 무기질 비료 성분 대체 가능성에 대한 분석 결과는 **표 5-7**에 나타나 있다.

또한, 식품 산업의 잔여물이나 가정의 음식물 쓰레기, 식당 등의 주방 배출물 등도 퇴비화된다. 볏짚 또는 보리짚 같은 농산물 유래 재료를 사용한 퇴비와 달리, 식품 잔여물 유래 퇴비는 영양성분 농도가 높기 때문에 유기질 비료의 성질을 가지고 있다. 그러나 원재료가 수집 장소에 따라 다

그림 5-12 퇴비 제조 장치 왼쪽: 젖소 배설물과 가금잠자리짚을 쌓고 교반하여 호기성 분해시킨다. 발효 열에 의해 수증기가 피어오른다. 오른쪽: 수직형 발효조. 수분이 적은 육우 배설물을 사용하고 있다.

표 5-7 가축 배설물의 무기질 비료 대체성

가축 종	처리	비료 효율 (%)a			밑거름 N로서 사용되는 비율 (%)[b]
		N	P_2O_5	K_2O	
소	두엄	30	60	90	30
	소 배설물	30	60	90	
	톱밥 퇴비	15			
돼지	두엄	50	60	90	60
	돼지 배설물	70	70	90	
	톱밥 퇴비	35			
닭	건조 닭 배설물	70	70	90	60
	닭 배설물	70	70	90	
	톱밥 퇴비	35			

a: 비료 효율의 숫자는 같은 중량의 화학비료 N, P_2O_5, K_2O에 대한 비율을 나타낸다.
b: 밑거름 N에 대체 가능한 경우의 상한 허용치. (堀 兼明, 1986)

르고, 퇴비화하는 방법도 제조 장소마다 달라서 품질의 균일성이 보장되지 않는다(**그림 5-13**). 또한, 퇴비는 자급 비료로서 자급자가 스스로 생산하여 사용하였지만, 최근에는 공장에서도 생산되는 경우가 많아 품질이나 사용방법에 대한 정보가 점차 객관화되고 있다.

퇴비화 처리가 잘 수행되었는지를 평가하기 위해서는 화학 분석(pH, 품질 온도, CN 비율, 질산 이온 농도, 적외선 스펙트럼), 생물학적 평가(검정 식물을 이용한 발아율과 뿌리 신장 속도 측정, 표본 품은 호흡 속도의 측정), 관능 시험(색상, 냄새) 등의 검사가 요구된다. 이 시험에서는 냄새가 연하고, 품질 온도가 낮으며, CN 비율이 낮고, 이산화탄소 발생량 등을 조사하여 부숙도를

그림 5-13 **시중에 시판되고 있는 계분** 다양한 종류의 계분 퇴비가 시판되고 있으며, 각기 사용법이 다르다.

판단하게 된다. 또한, 일부 시험에서는 제품화된 퇴비와 그 추출액을 사용하여 기준 작물을 선정한 후, 발아시험, 생육실험 등을 실시해서 생육 저해 결과를 바탕으로 퇴비의 적정성을 평가한다(생물학적 정량법). 그러나 이러한 퇴비 시험 방법의 결과는 원재료의 종류, 배합 비율, 처리 기간, 제조 시기에 따라 달라지는 경우가 있다. 예를 들어, 계분은 완숙되어도 질산 이온이 축적되지 않는 경우가 많으며, 오니의 CN 비율은 발효 전부터 20~30 정도이다. 따라서 생물학적 정량 및 다른 퇴비 부숙도 측정 방법 등을 고려하여 완숙도를 평가해야 한다.

퇴비에 포함된 질소는 화학 비료와 달리, 다양한 형태의 질소가 혼합되어 있기 때문에 작물에 시용해도 퇴비의 종류에 따라 작물의 생육은 크게 달라진다(그림 5-14). 또한, 소송채를 이용한 생

그림 5-14 **각종 퇴비를 사용한 소송채 재배 실험** 각 포트에 처리한 질소는 200 mg이고, 인과 칼륨도 모든 포트에 동일하게 처리하였다. 가장 왼쪽에 있는 것은 무질소 대조구, 오른쪽에 2개는 질산암모늄과 요소. (사진 제공: 松田　晃)

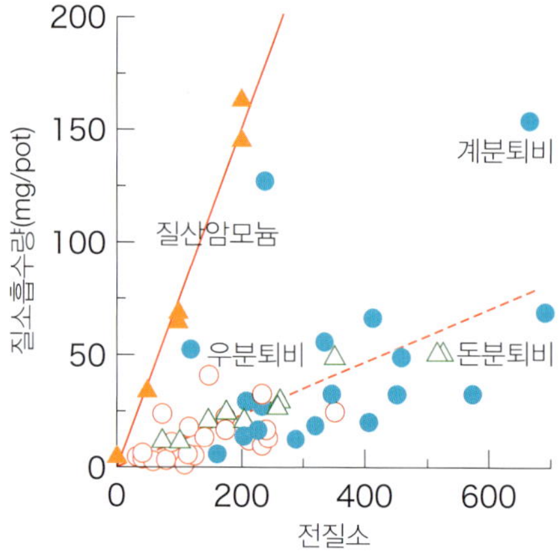

그림 5-15 각종 퇴비를 사용하여 재배한 소송채의 질소흡수량 가로축은 포트에 처리한 퇴비에 함유된 질소량이고, 세로축은 소송채가 흡수한 질소량이다. 질산암모늄을 처리한 경우의 회귀 직선의 구배는 0.75, 모든 퇴비의 회귀식의 구배는 0.12, 상관계수 r = 0.67이다. (松田 晃, 2007)

물학적 정량 평가 결과를 예시로 살펴보면, 퇴비의 종류에 따라 식물의 성장상이 다른 것을 알 수 있다(**그림 5-15**). 본 실험 결과에서, 퇴비로부터의 질소 흡수량은 화학비료 질소 공급량과 비교해 볼 때 약 20% 정도였다. 퇴비 시용 후, 소송채가 사용하지 않은 질소는 토양 중에 잔존하고, 소송채 수확 후에도 토양에 남아있는 유기태 질소는 무기화되기 시작한다. 또한, 소송채가 수확된 후에도 유기태질소는 조금씩 무기화되고, 소송채 수확 후 무기화된 유기태질소는 환경에 그대로 노출된다.

토양에 재배되는 작물은 암모늄 이온 또는 질산 이온을 흡수한다. 자연 환경에서 토양에 이러한 질소 화합물을 공급하는 것은 토양 미생물이며, 그 경로는 ① 대기 중의 질소 가스를 암모늄 이온으로 변환, ② 생물 사체를 분해하여 암모늄 이온을 방출 하는 등의 2가지 경로를 통해 공급된다. 이러한 미생물에 의한 질소화합물 공급은 속도가 매우 느리므로, 단시간 내에 식물 재배에 필요한 질소를 미생물에 의존하기에는 질소 공급량이 부족하다. 작물은 사람이 음식으로 섭취하기 위해서 개량해 온 식물로서, 적합한 재배 조건(환경, 영양분 등)에서 최적의 성장상을 보여준다. 인간이 필요한 최대수확량을 얻기 위해서는 단기간 질소 공급 시스템이 필요하였고, 암모늄 이온을 공급 원료로 사용하는 질소 비료가 공업적으로 생산되었다.

유기질 비료와 가축 배설물을 기반으로 한 퇴비의 구성 원소 조성비는 작물의 구성 원소 조성비와 비슷하다. 그러나 질소는 미생물에 의한 부동화와 탈질이 진행되기 쉽고, 수분에 의해 용탈되기 쉽다. 따라서 작물의 최대 생산시스템을 구축하기 위해서는 질소량을 염두해 두고서 유기물의 시비를 계속하면, 토양은 유기물, 인, 칼륨 등 질소 이외의 영양 성분을 축적해 간다. 시용된 유기물에 의해 중금속을 많이 포함한 경우도 있다. 따라서 유기물을 대량으로 연속 사용한 토양에서는 토양 진단을 실시하여, 양분 집적 상태를 파악해 두는 것이 바람직하다. 이러한 토양에서 작물의 재배를 유지하기 위해서는 요소 및 질산암모늄과 같은 질소 단비의 시용이 각 작물별 특성에 맞게 이루어지는 것이 효율적이다.

퇴비 등의 유기질 비료의 사용을 통해서 화학 비료 사용량을 절감하기 위해서는 유기질 비료에 포함된 각 작물별 질소 이용률을 파악하는것이 중요하고, 화학 비료와의 병행 사용을 통해 작물의 최대 생산 시스템을 구축하는 섯이 중요하다.

3) 녹비

식물을 퇴비화하지 않은 채 토양에서 직접 처리하여 논밭에 객토와 함께 섞어 이용하는 것을 녹비라고 부르며, 넓은 의미에서 윤작의 한 형태로도 간주할 수 있다. 녹비작물이란 녹색 식물의 줄기와 잎을 비료로 사용하는 작물로 퇴비와 함께 농가 자급 비료의 중요한 자원으로 사용되고 있다. 녹비작물은 화본과, 두과, 기타 녹비작물로 나눌 수 있다. 화본과 녹비작물은 세포벽 물질 함량이 높고, 질소 함량이 낮아 토양에 환원 후 분해 속도가 느리며, 양분 공급 효과는 낮으나 생체량이 많아 토양의 물리적인 특징을 개량하는 데 효과가 우수한 작물로, 호밀, 녹비보리, 풋베기귀리, 수수, 들묵새 등이 있다. 두과 녹비작물은 세포벽 물질 함량이 낮고, 질소 함량이 높으며, 식물체가 연하여 토양에 환원된 후 분해 속도가 빠르고, 공중 질소를 고정하는 능력이 있어 질소 공급면에서 중요한 역할을 하는 작물로, 헤어리베치, 자운영, 클로바류, 알팔파, 버즈드풋트레포일, 클로탈라리아, 루피너스 등이 있다. 기타 녹비작물로는 생체량이 적고, 질소 함량은 낮지만, 토양 특성 개량, 잡초 방제, 경관 조성, 비료 공급 등 녹비로써의 이용성이 있는 작물로, 파셀리아, 황화초, 유채, 메밀, 해바라기, 코스모스 등이 있다. 콩과작물을 녹비로 사용할 경우에는 토양 산성과 고여 있는 물에 약하므로 재배상 주의가 필요하다. 연꽃은 9~10월에 10 a당 2~4 L를 파종하면, 파종 다음해 5월에 8~15 kg의 질소를 포함한 2,000~4,000 kg의 생초가 생산된다. 이를 통해서 배 재배에 필요한 질소를 충분히 공급할 수 있다(그림 5-16). 대두는 3월에 10 a당 4~10 L를 파종하면, 6월에 1,000~3,000 kg의 생초가 생산된다. 그 질소 함량은 약 0.6%이다. 이처럼 충분한 질소 공급 능력이 있어서 무기질 비료 사용 절감이 가능하지만, 재배된 녹비작물을 토양에 바로 처리하면 때때로 생육 장애를 일으킬 수도 있다. 이러한 경우, 논에서는 즉시 배수한 후 토양을 건조시키면 생육 장애를 어느 정도 극복할 수도 있지만 녹비작물의 성장 지연에 따른 본 작물의 경작이 지연되는 문제점을 가지고 있다.

그림 5-16 논과 밭에서 이용 가능한 녹비 작물 논에서 녹비 작물로 이용 가능한 연꽃(왼쪽), 콩과 녹비 작물인 헤어리베치(오른쪽).

그림 5-17 열대 벼농사에서 시도되는 녹비 (1) *Sesbania cannabina*의 경운에 포함. 이 해는 비가 적고, *Sesbania*의 생육이 빈약했다. (2) 태국 농업성의 물개구리밥(*Azolla imbricate*) 은행. 태국 각지에서 채취된 물개구리밥의 품종이 배양되고 있다. (3) 겨울철 물개구리밥. (사진 제공: 間藤 徹)

열대지역에서는 논 작물로서 콩과인 *Stylosanthes*나 *Sesbania*나 개구리밥 등을 녹비작물로 사용하기 위한 실용성 평가가 시도되고 있다(**그림 5-17**).

최근에는 작토의 제염 및 표토 피복, 선충 피해 절감을 위해서 목적에 적합한 녹비작물을 도입하고 있다. 제염에는 왕성하게 생육하는 옥수수, 귀리, 수수 등 벼과작물이 이용된다. 피복 작물로는 타감 작용에 의해 잡초를 억제하는 능력이 있는 벳지(*Vicia villosa*)가 이용되고 있으며, 금잔화를 이용하여 선충의 서식 밀도를 낮추는 시도가 무나 당근 재배에 이용되고 있다.

4. 유기 농업

유기 농업은 합성 농약, 무기질 비료 등 화학 투입 자재의 사용을 최대한 줄이고, 유기질 비료의 사용, 저독성 농약의 개발, 생물학적 병충해방제 등을 보다 많이 도입하여 지역 자원과 환경을 보존하면서, 장기적으로 일정한 생산성과 수익성을 확보하고, 안전 식품을 생산하는 21C의 새로운 농업 형태이다. 동시에 혼작과 윤작 등을 증가시키고, 경종과 축산을 결합한 경축 순환 농업으로 토양 생태계를 보전하며, 생물종 다양성을 유지하여 내병성을 기르고, 동·식물과 미생물 등에 의한 물질 순환 능력을 회복시켜서 자연생태계 조건과 가깝도록 만들어 주는 것이다.

또한, 농업과 환경의 조화로 지속 가능한 농업 생산을 유도하여 농가 소득을 증대하고, 환경을 보존하면서 농산물의 안전성도 동시에 추구하는 농업이라고 할 수 있다. 결론적으로, 친환경 농업은 유기 농업을 포함하여 저투입 농법(low input sustainable griculture, LISA)까지를 포괄하는 보다 환경친화적인 농업을 의미하며, 농업의 경제적 생산성만을 주로 고려하는 관행 농업에서 탈피하여 농업과 환경, 식품 안전성을 동시에 고려하는 농업이라고 할 수 있다.

친환경 농업은 장기적인 이익 추구, 개발과 환경의 조화, 단작 중심이 아닌 순환적 종합 농업체계, 생태계 메커니즘을 활용한 고도의 농업 기술을 의미하며, 화학 비료와 농약의 저투입, 적절한 비배 관리와 경영을 통해서 현재의 농업 생산성을 지속적으로 유지하려는 농법이다.

친환경 농업에는 유기 농업의 특수 농법뿐만 아니라, 병해충 종합관리(IPM) 작물 양분 종합관리(INM), 천적과 생물학적 기술의 통합 이용, 윤작 등 흙의 생명력을 배양하는 동시에 농업 환경을 지속적으로 보존하는 모든 형태의 농업이 포함된다. 환경친화형 농업, 환경조화형 농업, 환경보존형 농업, 지속 농업 등은 모두 친환경 농업을 가리키는 것이다.

FAO/WHO CODEX 유기식품 규격에서는 유기 농업을 “농업 생태의 건강, 생물의 종 다양성 생물학적 순환 및 토양생물학적 활동을 촉진하고 증진시키는 하나의 종합적 생산 관리 체제”라고 정의하며, 유기적(organic)이라는 뜻은 농장을 유기적 조직체(organic system)와 같은 것으로 보는 최상의 용어이다. 즉, 농장 내에서 토양의 무기영양분, 유기물, 미생물, 곤충, 식물, 가축, 인간 등 모든 구성요소가 밀착되어 안정된 통일체를 창조하기 위해서 각각 상호작용을 한다는 의미이다. 다시 말해서, 퇴비, 즉 유기질 비료만을 사용하여 토양 비옥도를 유지하고 증진시키는 것은 유기물 농법(organic matter farming)으로, 유기 농법(organic farming)이 아니다. 농장 내에서 모든 영농요소가 유기적 관계로 총체적 생산 관리 체제하에서 작물을 생산한다는 것은 윤작, 두과작물과 녹비작물(綠肥作物)의 재배를 통한 토양 비옥도 증진, 토양 진단에 의한 최적 시비, 유축 순환 농업을 통한 유기 농업을 가리킨다.

친환경 유기 농업의 핵심원리는 건강한 토양과 비옥도 유지, 생물의 종 다양성, 유기체(organism)의 상호 의존성, 농장 외부 자재 투입의 비의존성, 농업 체세의 한 부분으로 생태계 진체를 완전하게 관리하는 종합적 생산체계(holistic production management)가 핵심 원리이다.

유기 농업은 무기질 비료와 합성 농약을 사용하지 않는다는 것 이상의 의미가 있다. 유기 농업을 단순히 비화학적인 영농 방법일 뿐이라고 보는 것은 유기 농업이 환경을 파괴하지 않을 뿐만 아니라, 오히려 환경 보존과 생태계에 유익하다는 커다란 의미를 처음부터 완전히 무시한 커다란 오해이다. 만약, 유기 농업이 관행 농업을 모방하여 오직 무기질 비료와 합성 농약의 사용만을 금지한 것이었다면, 유기 농업은 아마도 실패하고 말았을 것이다. 유기 농업은 무기질 비료와 합성 농약과 같은 물질들을 사용하지 않는다는 것 이상의 것으로, 오히려 건강한 생태계를 적극 조성해 가는 영농 방법이라는 점이다. 이것이야 말로 소비자들이 의문점을 갖고 있는 무농약 재배와 유기

재배 표시의 차이점이라 할 수 있다. 그러나 이것도 유기 농업 기본 원리의 일부분일 뿐이다. 유기 농업에서는 무엇보다도 건강한 토양 만들기와 토양 비옥도의 유지, 증진을 중요시 한다. 또한, 자연 생태계의 균형을 유지하지 못하는 단작 중심이 아니라, 농장 내의 식물과 동물의 여러 종이 다양하게 존재하도록 하는 일에 실천적 노력을 기울이고 있다.

이후 유기 농업은 다양하게 정의되어 왔지만, 2013년 재정된 친환경농어업 육성 및 유기식품 등의 관리 · 지원에 관한 법률(약칭: 친환경농어업법 – [시행 2013. 6. 2.] [법률 제11459호, 2012. 6. 1., 전부개정])에 의해서, "친환경농어업"이란 합성 농약, 무기질 비료 및 항생제 · 항균제 등 화학 자재를 사용하지 아니하거나 그 사용을 최소화하고 농업 · 수산업 · 축산업 · 임업(이하 "농어업"이라 한다) 부산물의 재활용 등을 통하여 생태계와 환경을 유지 · 보전하면서 안전한 농산물 · 수산물 · 축산물 · 임산물(이하 "농수산물"이라 한다)을 생산하는 산업이라고 정의되었다. 생산자는 인증 기관의 검증을 받아서 '유기 농업'을 실시하면 수확물을 판매할 때 "유기 농산물"의 상표를 사용할 수 있다.

자연계의 순환과 식물 영양소의 순환을 통해서 시비하지 않아도 어느 정도의 작물 생산 능력을 올릴 수는 있겠지만, 작물 수확량을 올리기 위해서는 질소 비료와 다른 영양소의 공급이 인위적으로 공급해야 한다는 것을 알고 있다. 농업의 목적은 안전하고 맛있는 음식의 필요한 양을 공급하는 것이다. 이 목적을 달성하기 위해서는 무기질 비료를 정말 배제할 수 있을까라는 의문점을 해결해야 하고, 이를 식물 영양학의 입장에서 과학적으로 평가하는 것이 필요하다.

현대는 수입 사료로 사육되는 가축의 배설물이나 각지에서 공급되는 원자재를 사용하는 식품 공업의 찌꺼기를 이용한 퇴비와 유기질 비료가 대량으로 제조되므로, 폐기물 처리 측면에서도 유기물 시용이 추천된다. 유기물 비료 시용에 따른 영양 물질의 과부화라는 부작용을 생각한다면, 유기물 비료 시용에 따른 양적 규제에 대한 검토도 필요하다.

유기 농업에 대한 식물 영향학적인 과제는,

① 유기질 비료의 연용(年用)에 의한 환경 부하를 정량적으로 파악하고, 지속 가능성을 고려한 시용 기준을 제시할 것
② 유기성 폐기물을 재료로 이용하기 위해서, 질소 흡수력과 질소 이용률이 뛰어난 작물 품종과 인의 이용에 우수한 작물 품종을 선발하고 육성하는 것
③ 작물의 흡수 이용률이 높고 화석 에너지 의존도가 적은 질소 비료를 개발하는 것
④ 유기성 폐기물에서 유래하는 비료의 품질 평가법을 개발하는 것

등의 여러 숙제를 안고 있다. 또한, 이러한 과제를 해결함으로써 무기질 비료 의존성 농업에서 서서히 벗어날 수는 있겠지만, 현재까지도 인구 증가 대비 작물 생산량을 고려해 볼 때 이를 극복하기 위해서는 많은 연구가 필요할 것이다.

부록 표[1]

식물학명 색인

학명	국명	영명	분류
A			
Abelmoschus esculentus(L.) *Moench*	오크라	Okra, Gambo	아욱과
Allium cepa L.	양파	Onion	백합과
Allium fistulosum L.	파	Welsh onion	백합과
Allium porrum L.	리크	Leek	백합과
Allium sativum L.	마늘	Garlic	백합과
Allium tuberosum Rottler ex Spreng	부추	Chinese leek, Chinese chive	백합과
Amaranthus tricolor L.	색비름	Amaranth	비름과
Ananas comosus(L.) Merr.	파인애플	Pineapple	파인애플과
Apium graveolens L.	셀러리	Celery	미나리과
Arabidopsis thaliana(L.) Heynh.	애기장대	Arabidopsis, Thale cress, Mouse ear cress	십자화과
Arachis hypogaea L.	땅콩	Peanut, Ground nut	콩과
Arctium lappa L.	우엉	Burdock	국화과
Asparagus officinalis L.	아스파라거스	Asparagus	백합과
Astragalus sinicus L.	자운영	Chinese milk vetch	콩과
Avena sativa L.	귀리	Oat	벼과
B			
Beta vulgaris L. subsp. vulgaris	비트	Red beet, Table beet	명아주과
Beta vulgaris L. subsp. vulgaris	사탕무	Sugar beet	명아주과
Brassica juncea(L.) Czern.	갓	Leaf mustard, Indian mustard	십자화과

[1] 小林　優

학명	국명	영명	분류
Brassica napus L. var. napus	유채	Rape, Rapeseed, Canola	십자화과
Brassica nigra (L.)W.D.J.Koch	흑겨자	Black mustard	십자화과
Brassica oleracea L. var. botrytis	콜리플라워	Cauliflower	십자화과
Brassica oleracea L. var. capitata	양배추	Cabbage	십자화과
Brassica oleracea L. var. gemmifera	방울다다기양배추	Brussels sprout	십자화과
Brassica oleracea L. var. italica	브로콜리	Broccoli	십자화과
Brassica rapa L. subsp. chinensi(s L.) Hanelt	배추	Chinese cabbage	십자화과
Brassica rapa L. subsp. nipposinica(L. H. Bailey) Hanelt var. perviridis	소송채	Komatsuna	십자화과
Brassica rapa L. subsp. oleifera(DC.) Metzg.	유채	Rape, Rapeseed	십자화과
Brassica rapa L. subsp. rapa	순무	Turnip	십자화과
Bruguiera gymnorhiza(L.) Savigny	검은맹그로브	Mangrove	홍수과
C			
Cajanus cajan L.	비둘기콩	Pigeon pea	콩과
Camellia sinensis(L.) Kuntze	차나무	Tea plant	차나무과
Capsicum annuum L.	고추	Red pepper, Chili pepper	가지과
Catharanthus roseus(L.) G.Don	일일초	Periwinkle	협죽도과
Cicer arietinum L.	병아리콩	Chickpea, Garbanzo	콩과
Citrullus lanatus(Thunb.) Matsum. & Nakai	수박	Watermelon	박과
Citrus unshiu Marcow	귤	Mikan	운향과
Cocos nucifera L.	코코넛	Coconut	야자나무과
Colocasia esculenta(L.) Schott	토란	Taro, Dasheen	천남성과
Commelina communis L.	닭의 장풀	Dayflower	닭의장풀과
Cucumis melo L.	멜론	Melon	박과
Cucumis sativus L.	오이	Cucumber	박과
Cucurbita maxima Duch.	서양호박	Squash	박과
Cucurbita pepo L.	페포호박	Pumpkin	박과
D, E, F			
Daucus carota L.	당근	Carrot	미나리과
Dioscorea polystachya Turcz.	마	Yam(Chinese yam)	마과
Echinochloa esculenta(A. Braun) H. Scholz	피	Japanese barnyard millet	벼과

학명	국명	영명	분류
Elaeis guineensis Jacq.	기름야자나무	Oil palm	야자나무과
Eucalyptus spp.	유칼리툽스	Eucalyptus	도금양과
Fagopyrum esculentum Moench	메밀	Buckwheat	마디풀과
Festuca arundinacea Schreb.	톨페스큐	Tall fescue	벼과
Fragaria x ananassa Duchesne ex Rozier	딸기	Strawberry	장미과
G, H, I, K			
Glycine max(L.) Merr.	대두	Soybean	콩과
Gossypium hirsutum L.	목화	Cotton	아욱과
Helianthus annuus L.	해바라기	Sunflower	국화과
Helianthus tuberosus L.	돼지감자	Jerusalem artichoke	국화과
Hordeum vulgare L.	보리	Barley	벼과
Hydrangea macrophylla(Thunb.) Ser.	수국	Hydrangea	수국과
Ipomoea batatas(L.) Lam.	고구마	Sweet potato	메꽃과
Ipomoea nil(L.) Roth	나팔꽃	Morning glory	메꽃과
Kandelia obovata Sheue, Liu & Yong	—	Mangrove	홍수과
L			
Lactuca sativa L.	양상추	Lettuce	국화과
Lemna aequinoctialis Welw.	좀개구리밥	Duckweed	개구리밥과
Lemna minor L.	나도좀개구리밥	Duckweed	개구리밥과
Lemna paucicostata Hegelm. → *Lemna aequinoctialis* Welw.			
Lens culinaris Medik.	렌틸콩	Lentil	콩과
Lilium auratum Lindl.	산나리	Lily(Gold-banded lily)	백합과
Lilium longiflorum Thunb.	참나리	Lily(Easter lily)	백합과
Linum usitatissimum L.	아마	Flax	콩과
Lolium multiflorum Lam.	이탈리안라이그라스	Italian ryegrass	벼과
Lolium perenne L.	라이그라스	Ryegrass	벼과
Lotus japonicus(Regel) K. Larsen	벌노랑이	Bird's foot trefoil	콩과
Lupinus albus L.	화이트루핀	Lupin(white lupin)	콩과
Lupinus angustifolius L.	푸른루핀	Lupin(blue lupin)	콩과
Lupinus luteus L.	노랑루핀	Lupin(yellow lupin)	콩과
Lycopersicon esculentum L.→ *Solanum lycopersicum* L.			
M, N, O			
Malus sylvestris Mill.	사과	Apple	장미과
Manihot esculenta Crantz	카사바	Cassava	대극과
Medicago sativa L.	알팔파	Alfalfa	콩과
Momordica charantia L.	여주	Bitter melon, Bitter gourd	박과
Morus alba L.	뽕나무	Mulberry	뽕나무과

학명	국명	영명	분류
Musa spp.	바나나	Banana	파초과
Nicotiana tabacum L.	담배	Tobacco	가지과
Olea europaea L.	올리브	Olive	물푸레나무과
Oryza sativa L.	벼	Rice	벼과
P			
Panicum miliaceum L.	기장	Millet	벼과
Papaver somniferum L.	양귀비	Poppy	양귀비과
Persea americana Mill.	아보카도	Avocado	녹나무과
Petroselinum crispum(Mill.) Nyman ex A. W. Hill	파슬리	Parsley	미나리과
Phaseolus vulgaris L.	강낭콩	Bean, Kidney bean	콩과
Phragmites australis(Cav.) Trin. ex Steud.	갈대	Reed	벼과
Phyllostachys bambusoides Siebold & Zucc.	왕대	Bamboo(Madake bamboo)	벼과
Phyllostachys heterocycla(Carriere) Matsum.	모소대나무	Bamboo(Moso bamboo)	벼과
Pisum sativum L.	완두	Pea	콩과
Populus nigra var. italic	포플러	Poplar	
Prunus persica L.	복숭아	Peach	장미과
Pyrus communis L.	서양배	Pear	장미과
Pyrus pyrifolia var. culta	배나무	Pear	장미과
R, S			
Raphanus sativus L.	무	Radish	십자화과
Ricinus communis L.	피마자	Castor bean	대극과
Saccharum officinarum L.	사탕수수	Sugarcane	벼과
Secale cereale L.	호밀	Rye	벼과
Sesamum orientale L.	참깨	Sesame	참깨과
Sesbania cannabina(Retz.) Pers.	—	Sesbania	콩과
Sesbania rostrata Bremek. & Oberm.	—	Sesbania	콩과
Sesbania sesban(L.) Merr.	—	Sesbania	콩과
Sinapis alba L.	화이트 머스터드	White mustard	십자화과
Solanum lycopersicum L.	토마토	Tomato	가지과
Solanum melongena L.	가지	Eggplant	가지과
Solanum tuberosum L.	감자	Potato	가지과
Sorghum bicolor(L.) Moench	수수	Sorghum	벼과
Spinacia oleracea L.	시금치	Spinach	
T, V, Z			
Thlaspi arvense L.	말냉이	Field pennycress	십자화과

학명	국명	영명	분류
Trifolium pratense L.	붉은 토끼풀	Red clover	콩과
Trifolium repens L.	도끼풀	White clover	공과
Trifolium subterraneum L.	—	Subterranean clover	콩과
Triticum aestivum L.	밀	Wheat	벼과
Vicia faba L.	잠두 (누에콩)	Broad bean, Faba bean	콩과
Vigna angularis(Willd.) Ohwi & H. Ohashi	팥	Azuki bean	콩과
Vigna radiata L.	녹두	Mung bean	콩과
Vigna unguiculata(L.) Walp.	동부	Cowpea	콩과
Vitis vinifera L.	포도	Grapevine	포도과
Zea mays L.	옥수수	Maize, Corn	벼과
Zingiber officinale(Willd.) Roscoe	생강	Ginger	생강과

학명은 원예학회(편)원예학용어집·작물명편, 양현당, 2005, GRIN Taxonomy for Plants(United States Department of Agriculture, Agricultural Research Service/http://www.ars-grin.gov/cgi-bin/npgs/html/index.pl)를 참고하여, 분류는 Cronquist system을 따랐다.

참고도서

일본 서적

尾和尚人ら(著): 肥料の事典, 朝倉書店, 2006.

加藤 潔ら(監修): 植物の膜輸送システム, 秀潤社, 2003.

金井龍一(訳): ハンス・ワルター・ヘルト 植物生化学, シュプリンガー・フェアラーク東京, 2000.

越野正義: 肥料製造学, 養賢堂, 1986.

佐々木成, 石橋賢一(編): 水とからだの事典, 朝倉書店, 2008.

佐藤公行(編): 朝倉植物生理学講座 ③ 光合成, 朝倉書店, 2002.

○ 杉山達夫ら(監訳): Buchananら 植物の生化学・分子生物学, 学会出版センター, 2005.

○ 高橋英一(著): 施肥農業の基礎, 養賢堂, 1984.

高橋英一(著): 肥料の来た道かえる道, 研成社, 1991.

高橋信孝, 増田芳雄(編): 植物ホルモン・ハンドブック上・下, 培風館, 1994.

武田 健: 新しい土壌診断と施肥設計, 農文協, 2002.

○ 西谷和彦, 島崎研一郎(監訳): テイツ・ザイガー 植物生理学第3 版, 培風館, 2004.

日本植物生理学会(監修): 植物は感じて生きている, 化学同人, 2008.

日本土壌肥料学会(編): イネの生産性・品質と栄養生理, 博友社, 2006.

日本土壌肥料学会(編): ダイズの生産性・品質と栄養生理, 博友社, 2005.

野並 弘: 植物水分生理学, 養賢堂, 2001.

水野直治, 水野隆文(著): フィールドの基礎化学, 産業図書, 2007.

山根一郎(著): 耕地の土壌学, 農文協, 1981.

山谷知行(編): 朝倉植物生理学講座②代謝, 朝倉書店, 2001.276 参考図書

○ 渡辺和彦(著): 作物の栄養生理最前線, 農文協, 2006.

해외 서적

Amâncio, S., Stulen, I.(eds.): Nitrogen Acquisition and Assimilation in Higher Plants, Kluwer Academic Publishers, 2004.

Bowsher, C. et al.(eds.): Plant Biochemistry, Garland Science, 2008.

Epstein, E.: Annu. Rev. Plant Physiol. Plant Mol. Biol., 50, 641-664, 1999.

○ Epstein, E., Bloom, A. J.: Mineral Nutrition of Plants: Principles and Perspectives 2nd ed., Sinauer Associates, Inc Publishers, 2005.

Ma, J. F., Takahashi, E.: Soil, Fertilizer, and Plant Silicon Research in Japan, 1st ed., Elsevier Science, 2002.

○ Marschner, H.: Mineral Nutrition of Higher Plants, 2nd ed., Academic Press, 1995.

Mengel, K., Kirkby, E.A.: Principles of Plant Nutrition 5th ed., Kluwer Academic Publishers, 2001.

Prasad, M. N. V.(ed.): Heavy Metal Stress in Plants from Biomolecules to Ecosystems, 2nd ed., Springer, 2004.

○ Wild, A.: Russell's Soil Conditions and Plant Growth 11th ed., Longman Scientific & Technical, 1988.

맺음말

도쿄대학교 하야시 사토시(森 敏) 선생님께서 "'식물 영양학'을 개정하지 않을래?"라고 말씀하신 것이 2008년의 설날이었습니다. 하야시 선생님께서 농담하시는 것이라 생각하고서 선대답을 반복하고 있는 사이에, 선생님이 文永堂 출판의 스즈키 야스히로 과장과 함께 교토까지 오셨기에, 죄송해 하며 수락해 버렸습니다. 그러나 아무래도 책을 쓴다는 것은 처음이고, 혼자서는 불안했기에 마켄보우(馬 建鋒) 박사 그리고 후지와라 토오루(藤原 徹) 박사와 함께 집필하기로 했습니다. 다음으로, 내용 검토, 집필자의 선정, 집필 요청이 순조롭게 진행되었지만, 분담 집필자들로부터 힘이 담긴 원고를 받을수록, 어떻게 하면 식물 영양의 핵심을 간결하게 전달하고, 전체를 조화롭게 만들지에 대한 매우 어려운 작업이 시작되었습니다. 또한, 2009년 9월에는 교토에서 토양비료학회 세미나가 개최되는 바람에 초고 완성까지 오랜 시간이 걸렸지만, 분담 집필자들의 협력과 文永堂 출판의 전폭적인 지원 덕분에 예정 날짜인 2010년 3월 31일 출판하는 데 이르렀습니다.

제1장의 외국인 이름의 가타카나 표기는 간사이 일본-프랑스 학관의 야베 레이코(矢部 麗子) 강사의 도움을 받았습니다. 제2장 제3절 '능동수송' 절에서는 교토대학교 농학연구과 카노 켄지(加納 健司) 교수, 시라이 오사무(白井 理) 준교수로부터 물리 화학적인 올바른 단어 사용법을 배웠습니다. 제3장에서는 동경농업대학교 와타나베 카즈히코(渡辺 和彦) 객원 교수의 슬라이드를 빌렸습니다. 제5장에서는 교토부립대학교 야나이 준타(矢内 純太) 준교수, 국제농림수산업연구센터 토리야마 카즈 노부(鳥山和伸) 프로젝트 리더로부터 상담을 받았습니다.

이 책의 집필에 있어서, 저와 마 박사의 은사이자, 후지와라 토오루(藤原 徹) 박사의 고등학교 선배이기도 한 교토대학교 명예 교수 다카하시 에이이치(高橋 英一) 선생의 원고 최종 검토에 매우 감사드립니다.

저자 대표 마토우 토오루

찾아보기

숫자

영어

한글

ㄱ

ㄴ

ㅅ

ㅇ

ㅋ

ㅌ

ㅍ

ㅎ